全国高等职业教育道路与桥梁专业“十三五”规划教材

结构设计原理

（第3版）

主　编　邹花兰
副主编　邓　超
主　审　陈晓明

黄河水利出版社
·郑州·

内 容 提 要

本书以原公路专业《结构设计原理》为基础，根据《公路桥涵设计通用规范》(JTG D60—2004)、《公路钢筋混凝土及预应力混凝土桥涵设计规范》(JTG D62—2004)及《公路圬工桥涵设计规范》(JTG D61—2005)等规范作了修订。全书共16章，主要介绍了钢筋混凝土、预应力混凝土、圬工结构的材料力学性质、设计原理和构造要求，包括如何合理选择构件的截面尺寸及配筋，验算构件的承载力、稳定度、刚度和裂缝，各类结构的构造等。

本书可作为高等职业技术学院路桥、监理、检测、高等级公路养护等专业教材，亦可供中专学校师生使用，并可作为从事公路与桥梁工程设计、施工、监理工作人员的参考资料。

图书在版编目(CIP)数据

结构设计原理/邹花兰主编. —3版.—郑州：黄河水利出版社，2018.8 (2022.8 重印)
道路与桥梁专业"十一五"高职高专应用型规划教材
ISBN 978－7－5509－2113－9

Ⅰ.①结… Ⅱ.①邹… Ⅲ.①建筑结构－结构设计－高等职业教育－教材 Ⅳ.①TU318

中国版本图书馆CIP数据核字(2018)第198505号

策划编辑：贾会珍 电话：0371－66028027 E－mail：110885539@qq.com

出 版 社：黄河水利出版社 网址：www.yrcp.com
地址：河南省郑州市顺河路黄委会综合楼14层 邮政编码：450003
发行单位：黄河水利出版社
发行部电话：0371－66026940、66020550、66028024、66022620(传真)
E-mail：hhslcbs@126.com
承印单位：河南承创印务有限公司
开本：787 mm×1 092 mm 1/16
印张：15.5
字数：360千字
版次：2008年8月第1版 印次：2022年8月第5次印刷
2018年8月第3版

定价：46.00元

第 3 版前言

本教材自出版以来，被全国多家高职高专院校采用，得到了广泛的好评。本书是在第 2 版的基础上，依据各使用院校的老师提出的意见和建议，并结合工程实践修订再版的，力求教材内容更加完善、更加实用。

本次修编贯彻高等职业技术教育改革精神，突出职业教育特点，以能力素质的培养为指导思想，不过分强调理论，叙述简练通俗，在本次修订再版过程中，除对原书中个别存在的问题进行了修改、删去了少量过时的内容外，还对“钢筋混凝土受弯构件的应力、裂缝和变形计算”（第七章）中的内容进行了较大的改动。

参加本书编写工作的有：江西交通职业技术学院邹花兰编写绪论、第四章、第六章和第七章，邓超编写第五章、第八章和第九章，熊墨圣编写第十章和第十二章；黄河水利职业技术学院胡海彦编写第一章、第二章、第三章和第十六章；河南交通职业技术学院贾悦编写第十一章；甘肃建筑职业技术学院任国志编写第十三章、第十四章和第十五章。全书由邹花兰统稿。

全书由邹花兰任主编，由邓超任副主编，由江西交通职业技术学院陈晓明主审。陈老师对全书进行了十分认真的审阅，并提出了不少建设性的意见，对保证本书的质量起了重要作用，谨此表示衷心感谢！

本教材在编写过程中参考了有关教材和资料，并得到了众多院校教师的热心帮助和指导，在此一并表示衷心的感谢。

由于编者水平有限，书中疏漏和不妥之处在所难免，恳请读者批评指正。

编　者

2018 年 5 月

前　言

随着我国2004年10月1日《公路桥涵设计通用规范》(JTG D60—2004)、《公路钢筋混凝土及预应力混凝土桥涵设计规范》(JTG D62—2004)及2005年《公路圬工桥涵设计规范》(JTG D61—2005)的正式实施,各校急需根据新规范编写教材。本教材正是在这种背景下编写出版的。

在编写过程中,编者着力贯彻以实践能力为本位,注重技能培养,注重结构基本概念、基本原理、基本方法和结构基本构造的介绍;在教材内容的取舍上,注重针对性和实用性,坚持以必需和够用为原则,并努力做到理论联系实际。全书在讲清基本概念和基本原理的基础上,介绍了工程设计中实用的计算方法,列举了较多的计算实例,并结合了我国的工程实际和研究成果,力求文字简练、深入浅出及理论联系实际。为了便于教学,各章前均编写了学习目标,且章后有复习思考题。

本课程建议按72个学时讲授,各章课时分配如下。

学时建议分配表

章　名	计划课时
绪　论	1
第一章　钢筋的物理力学性能	3
第二章　混凝土的力学性能	4
第三章　钢筋与混凝土结构	2
第四章　极限状态法设计的原则	2
第五章　钢筋混凝土受弯构件正截面承载力	14
第六章　钢筋混凝土受弯构件斜截面承载力	8
第七章　钢筋混凝土受弯构件的应力、裂缝和变形计算	6
第八章　钢筋混凝土轴心受压构件承载力	4
第九章　钢筋混凝土偏心受压构件承载力	4
第十章　预应力混凝土结构的基本概念及其材料	2
第十一章　预应力混凝土受弯构件的计算	12
第十二章　其他预应力混凝土结构简介	2
第十三章　圬工结构的基本概念与材料	2
第十四章　圬工结构的承载力计算	4
第十五章　钢　材	1
第十六章　钢管混凝土及钢-混凝土组合梁	1
合　计	72

本教材依据我国现行公路桥涵设计规范——《公路桥涵设计通用规范》(JTG D60—2004)、《公路钢筋混凝土及预应力混凝土桥涵设计规范》(JTG D62—2004)及2005年《公路圬工桥涵设计规范》(JTG D61—2005)编写。

参加本书编写工作的有:江西交通职业技术学院邹花兰编写绪论、第四章、第六章和

第七章，邓超编写第五章、第八章和第九章，熊墨圣编写第十章和第十二章；黄河水利职业技术学院胡海彦编写第一章、第二章、第三章和第十六章；河南交通职业技术学院贾悦编写第十一章；甘肃建筑职业技术学院任国志编写第十三章、第十四章和第十五章。全书由邹花兰统稿。

全书由邹花兰任主编，由邓超任副主编，由江西交通职业技术学院陈晓明主审。陈老师对全书进行了十分认真的审阅，并提出了不少建设性的意见，对保证本书的质量起了重要作用，谨此表示衷心感谢！

本书在编写过程中参考了有关文献，在此对这些文献的作者表示衷心的感谢！

由于对新规范理解不深，加之水平有限，书中疏漏不妥之处在所难免，恳请读者批评指正。

编　者

2008 年 2 月

目　录

第三篇　砖、石及混凝土结构

第四篇　钢结构

绪　论

《结构设计原理》主要讨论各种工程结构基本构件的受力性能、计算方法和构造设计原理，它是学习和掌握桥梁工程及其他道路人工构造物设计的基础。

桥梁、涵洞、隧道、挡土墙等都是公路工程中的构造物，它们都必须承担各种外荷载的作用，其中的承重部分称为结构。例如，桥梁承重结构的基本构件有桥面板、主梁、横梁、墩台、拱、索等。

构造物的结构都是由若干基本构件连接而成的。按受力情况不同，可将基本构件分为受弯、受压、受拉、受扭等典型的基本构件。

按建造结构的主要材料不同，可将结构分为钢筋混凝土结构、预应力混凝土结构、砌体结构、钢结构等。

本书将介绍钢筋混凝土结构、预应力混凝土结构、砌体结构和钢结构的材料特性及基本构件受力性能、设计计算方法和构造。

一、各种工程结构的特点及使用范围

（一）钢筋混凝土结构

钢筋混凝土结构由钢筋和混凝土两种力学性质不同的材料组成，具有可就地取材、耐久性好、刚度大、可模性好、整体性好等优点。但是，钢筋混凝土结构也有自重较大、抗裂性较差、修补困难等缺点。

在公路与城市道路工程和桥梁工程中，钢筋混凝土结构主要用于中小跨径桥、涵洞、挡土墙，以及形状复杂的中小型构件等。

（二）预应力混凝土结构

预应力混凝土结构是为解决钢筋混凝土结构在使用阶段容易开裂的问题而发展起来的结构。它是采用高强度钢筋和高强度混凝土材料，并采用相应张拉钢筋的施工工艺建立预加应力的结构。

预应力混凝土结构由于采用了高强度材料和预应力工艺，节省了材料，减小了构件截面尺寸，进而减轻了自重，增大了跨越能力。

预应力技术可作为装配的一种可靠手段，能很好地将部件装配成整体结构，形成悬臂浇筑和悬臂拼装等不采用支架、不影响通航的施工方法，在大跨径桥梁施工中获得广泛应用。

尽管预应力混凝土结构有上述优点，但由于高强度材料的单价高、施工工序多、要求有经验及熟练的技术工人施工，因此预应力混凝土结构仅用于建造大跨径桥梁。

（三）砌体结构

砌体结构是用天然石料或混凝土预制块等材料按一定规则砌筑成整体的结构。其特点是材料易于就地取材、耐久性好、工艺简单。但是，砌体结构的自重一般较大，施工中机械化程度低。

在公路与城市道路工程和桥梁工程中，砌体结构多用于中小跨径的拱桥、桥墩（台）、挡土墙、涵洞、道路护坡等工程中。

（四）钢结构

钢结构一般是由轧制的型钢或钢板通过焊接或螺栓等连接组成的结构。钢结构的可靠性高，其基本构件可在工厂加工制作，故施工效率高，周期短。但相对于混凝土结构而言，造价高，而且养护费用也高。

钢结构的应用范围很广，例如，大跨径的钢桥及钢支架、钢模板、钢围堰、钢挂篮等临时结构中。

二、结构设计的基本要求

公路桥梁应根据所在公路的使用任务、性质和将来的发展需要，遵循适用、经济、安全、美观和利于环保的原则进行设计。设计的目的就是要使所设计的结构，在规定的时间内具有足够的可靠性，即要求它们在承受各种作用后仍具有足够的承载能力、刚度、稳定性和耐久性。承载能力要求是指在设计使用年限内，结构及各个构件（包括联结件）具有足够的安全储备；刚度要求是指在计算荷载作用下，结构及各个构件的变形必须控制在容许范围以内；稳定性要求是指结构整体及其各个组成构件在计算荷载作用下都处于稳定的平衡状态；耐久性是指结构和构件在设计使用年限内，不发生破坏或产生过大的裂缝而影响正常使用。结构构件除应满足使用期间的承载力、刚度、稳定性要求外，还应该满足制造、运输和安装过程中的承载力、刚度和稳定性要求。

结构及各个构件在满足可靠性的同时，还应具有经济性。构件的可靠性与材料性质、几何形状、截面尺寸、受力特点、工作条件、构造特点以及施工质量等因素有关。可靠性和经济性是相互矛盾的。当其他条件已确定时，如果构件的尺寸过小，则结构有可能会因为产生过大的变形而不能正常使用，或者因为承载能力不够而导致结构物的崩塌。反之，如果截面尺寸过大，则构件的承载能力又将过分富裕，从而造成人力、物力的过大耗费。结构设计所要解决的根本问题，就是要在结构的可靠与经济之间选择一种合理的平衡，使所建造的结构既经济合理，又安全可靠。

三、学习本课程应注意的问题

《结构设计原理》课程的任务，是按照桥梁工程专业的要求介绍钢筋混凝土结构、预应力混凝土结构、砌体结构和钢结构的基本构件设计计算原理、方法以及构造。通过本课程的学习，要求学生具备工程结构的基本知识，掌握各种基本构件的受力性能及其强度、变形的规律，并能根据有关设计规范和资料进行构件的设计。

《结构设计原理》课程是一门重要的专业技术基础课，其主要先修课有材料力学、结构力学和建筑材料，它是学习《桥梁工程》的基础。

学习本课程应注意以下几个方面的问题。

（一）公式的使用条件和适用范围

《材料力学》主要研究单一、均质、连续、弹性材料的构件。而《结构设计原理》研究的是工程结构的构件，工程结构的某些材料（如混凝土）不一定是均质、连续和弹性的，工程结构的一些材料的强度和变形规律，在很大程度上是依靠大量的试验资料分析给出的经验关系。这样在《结构设计原理》中，构件的某些计算公式是根据试验研究及理论分析得到的半经验半理论公式。在学习和运用这些公式时，要正确理解公式的本质，特别注意公式的使用条件及适用范围。

（二）设计方案的多样性

结构设计应遵循适用、经济、安全、美观和注重环保的原则。它涉及方案比较、材料选择、构件选型及合理布置等多方面的内容，是一个多因素的综合性问题。对于构件设计，不仅是构件承载力和变形的计算，还包括截面形式和钢筋布置等。同一构件在给定的材料和同样的荷载作用下，即使截面形式相同，设计结果的截面尺寸和钢筋布置也不是唯一的。设计结果是否满足要求主要看其是否符合设计规范要求，并且是否满足经济性和施工可行性等。

（三）学会应用设计规范

设计规范是国家颁布的关于设计计算和构造要求的技术规定和标准。它是贯彻国家技术经济政策，保证设计质量，达到设计方法上必要的统一和标准依据；也是校核工程结构设计的依据。

我国交通部颁布的公路桥涵设计规范有：《公路桥涵设计通用规范》（JTG D60—2004）、《公路钢筋混凝土及预应力混凝土桥涵设计规范》（JTG D62—2004）、《公路圬工桥涵设计规范》（JTG D61—2005）、《公路桥涵钢结构及木结构设计规范》（JTJ 025—86）。本课程中关于基本构件的设计原则、计算公式、计算方法及构造要求均以上述规范为依据。为了表述方便，在本书中将上述设计规范统称为《公路桥规》。

熟悉并学会应用有关规范是学习本课程的重要任务之一，因此应自觉结合课程内容学习，以达到逐步熟悉并正确应用的目的。

（四）重视各种构造措施

现行结构实用计算方法一般只考虑了荷载作用，对于其他影响，如混凝土收缩、温度影响以及地基不均匀沉降等，难以用计算公式表达。规范根据长期实践经验，总结出了一些构造措施来考虑这些因素的影响。所谓构造措施，就是对结构计算中未能详细考虑或难以定量计算的因素，在满足施工简便、经济合理的前提下所采取的技术措施，它与结构的计算和设计是相辅相成的两个方面。因此，学习时不但要重视各种计算，还要重视构造措施，设计时必须满足各项要求。但对于构造规定，不能死记硬背，而应注重理解。

第一篇　钢筋混凝土结构

第一章　钢筋的物理力学性能

学习目标

1. 重点掌握钢筋的物理力学性能及钢筋的接头、弯钩和弯折的构造要求。
2. 掌握钢筋的分类及表示符号。
3. 了解钢筋的电化学腐蚀机理。

第一节　钢筋的分类

一、按化学成分分类

钢筋混凝土结构所采用的钢筋按其化学成分,可分为碳素钢及普通低合金钢两大类。

(一)碳素钢

碳素钢除了含铁、碳两种基本元素外,还含有少量硅、锰、硫、磷等元素。根据含碳量的多少,碳素钢又可分为低碳钢(含碳量小于0.25%)、中碳钢(含碳量为0.25%~0.6%)和高碳钢(含碳量大于0.6%)。随着含碳量的增加,钢材的强度提高,塑性降低,可焊性变差。低碳钢俗称软钢;中、高碳钢俗称硬钢。

(二)普通低合金钢

普通低合金钢是在碳素钢的基础上,加入了少量的合金元素,如Mn(锰)、Si(硅)、V(钒)、Ti(钛)、B(硼)等,使钢筋的强度得到提高,但塑性性能影响不大。

二、按外形特征分类

钢筋按其外形特征的不同,可分为光面钢筋和变形钢筋两类。变形钢筋包括螺纹钢筋、人字纹钢筋和月牙纹钢筋等,如图1-1所示。带肋钢筋增强了混凝土与钢筋的黏结力,提高了钢筋混凝土结构的整体性,所以被广泛应用。

三、按生产工艺、机械性能和加工条件分类

钢筋按其生产工艺、机械性能和加工条件,可分为热轧钢筋、余热处理钢筋、冷轧带肋

钢筋、精轧螺纹钢筋和钢丝。

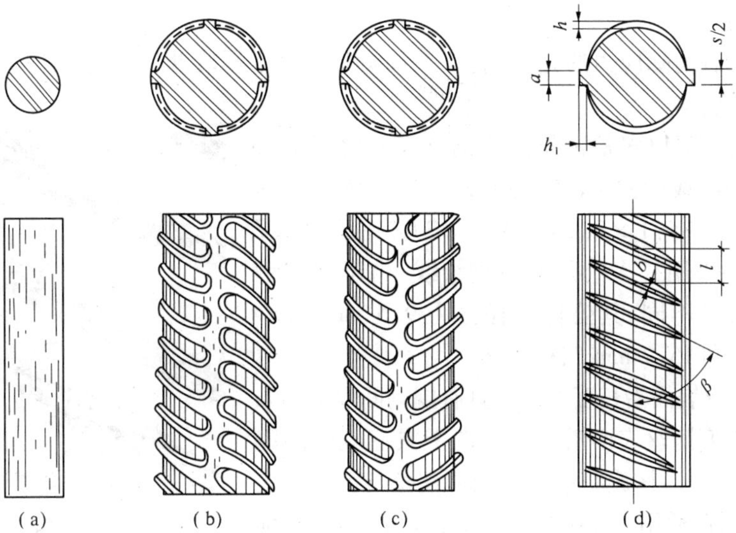

图 1-1　各种钢筋的外形

(一)热轧钢筋

热轧钢筋是将钢材在高于再结晶温度状态下,用机械方法轧制而成的钢筋。按其强度由低到高分为 R235、HRB335、HRB400、HRB500 几个等级。

R235 钢筋横截面为圆形且表面光滑,又称热轧光圆钢筋。R235 钢筋相当于原标准的Ⅰ级钢筋,厂家生产的公称直径范围为 8 ~ 20 mm。

HRB335、HRB400、HRB500 钢筋横截面为圆形且表面通常带有两条纵肋和沿长度方向均匀分布的横肋,又称热轧带肋钢筋。HRB335 钢筋相当于原标准的Ⅱ级钢筋,厂家生产的公称直径范围为 6 ~ 50 mm,推荐采用直径一般不超过 32 mm。HRB400 钢筋(余热处理钢筋)相当于原标准的Ⅲ级钢筋,HRB400 钢筋厂家生产的公称直径范围为 6 ~ 50 mm。

(二)余热处理钢筋

余热处理钢筋,即在钢筋经过热轧后立即穿水,进行表面冷却,然后利用芯部余热自身完成回火处理所得的成品钢筋。余热处理钢筋目前只有 KL400,相当于原标准Ⅲ级钢筋,KL400 钢筋厂家生产的公称直径范围为 8 ~ 40 mm。

(三)冷轧带肋钢筋

冷轧带肋钢筋是由热轧圆盘条经冷拉后,在其表面冷轧成带有斜肋的钢筋,其屈服强度明显提高,按其强度由低到高分为 CRB550、CRB650、CRB800、CRB970、CRB1170 五个级别。

(四)精轧螺纹钢筋

高强度精轧螺纹钢筋(见图 1-2)是在整根钢筋上轧有外螺纹的大直径、高强度、高尺寸精度的直条钢筋。该钢筋在任意截面处都可拧上带有内螺纹的连接器进行连接或拧上带

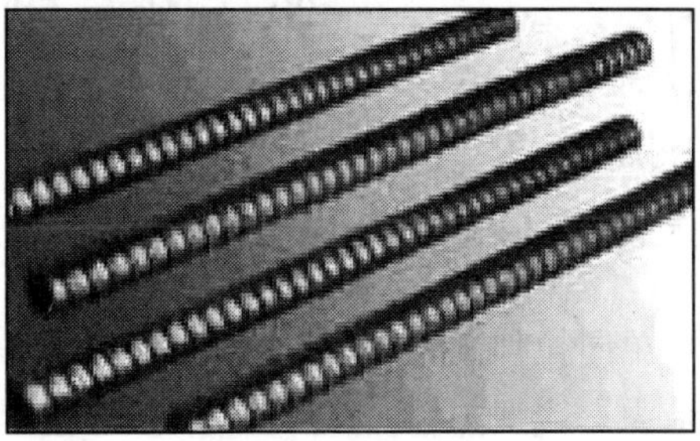

图 1-2　精轧螺纹钢筋

螺纹的螺帽进行锚固。厂家供货规格有 $d = 18$ mm、25 mm、32 mm 和 40 mm 四种。

（五）钢丝

钢丝主要有消除应力的光面钢丝、三面刻痕钢丝、螺旋肋钢丝等几种。钢丝直径愈细，其强度愈高。

光面钢丝一般以多根钢丝组成钢丝束或由若干根钢丝绞捻成钢绞线（见图 1-3）的形式应用。桥梁工程中常用的钢绞线有：1 × 2（两股）、1 × 3（三股）、1 × 7（七股）。其中采用最多的是七股钢绞线，由于组成钢绞线的钢丝直径不同，其公称直径分为 9.5 mm、11.1 mm、12.7 mm 和 15.2 mm 四种规格。

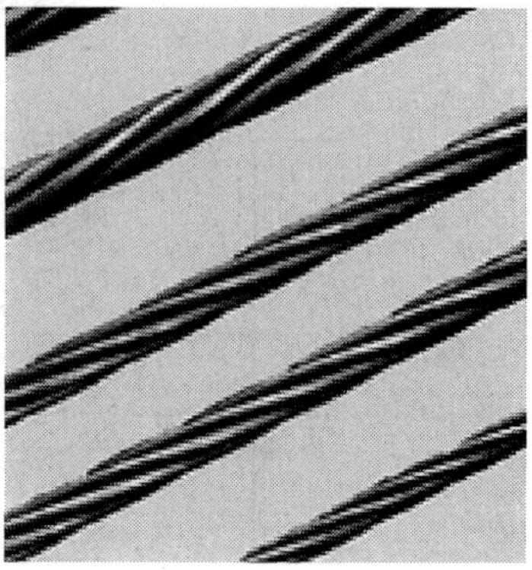
图 1-3　钢绞线

螺旋肋钢丝表面沿长度方向上具有规则间隔的肋条（见图 1-4）；刻痕钢丝表面沿长度方向上具有规则间隔的压痕（见图 1-5）。螺旋肋钢丝和刻痕钢丝与混凝土之间的黏结性能好，适用于先张法预应力混凝土结构，目前我国生产的螺旋肋钢丝和刻痕钢丝的规格为 $d = 4 \sim 9$ mm。

《公路钢筋混凝土及预应力混凝土桥涵设计规范》（JTG D62—2004）推荐，钢筋混凝土及预应力钢筋混凝土构件中的普通钢筋宜选用热轧 R235、HRB335、HRB400 及 KL400 钢筋；预应力钢筋混凝土构件中箍筋应选用其中的带肋钢筋；按构造要求配置的钢筋网可采用冷轧带肋钢筋。

预应力钢筋混凝土构件中的预应力钢筋应选用钢绞线、钢丝；中、小型构件或竖、横向预应力钢筋，也可选用精轧螺纹钢筋。

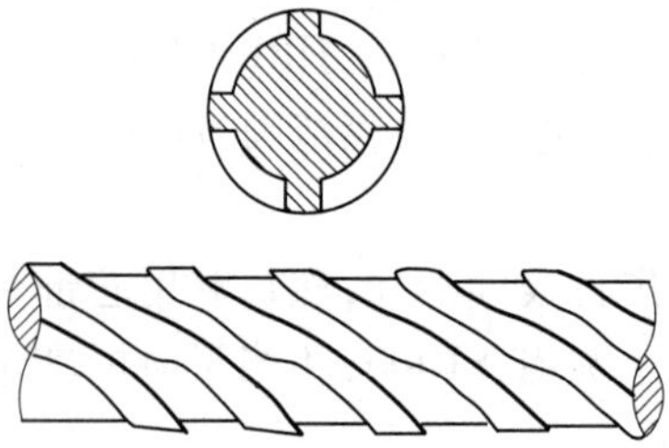
图 1-4　螺旋肋钢丝

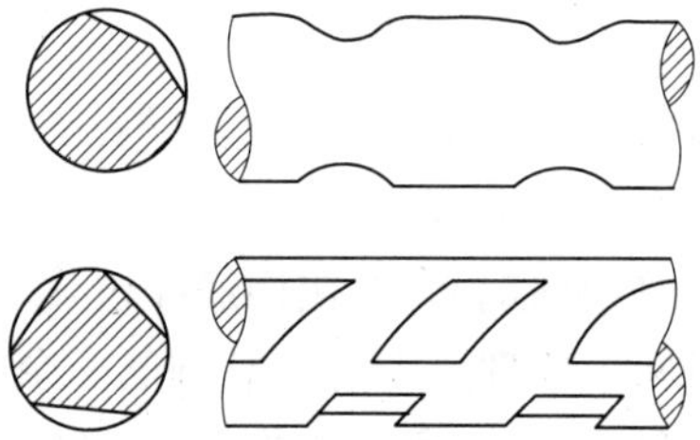
图 1-5　刻痕钢丝

第二节　钢筋的强度与变形

钢筋的力学性能主要有强度和变形（包括弹性变形和塑性变形）等。

一、钢筋的拉伸应力—应变关系曲线

单向拉伸试验是确定钢筋力学性能的主要手段。通过试验可以看到，钢筋的一次拉伸应力—应变关系曲线可分为两大类，即有明显屈服点的（见图 1-6）和没有明显屈服点的（见图 1-7）。

（一）有明显屈服点的钢筋应力—应变曲线

低碳钢（如热轧钢筋）属于有明显屈服点的钢筋，其一次拉伸试验的典型应力—应变曲线如图 1-6 所示。通过单向拉伸试验可以获得钢材的屈服强度 σ_s、抗拉强度 σ_b 和延伸率 δ 等基本机械性能指标。

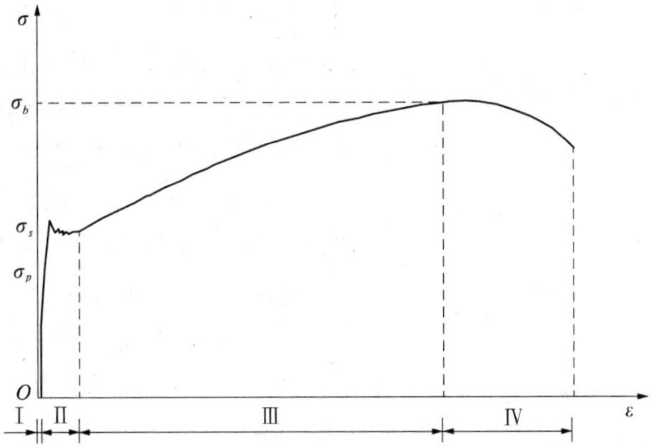

图 1-6　低碳钢的应力—应变曲线

从图 1-6 可以看出低碳钢从加载到拉断，共经历四个阶段。

第Ⅰ阶段：应力—应变呈线性关系，卸载后，试件能够恢复原长，故此阶段称为弹性阶段。弹性阶段最高点所对应的应力称为弹性极限 σ_p。

第Ⅱ阶段：当应力超过弹性极限后，应变较应力增加的快，应力—应变曲线形成屈服台阶。此时，应变急剧增长，而应力却在很小的范围内波动，这个阶段称为屈服阶段，如将外力卸去，试件的变形不可能完全恢复，不能恢复的那部分变形称为残余变形（或称为塑性变形）。工程上取屈服阶段的最低点作为规定计算强度的依据，称为屈服强度，以 σ_s 表示。

第Ⅲ阶段：屈服阶段以后，钢筋抵抗外力的能力又得到恢复，应力与应变关系为上升的曲线，这个阶段称为强化阶段。对应于强化阶段最高点的应力就是钢筋的抗拉极限强度，以 σ_b 表示。

第Ⅳ阶段：钢筋在达到抗拉极限强度 σ_b 以后，在试件薄弱处的截面将开始显著缩小，产生颈缩现象，塑性变形迅速增大，拉应力随之下降，最后在颈缩处断裂，这个阶段称为破坏阶段。

有明显屈服点的钢筋有两个强度指标：一个是屈服强度 σ_s，另一个是抗拉极限强度 σ_b。工程上取屈服强度作为钢筋强度取值的依据，因为钢筋屈服后产生了较大的塑性变形，将使构件变形和裂缝宽度大大增加，以致无法正常使用。钢筋的极限强度是钢筋的实际破坏强度，不能作为设计中钢筋强度取值的依据。因此，钢筋计算取屈服强度 σ_s 作为钢筋的强度限值，抗拉极限强度 σ_b 作为钢筋的强度储备。

（二）无明显屈服点的钢筋应力—应变曲线

并非所有的钢筋都具有明显的屈服点和屈服台阶，当含碳量很少（0.1% 以下）或含碳量很高（0.3% 以上）时都没有屈服台阶出现（如各种类型的钢丝）。无屈服台阶的钢筋一次拉伸试验时的典型应力—应变曲线如图 1-7 所示。

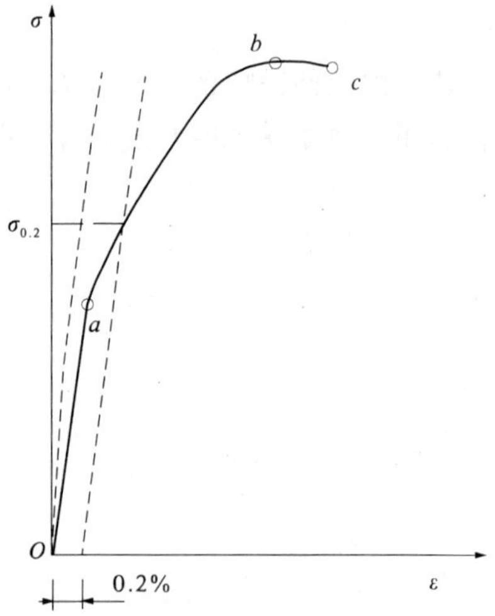

图 1-7　无明显屈服点的钢筋应力—应变曲线

从图 1-7 可以看出，在应力达到比例极限点 a(约为极限强度的 0.65 倍)之前，应力—应变关系按直线变化，钢筋具有明显的弹性性质。超过比例极限点 a 之后，钢筋表现出越来越明显的塑性性质，但应力、应变均持续增长，应力—应变曲线无明显的屈服点，到达极限抗拉强度点 b 后，同样出现钢筋的颈缩现象，应力—应变曲线表现为下降段，至 c 点钢筋被拉断。

无明显屈服点的钢筋只有一个强度指标，即 b 点所对应的极限抗拉强度。在工程设计中，极限抗拉强度不能作为钢筋强度取值的依据，一般取残余应变为 0.2% 所对应的应力 $\sigma_{0.2}$ 作为无明显屈服点钢筋的强度限值，通常称为条件屈服强度。对高强钢丝，条件屈服强度相当于极限抗拉强度的 0.85 倍。为简化计算，《公路钢筋混凝土及预应力混凝土桥涵设计规范》(JTG D62—2004)取 $\sigma_{0.2} = 0.8\sigma_b$，其中 σ_b 为无明显屈服点钢筋的抗拉极限强度。

二、钢筋的塑性性能

钢筋除应具有足够的强度外，还应具有一定的塑性变形能力。钢筋的塑性性能通常用延伸率和冷弯性能两个指标来衡量。

钢筋延伸率是指钢筋试件上标距为 $10d$ 或 $5d$(d 为钢筋试件直径)范围内的极限伸长率，以试件被拉断时最大绝对伸长值和试件原标距之比的百分数来表示，记为 δ_{10} 或 δ_5。钢筋的延伸率越大，说明钢筋的塑性越好，越容易加工，对冲击和急变荷载的抵抗能力越强。

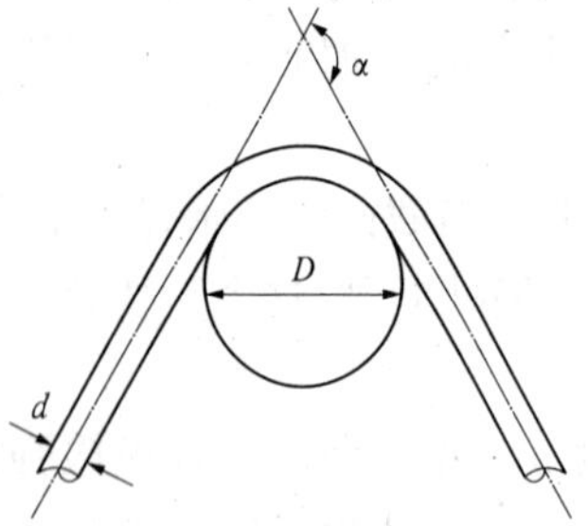

图 1-8　钢筋的冷弯

冷弯是将直径为 d 的钢筋围绕某个规定直径 D(规定 D 为 $1d$、$2d$、$3d$、$4d$、$5d$)的辊轴弯曲成一定的角度(90°或 180°)，弯曲后钢筋应无裂纹、鳞落或断裂现象(图 1-8)。弯芯(辊轴)的直径越小，弯转角越大，说明钢筋的塑性越好。

三、钢筋的松弛

钢筋在持久不变的应力作用下，应变随持续加荷时间延长而继续增加的现象称为蠕变(又称徐变)；钢筋受力后，在维持长度不变的情况下，应力随时间延长而降低的现象称为松弛或应力松弛(又称为徐舒)。对于预应力混凝土结构，预应力钢筋张拉后长度基本保持不变，将会产生松弛现象，从而引起预应力损失。

钢筋的松弛随时间增长而加大，总的趋势是初期发展较快，第 1 小时内松弛量最大，24 h内约完成 50% 以上，1 ~2 个月基本完成，但在持续 5 ~8 年的试验中，仍可测得松弛影响。

钢筋的松弛还与初始应力大小、温度和钢种等因素有关。初始应力越大则松弛也越大。温度对松弛也有很大影响，应力松弛值随温度的升高而增加，同时这种影响还会长期存在。因此，对蒸汽养生的预应力混凝土构件应考虑温度对钢筋松弛的影响。不同钢种的钢筋松弛值差异很大。低合金钢热轧钢筋的松弛值相对较小，热处理钢筋次之，高强钢丝和钢绞线的松弛值相对较大。目前我国生产的高强钢丝和钢绞线按其生产工艺不同分为Ⅰ级松弛(普通松弛)和Ⅱ级松弛(低松弛)两种类型。低松弛钢丝和钢绞线的松弛值，约为普通松弛值的1/3。

四、钢筋的冷加工

钢筋经过机械冷加工产生塑性变形后，其屈服强度和极限强度均会提高，但塑性性能和弹性模量则会下降的现象称为钢筋的冷作硬化(变形硬化或冷加工硬化)。

工程上常用冷加工的方法来提高钢筋的强度。冷加工钢筋的方法主要有冷拉和冷拔两种。

(一)冷拉

冷拉是在常温下用机械方法将具有明显屈服点的钢筋拉到超过屈服强度，即强化阶段中的某一个应力值(如图1-9中K点)，然后卸载至零。由于K点的应力已超过弹性极限，因而卸载至应力为零时，应变并不等于零，其残余应变为OO'。若卸载后立即重新加载，应力—应变关系将沿着曲线$O'Kde$变化。K点为新的屈服点(但无流幅)，这表明钢筋经冷拉后，屈服强度提高，但塑性降低，这种现象称为冷拉硬化。

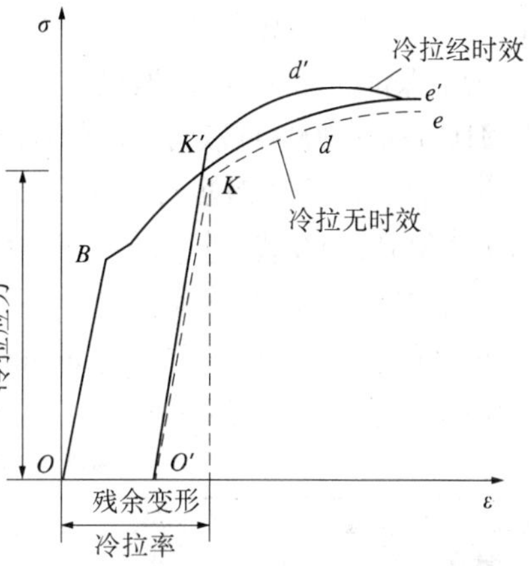

图1-9　钢筋冷拉后的应力—应变曲线

如果卸去荷载后，在自然条件下放置一段时间或进行人工加热后，再重新进行拉伸，其应力—应变关系将沿着曲线$O'K'd'e'$变化，屈服强度提高到K'点，并恢复了屈服台阶，这种现象称为时效(或时效硬化)。时效硬化和温度有很大关系，例如，R235(Q235)钢筋时效硬化在常温时需20 d，若温度为100 ℃时，仅需2 h即可完成。但继续提高温度有可能得到相反的效果，例如，加温到450 ℃时强度反而有可能降低，当加温到700 ℃时钢材会恢复到冷拉前的力学性能。因此，为避免出现冷拉钢筋在焊接时由于温度过高而软化，需要焊接的冷拉钢筋都是先焊好后再进行冷拉。

经过冷拉的钢筋，其抗拉屈服强度比原来有所提高，但屈服台阶的长度缩短，材料的塑性性能有所降低。冷拉后屈服强度提高和塑性性能降低的程度与冷拉控制应力的大小有关。冷拉控制应力越高，屈服强度提高的幅度越大，随之而来的塑性性能降低的也越多。因此，进行冷拉操作时，应合理控制冷拉参数，兼顾屈服强度提高和塑性性能降低两个方面的要求，使得既能适当提高屈服强度，又使塑性性能不致降低太多。保证冷拉钢筋质量的参数有两个，即冷拉控制应力σ_K和冷拉率ε_K(冷拉控制应力点对应的拉伸率称冷拉率)。工程上若只控制张拉应力或应变称为单控，若同时控制张拉应力和应变称为双控，一般情况下应采用双控。

需要注意的是，冷拉钢筋只能提高其抗拉强度，不能提高其抗压强度。

(二)冷拔

冷拔是指将小直径的盘圆钢条强行拉伸并通过比其直径小的硬质合金拔丝模,而变成直径较原来小的钢丝。通过拔丝模孔时,在纵向拉力和横向挤压力的共同作用下,钢筋截面变小而长度增加,内部组织结构发生变化,钢筋的抗拉强度和抗压强度都得到提高,但塑性性能、弹性模量降低。

影响冷拔钢丝强度的主要因素是原材料的强度和冷拔过程中的总压缩率(即直径的减小率)。压缩率愈大,则强度提高愈多,而塑性性能下降程度也愈明显。

五、钢筋的设计指标

在实际工作中,按同一标准生产的钢筋或混凝土各批之间的强度是有差异的,不可能完全相同,即使同一炉钢轧成的钢筋或同一配合比搅拌而成的混凝土试块,按照同一方法在同一台试验机上试验,所测得的强度也不完全相同,这就是材料的变异性。在确定材料的设计强度时必须充分考虑这种变异性。

为了保证钢筋质量,根据可靠度要求,《公路钢筋混凝土及预应力混凝土桥涵设计规范》(JTG D62—2004)规定,钢筋的强度标准值,取现行国家标准的钢筋屈服点,具有不小于95%的保证率。普通钢筋的强度设计值由普通钢筋强度标准值除以钢筋的材料分项系数 $\gamma_{fs}=1.2$ 得到;钢绞线和钢丝的强度设计值则由钢绞线和钢丝的强度标准值除以钢筋的材料分项系数 $\gamma_{fs}=1.47$ 得到。

钢筋的强度标准值,弹性模量可根据钢筋的等级按表 1-1、表 1-2、表 1-3 采用;其强度设计值可按表 1-4、表 1-5 采用。

表 1-1 普通钢筋抗拉强度标准值 (单位:MPa)

钢筋种类	d	符号	f_{sk}	钢筋种类	d	符号	f_{sk}
R235	8~20	Φ	235	HRB400	6~50	Φ	400
HRB335	6~50	Φ	335	KL400	8~40	Φ^R	400

注:表中 d 是指国家标准中的钢筋公称直径,单位 mm。

表 1-2 预应力钢筋抗拉强度标准值 (单位:MPa)

钢筋种类		d	符号	f_{pk}
钢绞线	1×2	8.0、10.0	Φ^S	1 470、1 570、1 720、1 860
	(两股)	12.0		1 470、1 570、1 720
	1×3	8.6、10.8		1 470、1 570、1 720、1 860
	(三股)	12.9		1 470、1 570、1 720
	1×7	9.5、11.1、12.7		1 860
	(七股)	15.2		1 720、1 860
消除应力钢丝	光面	4、5	Φ^P	1 470、1 570、1 670、1 770
		6		1 570、1 670
	螺旋肋	7、8、9	Φ^H	1 470、1 570
	刻痕	5、7	Φ^I	1 470、1 570
精轧螺纹钢筋		40	JL	540
		18、25、32		540、785、930

注:表中 d 是指国家标准中钢绞线、钢丝和精轧螺纹钢筋的公称直径,单位 mm。

表 1-3　钢筋的弹性模量　（单位：MPa）

钢筋种类	E_s	钢筋种类	E_p
R235	2.1×10^5	消除应力光面钢丝、螺旋肋钢丝、刻痕钢丝	2.05×10^5
HRB335、HRB400、KL400 精轧螺纹钢筋	2.0×10^5	钢绞线	1.95×10^5

表 1-4　普通钢筋抗拉、抗压强度设计值　（单位：MPa）

钢筋种类	d	f_{sd}	f'_{sd}	钢筋种类	d	f_{sd}	f'_{sd}
R235	8 ~ 20	195	195	HRB400	6 ~ 50	330	330
HRB335	6 ~ 50	280	280	KL400	8 ~ 40	330	330

注：1. 钢筋混凝土轴心受拉和小偏心受拉构件的钢筋抗拉强度设计值大于 330 MPa 时，仍应按 330 MPa 取用。
2. 构件中配有不同种类的钢筋时，每种钢筋应采用各自的强度设计值。

表 1-5　预应力钢筋抗拉、抗压强度设计值　（单位：MPa）

钢筋种类		f_{pd}	f'_{pd}
钢绞线 1×2（两股） 1×3（三股） 1×7（七股）	$f_{pk}=1\ 470$ $f_{pk}=1\ 570$ $f_{pk}=1\ 720$ $f_{pk}=1\ 860$	1 000 1 070 1 170 1 260	390
消除应力光面钢丝和螺旋肋钢丝	$f_{pk}=1\ 470$ $f_{pk}=1\ 570$ $f_{pk}=1\ 670$ $f_{pk}=1\ 770$	1 000 1 070 1 140 1 200	410
消除应力刻痕钢丝	$f_{pk}=1\ 470$ $f_{pk}=1\ 570$	1 000 1 070	410
精轧螺纹钢筋	$f_{pk}=540$ $f_{pk}=785$ $f_{pk}=930$	450 650 770	400

第三节　钢筋的接头、弯钩和弯折

一、钢筋的接头

为了运输方便，工厂生产的钢筋除小直径钢筋按盘圆供应外，一般长度为 10 ~ 12 m。因此，在使用时就需要用钢筋接头接长至设计长度。钢筋接头有焊接接头、机械连接接头和绑扎接头等三种形式。

（一）焊接接头

焊接接头是钢筋混凝土结构中采用最多的接头。钢筋焊接方法很多（见表 1-6），工程上应用最多的是闪光接触对焊和电弧搭接焊。

表 1-6　钢筋的焊接接头

项次	焊接接头类型	接头结构	适用范围	
			钢筋类别	钢筋直径(mm)
(1)	接触电焊 (闪光焊)	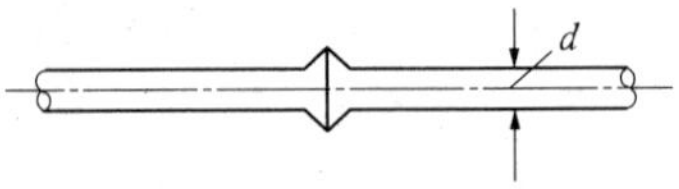	R235 HRB335 HRB400 KL400	10 ~ 40
(2)	四条焊缝的 帮条电弧焊	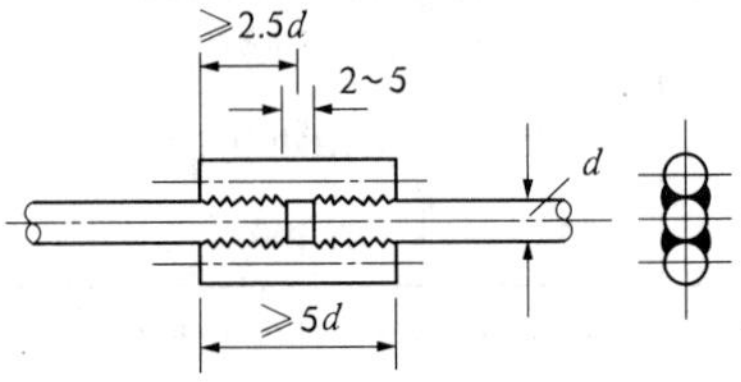	R235 HRB335 HRB400 KL400	10 ~ 40
(3)	二条焊缝的 帮条电弧焊	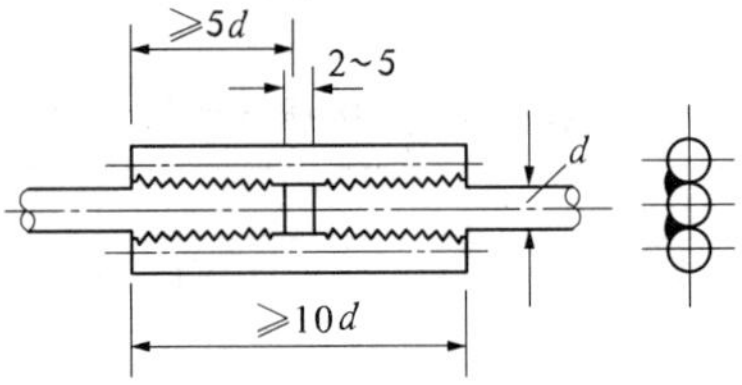	R235 HRB335 HRB400 KL400	10 ~ 40
(4)	二条焊缝的 搭接电弧焊	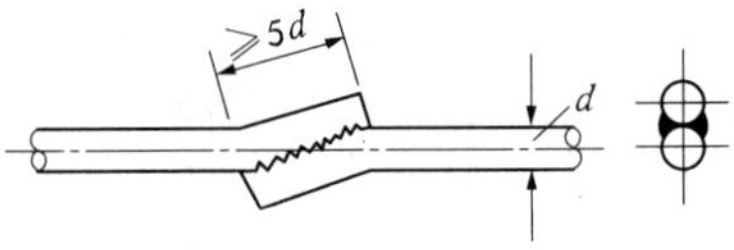	R235 HRB335 HRB400 KL400	10 ~ 40
(5)	一条焊缝的 搭接电弧焊	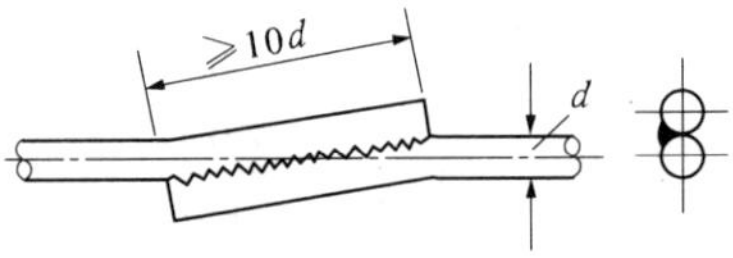	R235 HRB335 HRB400 KL400	10 ~ 40

闪光接触对焊(表 1-6(1))是将两根钢筋安放成对接形式,利用电阻热使接触点金属熔化,产生强烈飞溅,形成闪光,迅速施加顶锻力完成的一种压焊方法。闪光接触对焊质量高,加工简单。

钢筋电弧焊(表 1-6(2)、(3)、(4)、(5))是以焊条作为一极,钢筋为另一极,利用焊接电流,通过产生的电弧热进行焊接的一种熔焊方法。钢筋电弧焊可采用搭接焊和帮条焊两种形式。搭接焊(表 1-6(4)、(5))是将端部预先折向一侧的两根钢筋搭接并焊在一起。帮条焊(表 1-6(2)、(3))是用短钢筋或短角钢等作为帮条,将两根钢筋对接拼焊,帮条的总截面面积不应小于被焊钢筋的截面面积。电弧焊一般应采用双面焊缝,施工有困难时亦可采用单面焊缝。电弧焊接头的焊缝长度,双面焊缝不应小于 $5d$,单面焊缝不应小于 $10d$(d 为钢筋直径)。

在任一焊接接头中心至长度为钢筋直径的 35 倍,且小于 500 mm 的区段内,同一根钢筋不得有两个接头。在该区段内位于受拉区的有接头的受力钢筋的截面面积占受力钢筋总截面面积的比例应不超过 50%，对受压区的钢筋可不受此限。

帮条焊或搭接焊接头部分钢筋的横向净距不应小于钢筋直径，且不小于 25 mm。

（二）机械连接接头

钢筋机械连接接头是近年来我国开发的钢筋连接新技术。钢筋机械连接接头与传统的焊接接头和绑扎接头相比，具有接头性能可靠、质量稳定、不受气候及焊工技术水平的影响、连接速度快、安全、无明火、不需要大功率电源、可焊与不可焊钢筋均能可靠连接的优点。

1. 套筒挤压接头

套筒挤压接头是将两根待连接的带肋钢筋用钢套筒做连接体，套于钢筋端部，使用挤压设备沿套筒径向挤压，使钢套筒产生塑性变形。依靠变形的钢套筒与钢筋紧密结合为一个整体。套筒挤压接头适用于直径为 16 ~ 40 mm 的 HRB335 和 HRB400 带肋钢筋，其性能及质量检验标准应符合国家行业标准《带肋钢筋套筒挤压连接技术规程》（JGJ 108—96）的要求。

2. 镦粗直螺纹接头

镦粗直螺纹接头是将钢筋的连接端先行镦粗，再加工出圆柱螺纹，并用连接套筒连接的钢筋接头。镦粗直螺纹接头适用于直径为 18 ~ 40 mm 的 HRB335 和 HRB400 钢筋的连接，其性能和质量检验标准应符合国家行业标准《镦粗直螺纹钢筋接头》（JG 171—2005）的要求。

（三）绑扎接头

绑扎接头是将两根钢筋搭接一定长度并用铁丝绑扎，通过钢筋与混凝土的黏结力传递内力。为了保证接头处传递内力的可靠性，连接钢筋必须具有足够的搭接长度。为此，《公路钢筋混凝土及预应力混凝土桥涵设计规范》（JTG D62—2004）对绑扎接头的应用范围、搭接长度及接头布置都作了严格的规定。

绑扎接头的钢筋直径不宜大于 28 mm，但轴心受压构件和偏心受压构件中的受压钢筋，可不大于 32 mm。轴心受拉和小偏心受拉构件不得采用绑扎接头。

受拉钢筋绑扎接头的搭接长度，应符合表 1-7 的规定：受压钢筋绑扎接头的搭接长度应取受拉钢筋绑扎接头搭接长度的 0.7 倍。

表 1-7　受拉钢筋绑扎接头搭接长度

钢筋种类	混凝土强度等级		
	C20	C25	> C25
R235	35d	30d	25d
HRB335	45d	40d	35d
HRB400、KL400	—	50d	45d

注：1. 当带肋钢筋直径 d 大于 25 mm 时，其受拉钢筋的搭接长度应按表值增加 5d 采用；当带肋钢筋直径小于 25 mm 时，搭接长度应按表值减少 5d 采用；

2. 当混凝土在凝固过程中受力钢筋易受扰动时，其搭接长度应增加 5d。

3. 在任何情况下，受拉钢筋的搭接长度不应小于 300 mm；受压钢筋的搭接长度不应小于 200 mm。

4. 环氧树脂涂层钢筋的绑扎接头搭接长度受拉钢筋按表值 1.5 倍采用。

5. 两根不同直径钢筋的搭接长度，以较细钢筋的直径计算。

在任一绑扎接头中心至搭接长度的1.3倍长度区段内，同一根钢筋不得有两个接头；在该区段内有绑扎接头的受力钢筋截面面积占受力钢筋总截面面积的百分数，受拉区不应超过25%，受压区不应超过50%。

当绑扎接头的受力钢筋截面面积占受力钢筋总截面面积比例超过上述规定时，表1-7给出的受拉钢筋绑扎接头搭接长度值，应乘以下列系数：当受拉钢筋绑扎接头截面面积大于25%，但不大于50%时，乘以1.4；当大于50%时，乘以1.6；当受压钢筋绑扎接头截面面积大于50%时，乘以1.4（受压钢筋绑扎接头搭接长度仍为表1-7中受拉钢筋绑扎接头长度的0.7倍）。

二、钢筋的弯钩和弯折

为了防止钢筋在混凝土中的滑动，对于承受拉力的光面钢筋，需在端头设置半圆弯钩；受压的光面钢筋可不设弯钩，这是因为受压时钢筋横向产生变形，使直径加大，提高了握裹力的缘故。带肋钢筋握裹力好，可不设半圆形弯钩，也可采用直角形弯钩。弯钩的内侧弯曲直径 D 不宜过小，对于光面钢筋 D 一般应大于 $2.5d$；对于带肋钢筋 D 一般应大于 $(4\sim5)d$（d 为钢筋的直径）。

按照受力的要求，钢筋有时需按设计要求弯转方向，为了避免在弯转处混凝土局部压碎，在弯折处钢筋内侧弯曲直径 D 不得小于 $20d$。

受拉钢筋端部弯钩和中间弯折应符合表1-8的要求。

表1-8　受拉钢筋端部弯钩和中间弯折要求

弯曲部位	弯曲角度	形状	钢筋	弯曲直径 D	平直段长度
末端弯钩	180°	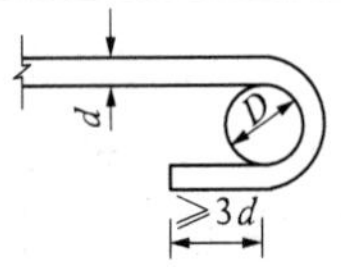	R235	$\geqslant 2.5d$	$\geqslant 3d$
	135°	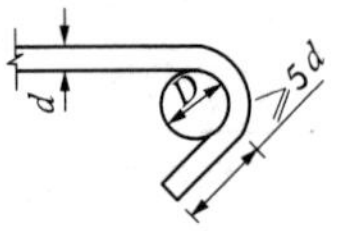	HRB335 HRB400 KL400	$\geqslant 4d$ $\geqslant 5d$	$\geqslant 5d$
	90°	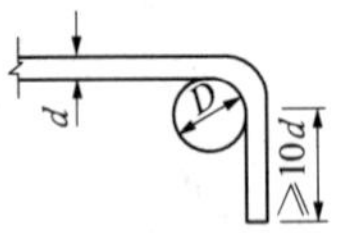	HRB335 HRB400 KL400	$\geqslant 4d$ $\geqslant 5d$	$\geqslant 10d$
中间弯折	≤90°	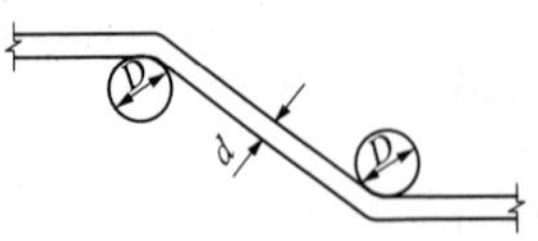	各种钢筋	$\geqslant 20d$	—

注：采用环氧树脂涂层钢筋时，除应满足表内规定外，当钢筋直径 $d\leqslant 20$ mm时，弯钩内直径 D 不应小于 $4d$；当 $d>20$ mm时，弯钩内直径 D 不应小于 $6d$；直线段长度不应小于 $5d$。

第四节　钢筋的腐蚀

一、钢筋腐蚀及钢筋腐蚀分类

钢筋表面与周围介质发生化学变化及电化学作用而遭到的破坏，叫做钢筋的腐蚀。

钢筋的腐蚀分为化学腐蚀和电化学腐蚀两大类。

钢筋表面与气体或非电解质溶液接触发生化学作用而引起的腐蚀，称为化学腐蚀。这种腐蚀多数是氧化作用，在钢材的表面形成疏松的氧化物，在干燥的环境下进展很缓慢，但在温度和湿度较高的条件下，这种腐蚀进展很快。这种腐蚀过程没有电子的流动，只是腐蚀现象的一小部分。钢筋存放时的锈蚀主要是化学腐蚀。

钢筋表面与介质如湿空气、电解质溶液等发生电化学作用而引起的腐蚀，称为电化学腐蚀。在这种腐蚀的过程中有电子的流动，绝大部分腐蚀属于电化学腐蚀。钢筋混凝土构件中的钢筋腐蚀主要是电化学腐蚀。我们主要研究电化学腐蚀。

二、钢筋的保护机理

钢筋混凝土构件混凝土的微孔内含有可溶性的钙、钠、钾等碱金属和碱土金属的氧化物，混凝土在水化作用时，这些氧化物与微孔中的水起化学反应生成碱性很强的氢氧化物，从而为其中的钢筋造成一个高碱性的环境条件（pH 值为 12 ~ 13）。钢筋在高碱性溶液中会发生如下的电化学反应。

首先，溶液中的氢氧根离子失去电子，发生氧化反应，生成水和活性氧原子，反应式如下：

$$2OH^- \rightarrow [O] + H_2O + 2e$$

然后，反应生成的活性氧原子被金属表面化学吸附，并从金属中夺得电子形成氧离子，从而在金属表面产生高电压的双电层（见图 1-10），反应式如下：

$$2[O] + 2e(\text{金属中}) \longleftrightarrow O_2^-$$

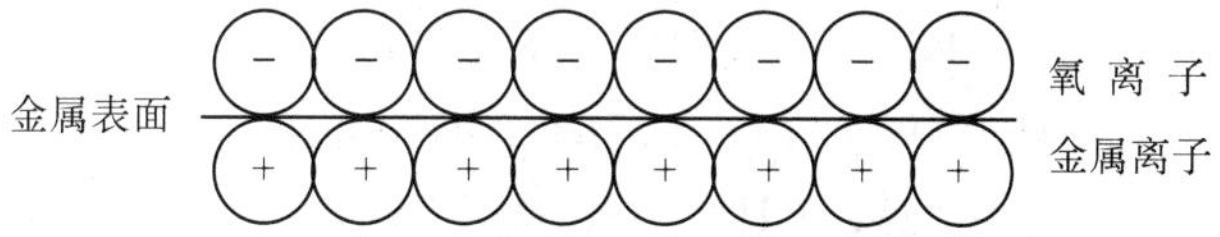

图 1-10　金属表面高压双电层示意

在双电层电场力的作用下，氧离子或者挤入金属离子晶格之中，或者把金属离子拉出金属表面，在钢筋表面生成铁的水化氧化物，为钢筋覆盖了一层致密的、分子和离子难以穿过的“钝化膜”。如果这层膜能完全覆盖钢筋表面，并能长期保持完好，那么钢筋的腐蚀就能被阻止；如果钢筋表面的钝化膜受到破坏，钢筋成为活化态时，就容易腐蚀。

三、混凝土中钢筋锈蚀机理

（一）钝化膜破坏

1. 混凝土碳化引起钝化膜破坏

碳化是介质与混凝土相互作用的一种很广泛的形式，最典型的例子是混凝土硬化后，空气中二氧化碳渗入表面混凝土，与孔隙中的 $Ca(OH)_2$ 反应，生成 $CaCO_3$，使 pH 值下降。反应式如下：

$$Ca(OH)_2 + CO_2 \rightarrow CaCO_3 \downarrow + H_2O$$

碳化作用到钢筋表面，当 pH 值 <11.5 时，钝化膜就开始不稳定；当 pH 值降低到 9 左右时，H_2CO_3 和铁的氧化物反应，钢筋表面的钝化膜遭到破坏，钢筋开始腐蚀。

2. 氯离子破坏钝化膜

一方面，Cl^- 可能是随混凝土组成材料（水泥、砂、石、外加剂）进入的，如在冬季施工，为提高混凝土抗冻性而掺入氯盐等；另一方面，Cl^- 是在混凝土硬化后经其孔隙由外界渗入的，如遭受海水侵蚀的海岸混凝土构筑物，冬季在混凝土路面上喷洒盐水防止路面冰冻等。氯离子随水进入混凝土的内部，最终会接触钢筋并开始积累，从而使混凝土内的 pH 值迅速降低，逐步酸化，钢筋钝化膜被破坏。

（二）钢筋发生电化学腐蚀

钢筋不是单一的金属铁，同时还含有碳、硅、锰等合金元素和杂质，这样不同元素处在相同或不同介质中，其电极电位也不同，其间必然存在着电位差，因此在潮湿的环境下钢筋局部表面的钝化膜受到破坏，露出了铁基体，可以自由地释放电子时，就可以发生电化学反应。电化学反应过程如下。

阳极反应：阳极区铁原子离开晶格转变为表面吸附原子，并释放电子转变为阳离子。反应式如下：

$$Fe - 2e \rightarrow Fe^{2+}$$

阴极反应：阴极区由周围环境通过混凝土孔隙吸附、扩散、渗透作用进来并溶解于孔隙水中的 O_2 吸收阳极区传来的电子，发生还原反应。反应式如下：

$$2H_2O + O_2 + 4e \rightarrow 4(OH)^-$$

综合反应：阳极区生成的 Fe^{2+} 与阴极区生成的 OH^- 反应，生成 $Fe(OH)_2$；在高氧条件下，$Fe(OH)_2$ 进一步氧化转变为 $Fe(OH)_3$，$Fe(OH)_3$ 脱水后变为疏松多孔的红锈 Fe_2O_3；在少氧条件下，$Fe(OH)_2$ 氧化不完全部分形成黑锈 Fe_3O_4。各反应式如下：

$$Fe^{2+} + 2(OH)^- \rightarrow Fe(OH)_2 \downarrow$$

$$4Fe(OH)_2 + O_2 + 2H_2O \rightarrow 4Fe(OH)_3 \downarrow$$

$$2Fe(OH)_3 \rightarrow Fe_2O_3 + 3H_2O$$

$$6Fe(OH)_2 + O_2 \rightarrow 2Fe_3O_4 + 6H_2O$$

红锈体积可大到原来体积的 4 倍，黑锈体积可大到原来的 2 倍。铁锈体积膨胀，对周围混凝土产生压力，将使混凝土沿钢筋方向开裂（通常称为“顺筋开裂”或“先锈后裂”），进而使保护层成片脱落，而裂缝及保护层的剥落又进一步导致钢筋更剧烈的腐蚀。

四、影响钢筋腐蚀的因素

影响混凝土中钢筋锈蚀的因素有：混凝土的密实度、混凝土保护层厚度、环境湿度、氯离子侵入等。

（一）混凝土不密实或有裂缝存在

混凝土密实不良和构件上产生的裂缝，往往是造成钢筋腐蚀的重要原因，尤其当水泥用量偏小，水灰比不当和振捣不良，或在混凝土浇筑中产生露筋、蜂窝、麻面等情况，都会加速钢筋的锈蚀。

调查资料表明：混凝土的碳化深度和混凝土密实度有很大关系。密实度好的混凝土碳化深度仅局限在表面；而密实度差的混凝土，则碳化深度大。

（二）混凝土保护层厚度

混凝土保护层厚度与发生腐蚀的时间成平方关系，适当增加混凝土保护层厚度，可以延长侵蚀性介质渗透到钢筋周围达到破坏钝化膜临界值的时间。但保护层厚度也不宜过大，否则混凝土表面易出现由于混凝土收缩、温度应力等所引起的混凝土表面裂缝。

（三）与环境湿度密切相关

混凝土的碳化和钢筋腐蚀与环境湿度有直接关系。在十分潮湿的环境中，其空气相对湿度接近于100%时，混凝土孔隙中充满水分，阻碍了空气中的氧向钢筋表面扩散，二氧化碳也难以透入，使钢筋难以腐蚀。当相对湿度低于50% ~60%时，混凝土中水分不足，$Ca(OH)_2$ 的扩散无法进行，碳化过程实际上也处于停滞状况。而空气相对湿度在80%左右时，有利于碳化作用，混凝土中的钢筋锈蚀发展很快。

（四）混凝土中 Cl^- 含量

氯离子除了会破坏钝化膜，使钢筋局部表面露出铁基体，与尚完好的钝化膜区域之间构成电位差，在潮湿环境下构成腐蚀电池外，还会起到导电作用和阳极去极化作用。

1. 导电作用

混凝土中氯离子的存在，强化了离子通路，降低了阴、阳极之间的电阻，提高了腐蚀电池的效率，从而加速了电化学腐蚀过程。

2. 阳极去极化作用

阳极反应过程（$Fe-2e \rightarrow Fe^{2+}$）生成的 Fe^{2+} 若不能及时搬运而积累于阴极表面，则阳极反应就会因此而受阻；相反，如果生成的 Fe^{2+} 能及时被搬走，阳极反应过程就会顺利乃至加快进行。Cl^- 与 Fe^{2+} 相遇就会生成 $FeCl_2$，氯离子将阳极产物及时地迁移走，使阳极过程顺利进行，即起到了阳极去极化作用。$FeCl_2$ 是可溶的，在向混凝土内扩散遇到氢氧根离子，会发生如下反应：

$$Fe \rightarrow Fe^{2+} + 2e$$

$$Fe^{2+} + 2Cl^- \rightarrow FeCl_2$$

$$FeCl_2 + 4H_2O \rightarrow 2Fe(OH)_2 \downarrow + 2Cl^- + 2H^+ + 2H_2O$$

由上可见，氯离子只起到了“搬运”的作用，而不被消失，也就是说进入混凝土的氯离子，会周而复始地起破坏作用。因此，氯离子的存在会加快锈蚀速度。这也是氯盐危害特点之一。

五、防腐措施

混凝土中钢筋的腐蚀是一种自然规律，无论采取何种手段都无法完全避免。但我们可以采取下列防腐措施来保证钢筋混凝土必要的耐久性。

（1）在施工中合理选用水泥品种，不宜采用掺入大量混合材料的水泥。因为这些水泥的碱性较低，钢筋在混凝土中就失去碱性保护，为钢筋锈蚀创造有利条件。

(2)选择合适配比，提高混凝土保护层密实度。由于二氧化碳是以扩散方式进入混凝土内部进行碳化的，这样可以较有效地隔绝水和氧气入侵混凝土，提高钢筋抗锈蚀能力。

(3)保证足够的保护层厚度，采用防水材料、防腐材料等，以提高混凝土保护层的抗腐蚀能力。如在钢筋混凝土表面涂刷隔离材料，隔绝混凝土面层和空气的接触，防止混凝土碳化和堵塞混凝土面层的孔隙、裂缝，使外部的空气及溶解了空气的水难以渗透，防止钢筋锈蚀。

(4)通过添加合金元素 Mn、Cr、Cu、Ni 等形成不同种类的低合金钢，以提高耐蚀能力。

(5)采用喷、镀、涂等方法对钢筋实施覆盖防腐。目的是在金属制品表面覆盖保护层，把钢筋与介质隔离开来。

(6)浇筑钢筋混凝土结构应严格按施工规范控制氯盐用量，对禁止使用氯盐的结构，绝不使用。或在混凝土中加入适当量的缓蚀剂，如亚销酸钠等，通过提高氯离子促使钢筋腐蚀的临界浓度来消除或延缓钢筋的锈蚀。

此外，还有阴极保护技术，主要有牺牲阳极、外加电流等方法。这类方法主要应用电化学原理，通过补偿铁原子失去的电子而达到防止钢筋锈蚀的目的；这些方法施工技术要求高，工艺比较复杂、后期维护费用高，目前大多应用于大型复杂钢筋混凝土桥梁的重点部位或构件的辅助防腐，普遍推广还需要做许多工作。

复习思考题

1-1　钢筋的品种有哪些？

1-2　什么是钢筋的应力松弛？

1-3　结合图 1-6 说明低碳钢的一次拉伸试验过程。

1-4　什么是钢筋的冷拉，冷拉后钢筋有什么特点？

1-5　钢筋的接头形式有哪些？

1-6　钢筋的电化学腐蚀机理是什么？

1-7　钢筋的防腐措施有哪些？

第二章　混凝土的力学性能

学习目标

1. 重点掌握混凝土的单轴受力强度、混凝土的徐变和收缩概念。
2. 掌握双向或三向受力状态下混凝土强度的变化规律。
3. 掌握混凝土在单调短期加载下的应力和应变关系。
4. 了解影响混凝土徐变和收缩的因素。

第一节　混凝土的单轴受力强度

混凝土是由水泥、水和集料(细集料砂子、粗集料石子)以及掺加剂按一定配合比经搅拌后入模振捣,养护硬化形成的人造石材。水泥和水在凝结硬化过程中形成水泥胶块把集料黏结在一起。水泥结晶体和砂石集料组成混凝土的弹性骨架起着承受外力的主要作用,并使混凝土具有弹性变形的特点。水泥凝胶体则起着调整和扩散混凝土应力的作用,并使混凝土具有塑性变形的性质。

混凝土的强度是指混凝土抵抗外力产生的某种应力的能力,即混凝土材料达到破坏或开裂极限状态时所能承受的应力。混凝土强度是混凝土的重要力学性能,是设计钢筋混凝土结构的重要依据,它直接影响结构的安全和耐久性。

混凝土的单轴受力强度指标主要有立方体抗压强度、轴心抗压强度和轴心抗拉强度。

一、混凝土的立方体抗压强度标准值($f_{cu,k}$)与强度等级

抗压强度是混凝土的重要力学指标,是进行桥梁混凝土强度的验收依据。

《公路钢筋混凝土及预应力混凝土桥涵设计规范》(JTG D62—2004)规定:用边长为150 mm的立方体试件,在标准条件(温度为(20±3)℃,相对湿度不小于90%)下养护28 d,用标准试验方法(加荷速度为每秒0.2~0.3 N/mm^2,试件表面不涂润滑剂、全截面受力)加压至试件破坏,测得的具有95%保证率的抗压强度称为混凝土立方体抗压强度标准值,用符号$f_{cu,k}$表示。

混凝土立方体抗压强度与试验方法有着密切的关系。如果在试件的表面和压力机的压盘之间涂一层油脂,其抗压强度将比不涂油脂的试件低很多,破坏形式也不相同(见图2-1)。

未加油脂的试件上下表面与压力机压盘之间有向内的摩阻力存在,摩阻力像箍圈一样,对混凝土试件的横向变形产生约束,延缓了裂缝的开展,提高了试件的抗压极限强度。当压力达到极限值时,试件在竖向压力和水平摩阻力的共同作用下沿斜向破坏,形成两个对称的角锥形破坏面。如果在试件表面涂抹一层油脂,试件表面与压力机压盘之间的摩

阻力大大减小，对混凝土试件的横向变形几乎没有约束作用。最后，试件由于形成了与压力方向平行的裂缝而破坏。所测得的抗压极限强度较不加油脂时低很多。

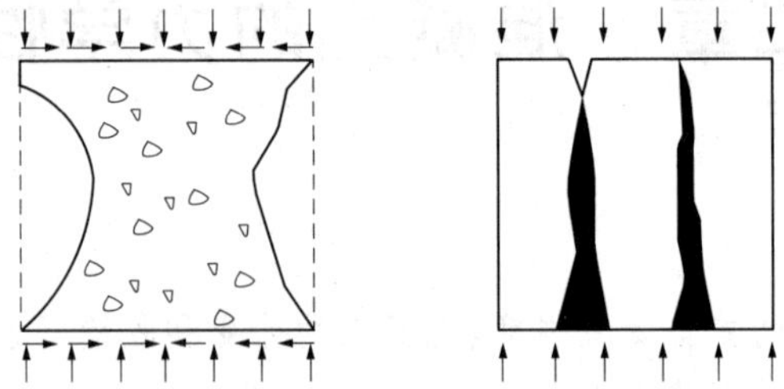

(a) 不涂润滑剂　　(b) 涂润滑剂

图 2-1　混凝土立方体试件的破坏形态

混凝土的立方体抗压强度还与试件的尺寸有关。试件的尺寸越大，实测强度越低。这种现象称为尺寸效应。一般认为这是由混凝土内部缺陷和试件承压面摩阻力影响等因素造成的。试件尺寸大，内部缺陷(微裂缝、气泡等)相对较多，端部摩阻力影响相对较小，故实测强度较低。根据我国的试验结果，若以 150 mm × 150 mm × 150 mm 的立方体试件的强度为准，对 200 mm × 200 mm × 200 mm 立方体试件的实测强度应乘以尺寸修正系数 1.05；对 100 mm × 100 mm × 100 mm 立方体试件的实测强度应乘以尺寸修正系数 0.95。

《公路桥规》用混凝土立方体抗压强度标准值 $f_{cu,k}$ 作为衡量混凝土强度等级的指标。桥涵工程中混凝土强度等级分为 14 级，即 C15、C20、C25、C30、C35、C40、C45、C50、C55、C60、C65 、C70 、C75、C80。

在钢筋混凝土结构中混凝土的强度等级不宜低于 C20；采用 HRB400、KL400 钢筋以及承受重复荷载作用的构件时，混凝土强度等级不得低于 C25；预应力混凝土结构的混凝土强度等级不宜低于 C40；当建筑物对混凝土还有抗渗、抗冻、抗侵蚀、抗冲刷等技术要求时，混凝土的强度等级尚需根据具体技术要求确定。

二、混凝土的轴心抗压强度标准值(f_{ck})

在实际工程中，大多数钢筋混凝土构件的长度比它的截面边长要大得多，工作条件与立方体试块的工作条件有很大差别，因此采用棱柱体试件比立方体试件更能反映混凝土的实际抗压能力。试验表明：随着试件高宽比 h/b 增大，端部摩擦力对中间截面约束减弱，混凝土抗压强度降低。我国采用 150 mm × 150 mm × 300 mm 的棱柱体试件为标准试件，用标准试验方法测得的混凝土棱柱体抗压强度即为混凝土的轴心抗压强度。

规范规定结构中混凝土轴心抗压强度与立方体抗压强度的关系为：

$$f_{ck} = 0.88\alpha f_{cu,k} \tag{2-1}$$

在式中，C50 以下混凝土 $\alpha = 0.76$，C50 以上混凝土 $\alpha = 0.78 \sim 0.82$。

三、混凝土的轴心抗拉强度标准值(f_{tk})

混凝土的轴心抗拉强度是确定混凝土抗裂度的重要指标。混凝土轴心抗拉强度很低，其值远小于混凝土的抗压强度，一般为立方体抗压强度的 1/8 ~ 1/18。这项比值随混凝土标号的增大而减少，即混凝土抗拉强度的增加慢于抗压强度的增加。

常用轴心抗拉试验或劈裂试验来测定混凝土的轴心抗拉强度。轴心抗拉试验是用钢模浇筑成型的 100 mm × 100 mm × 500 mm 的柱体试件，通过预埋在试件轴线两端的钢筋，对试件施加拉力（见图 2-2），试件破坏时的平均拉应力即为混凝土的轴心抗拉强度。

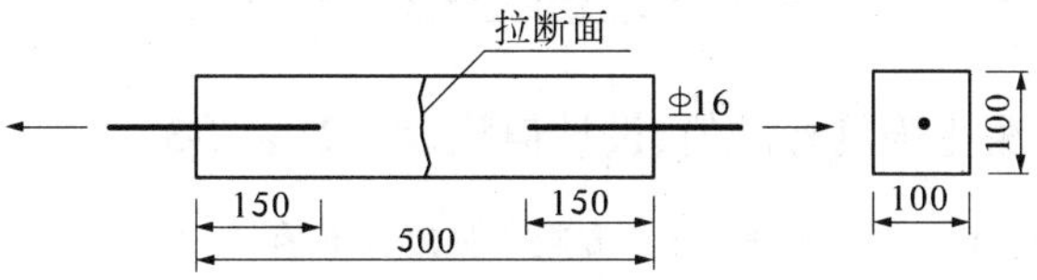

图 2-2　混凝土直接受拉试验　（单位：mm）

用上述直接受拉试验测定混凝土轴心抗拉强度时，试件的对中比较困难，稍有偏差就可能引起偏心受拉破坏，影响试验结果。因此，目前国外常采用劈裂试验间接测定混凝土的抗拉强度。

劈裂试验可用立方体或圆柱体试件进行，在试件上下支承面与压力机压板之间加一条垫条，用压力机通过垫条对试件中心面施加均匀的条形荷载。这样，除垫条附近外，在试件的竖直中面上，就产生了均匀的拉应力，它的方向与加载方向垂直，当拉应力达到混凝土的抗拉强度时，试件将沿竖直中面产生劈裂破坏（见图 2-3）。

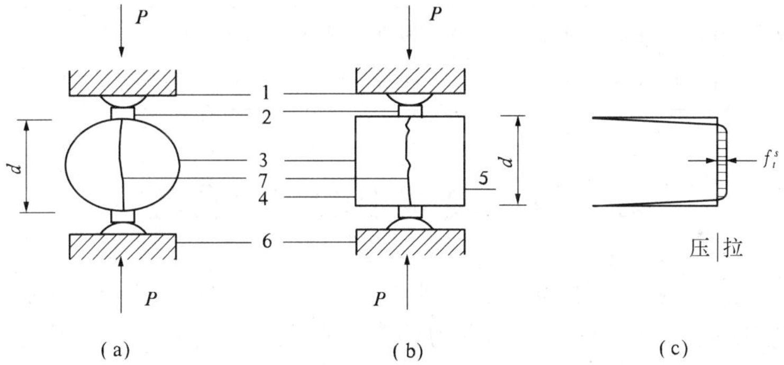

图 2-3　混凝土劈裂试验及其应力分布

(a)用圆柱体进行劈裂试验；(b)用立方体进行劈裂试验；(c)劈裂面中水平应力分布

1—压力机上压板；2—垫条；3—试件；4—试件浇筑顶面；5—试件浇筑底面；

6—压力机下压板；7—试件破裂线

我国规范规定结构中混凝土轴心抗拉强度标准值与立方体抗压强度标准值的关系为：

$$f_{tk} = 0.88 \times 0.395 f_{cu,k}^{0.55} (1 - 1.645\delta_{f150})^{0.45} \tag{2-2}$$

式中　δ_{f150}——混凝土强度变异系数，数值可查表 2-1。

表 2-1　混凝土强度变异系数

混凝土强度等级	C20	C25	C30	C35	C40	C45	C50	C55	C60
δ_{f150}	0.18	0.16	0.14	0.13	0.12	0.12	0.11	0.11	0.10

四、混凝土的强度设计值

混凝土的轴心抗压强度设计值(f_{cd})、混凝土的轴心抗拉强度设计值(f_{td})是在混凝土的轴心抗压强度标准值、混凝土的轴心抗拉强度标准值的基础上除以混凝土材料分项系数 1.45 得到的。

不同强度等级混凝土强度标准值、设计值见表 2-2、表 2-3。

表 2-2　混凝土强度标准值　　(单位:MPa)

强度类型	强度等级													
	C15	C20	C25	C30	C35	C40	C45	C50	C55	C60	C65	C70	C75	C80
f_{ck}	10.0	13.4	16.7	20.1	23.4	26.8	29.6	32.4	35.5	38.5	41.5	44.5	47.4	50.2
f_{tk}	1.27	1.54	1.78	2.01	2.20	2.40	2.51	2.65	2.74	2.85	2.93	3.00	3.05	3.10

表 2-3　混凝土强度设计值　　(单位:MPa)

强度类型	强度等级													
	C15	C20	C25	C30	C35	C40	C45	C50	C55	C60	C65	C70	C75	C80
f_{cd}	6.9	9.2	11.5	13.8	16.1	18.4	20.5	22.4	24.4	26.5	28.5	30.5	32.4	34.6
f_{td}	0.88	1.06	1.23	1.39	1.52	1.65	1.74	1.83	1.89	1.96	2.02	2.07	2.10	2.14

第二节　混凝土的多轴强度

在钢筋混凝土结构中,构件通常受到轴力、弯矩、剪力及扭矩等不同组合情况的作用,因此混凝土更多的是处于双向或三向受力状态。在复合应力状态下,混凝土的强度有明显变化。复合应力状态下混凝土的强度是钢筋混凝土结构研究的基本理论问题,但是由于混凝土材料的特点,至今尚未建立起完善的强度理论。目前仍然只是借助有限的试验资料,推荐一些近似计算方法。

一、双向应力状态

对于双向应力状态,即在两个相互垂直的平面上,作用着法向应力 σ_1 和 σ_2,第三个平面上应力为零的情况,混凝土强度变化曲线如图 2-4 所示,其强度变化特点如下:

(1)当双向受拉时(图 2-4 中第一象限),强度均接近单向抗拉强度。

(2)当双向受压时(图 2-4 中第三象限),大体上是一向的混凝土强度随另一向压力的增加而增加。这是由于一个方向的压应力对另一个方向压应力引起的横向变形起到一定的约束作用,限制了试件内部混凝土微裂缝的扩展,因而提高了混凝土的抗压强度。双向受压状态下混凝土强度提高的幅度与双向应力比 σ_1/σ_2 有关。当 σ_1/σ_2 约等于 2 或 0.5 时,双向抗压强度比单向抗压强度提高 25% 左右;当 $\sigma_1/\sigma_2=1$ 时,仅提高 16% 左右。

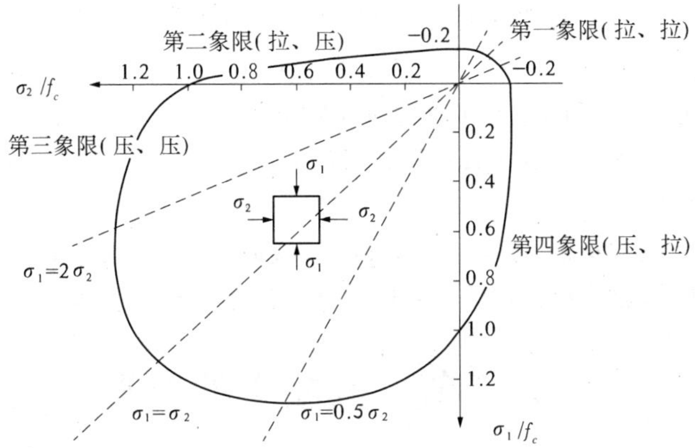

图 2-4 双向应力状态下混凝土强度变化曲线

(3)图 2-4 中第二、四象限为拉—压应力状态,此时混凝土的强度均低于单轴受力(拉或压)强度。这是由于两个方向同时受拉、压时,相互助长了试件在另一个方向的受拉变形,加速了混凝土内部微裂缝的发展,使混凝土的强度降低。

二、剪压或剪拉复合应力状态

如果在单元体上,除作用有剪应力 τ 外,在一个面上同时作用有法向应力 σ,即形成剪拉或剪压复合应力状态。由图 2-5 所示的法向应力和剪应力组合时混凝土强度变化曲线可以看出,在剪拉应力状态下,随着拉应力绝对值的增加,混凝土抗剪强度降低,当拉应力约为 $0.1f_c$ 时,混凝土受拉开裂,抗剪强度降低到零。在剪压应力状态下,随着压应力的增大,混凝土的抗剪强度逐渐增大,并在压应力达到某一数值时,抗剪强度达到最大值,此后,由于混凝土内部微裂缝的发展,抗剪强度随压应力的增加反而减小,当应力达到混凝土轴心抗压强度时,抗剪强度为零。

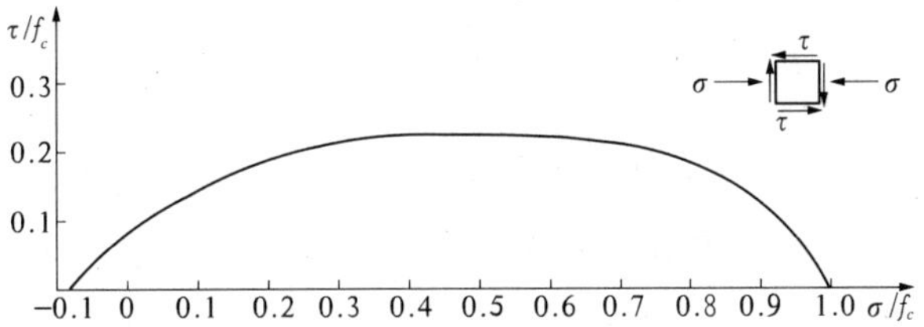

图 2-5 法向应力和剪应力组合时混凝土强度变化曲线

三、三向受压应力状态

在钢筋混凝土结构中,为了进一步提高混凝土的抗压强度,常采用横向钢筋约束混凝土变形。例如,螺旋箍筋柱和钢管混凝土等,它们都是用螺旋形箍筋和钢管来约束混凝土的横向变形,使混凝土处于三向受压应力状态,从而使混凝土强度有所提高。

试验研究表明,混凝土三向受压时,最大主压应力轴的极限强度有很大程度的增长,其变化规律随其他两侧向应力的比值和大小而异。常规三向受压是两侧等压,最大主压应力轴的极限强度随侧向压力的增大而提高。

混凝土圆柱体三向受压的轴向抗压强度与侧压力之间的关系可用下列经验公式表示：

$$f_{cc}=f_c+K\sigma_r \tag{2-3}$$

式中 f_{cc}——三向受压时的混凝土轴向抗压强度；

f_c——单向受压时混凝土柱体抗压强度；

σ_r——侧向压应力；

K——侧向应力系数，侧向压力较低时，其数值较大，为简化计算，可取为常数，较早的试验资料给出 $K=4.1$，后来的试验资料给出 $K=4.5\sim7.0$。

第三节　混凝土的变形

混凝土的变形可分为两类：一类是荷载作用下产生的受力变形，其数值和变化规律与加载方式及荷载作用持续时间有关，包括单调短期加载、多次重复加载以及荷载长期作用下的变形等；另一类与受力无关，称为体积变形，如混凝土收缩以及由于温度变化产生的变形。

一、混凝土的受力变形

（一）混凝土在单调短期加载下的应力应变关系

混凝土在一次加载下的应力应变关系是混凝土最基本的力学性能之一，是对混凝土结构进行理论分析的基本依据，可较全面地反映混凝土的强度和变形的特点。一般取棱柱体试件来测试混凝土的应力—应变曲线，混凝土在一次加载下的应力—应变关系曲线如图 2-6 所示。

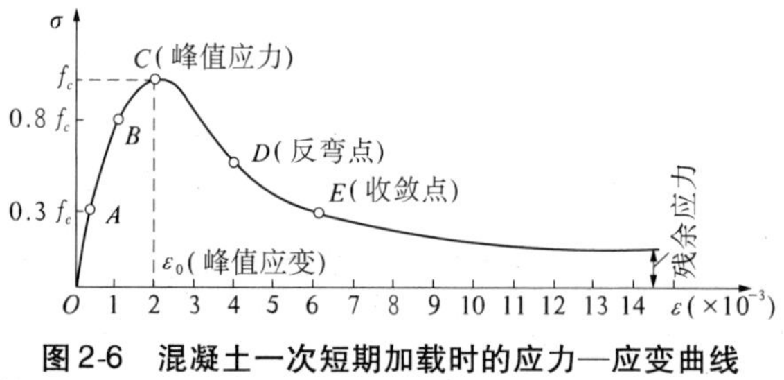

图 2-6　混凝土一次短期加载时的应力—应变曲线

完整的混凝土轴心受压应力—应变曲线由上升段 OC、下降段 CD 和收敛段 DE 三个阶段组成。

(1) 上升段 OC 段：在 OA 段（$\sigma_c\leqslant0.3f_c$），应力较小，混凝土处于弹性工作阶段，应力—应变曲线接近于直线。在 AB 段（$0.3f_c<\sigma_c<0.8f_c$），随应力继续增大，应力—应变曲线越来越偏离直线，应变比应力增长快，任一点的应变可分为弹性应变和塑性应变两部分；原有的混凝土内部微裂缝发展，并在空隙等薄弱处产生新的微裂缝。在 BC 段（$0.8f_c\leqslant\sigma_c<f_c$），随着应力的进一步增大，混凝土塑性变形显著增大，内部微裂缝不断延伸扩展，并有几条贯通；当达到 C 点的峰值应力 f_c 时，混凝土塑性变形急剧增大，试件表面出现不连续的可见裂缝，试件开始破坏。C 点应力值 f_c 即为混凝土的轴心抗压强度，与其相应的压应变为 ε_0（ε_0 约为 0.002）。

(2)下降段 CD 段：当应力超过 f_c 后，试件承载能力下降，但混凝土的强度并不完全消失，随着应力 σ 的减少（卸载），应变仍然增加，曲线坡度下降较陡，混凝土表面裂缝逐渐贯通。

(3)收敛段 DE 段：应力—应变曲线在 D 点出现反弯，试件在宏观上已破坏，此时，混凝土已达到其极限压应变 ε_{cu}。D 点以后，表面纵向裂缝把混凝土棱柱体分成若干个小柱，通过集料间的咬合力及摩擦力，块体还能承受一定的荷载。

混凝土的极限压应变 ε_{cu} 越大，表示混凝土的塑性变形能力越大，即延性越好，混凝土极限压应变 ε_{cu} 为 0.003～0.005。

混凝土受拉时的应力—应变曲线与受压时相似，但其峰值时的应力、应变都比受压时小得多。计算时，一般混凝土的最大拉应变可取 1.5×10^{-4}。

(二)混凝土在多次重复荷载作用下的应力—应变曲线

混凝土在多次重复荷载作用下，其应力、应变性质和短期一次加载情况有显著不同。由于混凝土是弹塑性材料，初次卸载至应力为零时，应变不可能全部恢复。可恢复的那部分称为弹性应变 ε_e，弹性应变包括卸载时瞬时恢复的应变和卸载后弹性后效两部分，不可恢复的部分称为残余应变，如图 2-7(a)所示，因此在一次加载卸载过程中，混凝土的应力—应变曲线形成一个环状。

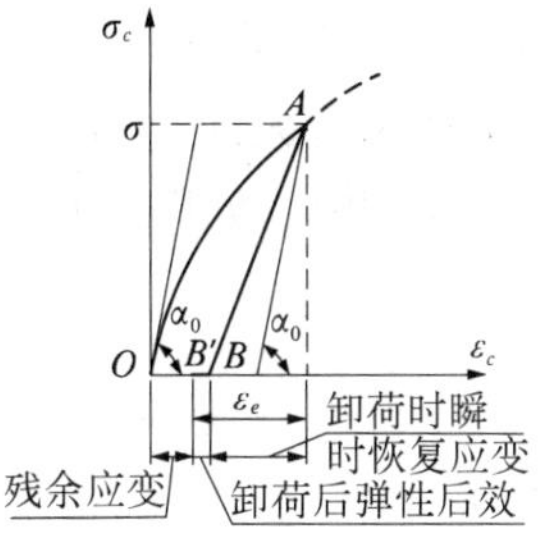

(a)一次加载 $\sigma\sim\varepsilon$ 曲线

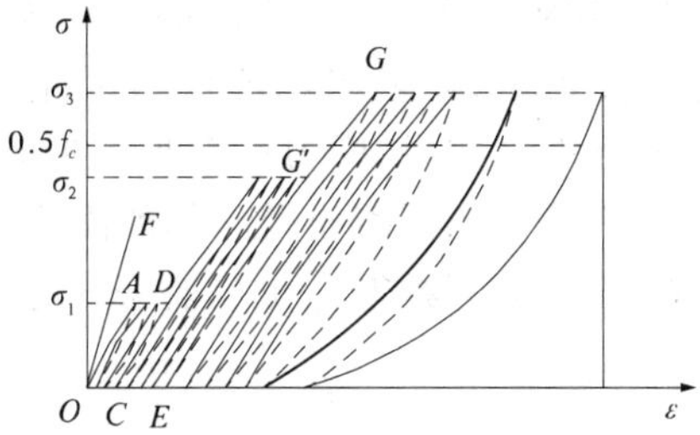

(b)多次重复加载 $\sigma\sim\varepsilon$ 曲线

图 2-7　混凝土在重复荷载作用下的应力—应变曲线

混凝土在多次重复荷载作用下的应力—应变曲线如图 2-7(b)所示。当加载应力相对较小（一般认为 σ_1 或 $\sigma_2<0.5f_c$）时，随着加载卸载重复次数的增加，残余应变会逐渐减小；一般重复 5～10 次后，塑性变形基本完成，而只有弹性变形，加载和卸载应力—应变曲线环就越来越闭合，并接近一直线，并大致平行于通过原点的切线，混凝土呈现弹性工作性质。

如果加载应力超过某一个限值（如图 2-7(b)中 $\sigma_3\geqslant0.5f_c$，但仍小于 f_c）时，经过几次重复加载卸载，应力—应变曲线就变成直线，再经过多次重复加载卸载后，应力—应变曲线出现反向弯曲，逐渐凸向应变轴，斜率变小，变形加大，重复加载卸载到一定次数时，混凝土试件将因严重开裂或变形过大而破坏，这种因荷载多次重复作用而引起的破坏称为疲劳破坏。

对于混凝土组成的桥涵结构，通常要求能承受 200 万次以上反复荷载作用。经受 200 万次反复变形而破坏的应力即为混凝土的疲劳强度，混凝土的疲劳强度约为其棱柱体强度的 50%，即 $f_p\approx0.5f_c$。

（三）混凝土的弹性模量

在计算超静定结构的内力、钢筋混凝土结构的变形和预应力构件截面的预压应力时，要用到混凝土的弹性模量。

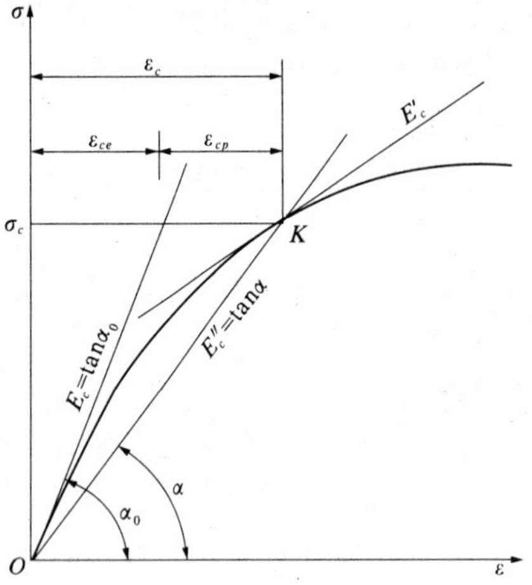

图 2-8　混凝土的弹性模量

作为弹塑性材料的混凝土，其单调短期加载下的应力应变关系是一条曲线，其应力与应变的比值并不是常数，所以它的弹性模量取值比钢材要复杂得多。

混凝土的弹性模量有三种表示方法（见图 2-8），分别称为原点弹性模量（简称弹性模量，E_c）、切线模量（E_c'）和变形模量（又称割线模量，E_c''）。

显然，切线模量和变形模量在使用上很不方便，为了在工程上较为实用，近似地取用应力—应变曲线在原点 O 的切线斜率 E_c 作为混凝土的弹性模量。由于混凝土应力—应变曲线在原点 O 的切线斜率不易从一次加载的应力—应变曲线上求得，我国工程上所采用的混凝土受压弹性模量 E_c 数值是在重复加载的应力—应变曲线上求得的。试验采用棱柱体试件，加荷产生的最大应力选取 $\sigma_c=(0.4\sim0.5)f_{cd}$，重复加载 5 ~ 10 次后，应力—应变曲线接近一直线，并大致平行于通过原点的切线，则取该直线的斜率作为混凝土受压弹性模量 E_c 数值。

《公路桥规》给出弹性模量 E_c 的经验公式为：

$$E_c=\frac{10^5}{2.2+\dfrac{34.7}{f_{cu,k}}}(\mathrm{N/mm^2}) \tag{2-4}$$

各种强度等级混凝土的弹性模量，见表 2-4。

表 2-4　混凝土的弹性模量　（单位：MPa）

混凝土强度等级	C15	C20	C25	C30	C35	C40	C45	C50	C55	C60	C65	C70	C75	C80
$E_c(\times10^4)$	2.20	2.55	2.80	3.00	3.15	3.25	3.35	3.45	3.55	3.60	3.65	3.70	3.75	3.80

试验结果表明，混凝土的受拉弹性模量与受压弹性模量很接近，计算中两者可取同一数值。

混凝土的剪切模量可近似取 $G_c=0.4E_c$。

（四）混凝土在长期荷载作用下的变形性能

在荷载的长期作用下，混凝土的变形将随时间而增加，亦即在应力不变的情况下，混凝土的应变随时间继续增长，这种现象称为混凝土的徐变。

混凝土在持续荷载作用下，应变与时间的关系曲线如图 2-9 所示。从图中可见，24 个月的徐变 ε_{cr}，约为加荷时立即产生的瞬时弹性变形 ε_{el} 的2 ~ 4倍；前期徐变增长很快，

6 个月可达最终徐变的70% ~80%,以后徐变增长逐渐缓慢。从图中还可以看到,在 B 点卸荷后,应变会恢复一部分,其中立即恢复的一部分应变称为混凝土瞬时弹性回缩应变 ε_{e1}';再经过一段时间(约 20 d)后才逐渐恢复的那部分应变被称为弹性后效 ε_{e1}'';最后剩下的不可恢复的应变称为残余应变 ε_{cr}'。徐变一般在两年左右趋于稳定,三年左右徐变即告基本终止。

徐变与塑性变形的不同之处在于:徐变在较小应力下就可产生,当卸掉荷载后可部分恢复;塑性变形只有在应力超过其弹性极限后才会产生,当卸掉荷载后不可恢复。

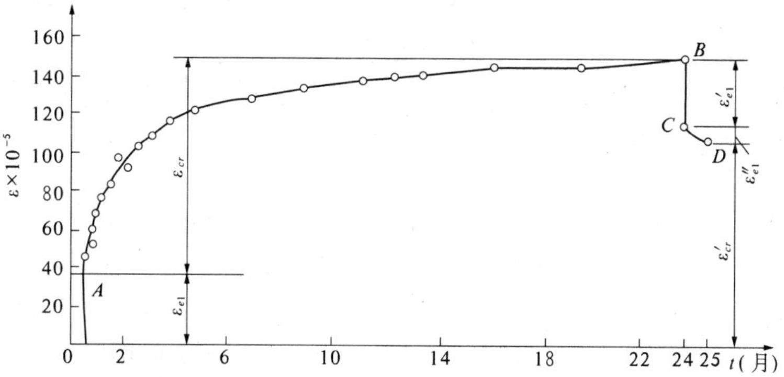

图 2-9　混凝土的徐变与时间的关系

混凝土徐变的主要原因是在荷载长期作用下,混凝土凝胶体中的水分被逐渐压出,水泥石逐渐黏性流动,微细空隙逐渐闭合,细晶体内部逐渐滑动,微细裂缝逐渐发生等各种因素的综合结果。

影响徐变的因素很多,除时间外,还有下列因素:

(1)应力条件。试验表明,徐变与应力大小有直接关系。应力越大,徐变也越大。实际工程中,如果混凝土构件长期处于不变的高应力状态是比较危险的,对结构安全是不利的。

(2)加荷龄期。初始加荷时,混凝土的龄期越早,徐变越大。若加强养护,使混凝土尽早结硬或采用蒸汽养护,可减小徐变。

(3)周围环境。养护温度越高,湿度越大,水泥水化作用越充分,徐变就越小;试件受荷后,环境温度越低,湿度越大,徐变就越小。

(4)混凝土中水泥用量越多,徐变越大;水灰比越大,徐变越大。

(5)材料质量和级配好,弹性模量高,徐变小。

(6)构件的体表比越大,徐变越小。

二、混凝土的收缩和膨胀

混凝土的收缩和膨胀属于混凝土的体积变形。

(一)收缩

混凝土在空气中结硬时其体积会缩小,这种现象称为混凝土收缩。混凝土在不受力情况下的这种自由变形,在受到外部或内部(钢筋)约束时,将使混凝土中产生拉应力,甚至使混凝土开裂。

混凝土产生收缩的原因,在硬化初期主要是水泥石在水化凝固结硬过程中产生的体积变化,后期主要是混凝土内自由水分蒸发而引起的干缩。

图 2-10 所示为我国铁道部科学研究院所作混凝土自由收缩的试验曲线。由图可见混凝土的收缩是一种随时间而增长的变形。结硬初期收缩变形发展很快,两周可完成全部收缩的 25% ,1 个月约可完成 50% ,3 个月后增长缓慢,一般两年后趋于稳定,最终收缩值为(2 ~6) $\times 10^{-4}$。

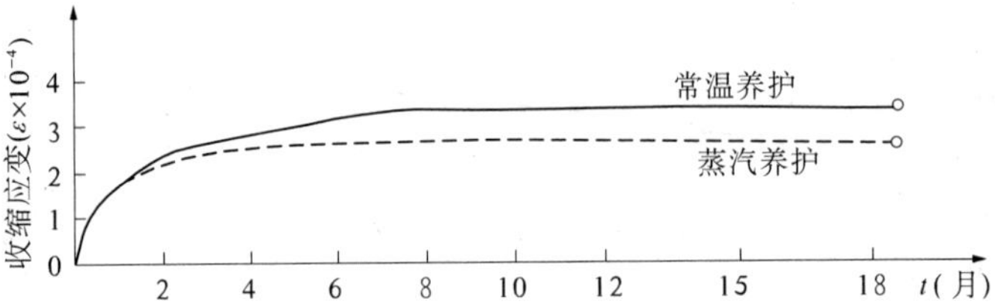

图 2-10　混凝土的收缩

影响混凝土收缩的因素有很多,主要有:

混凝土的组成和配比是影响混凝土收缩的重要因素。水泥的用量越多,水灰比越大,收缩就越大。集料的级配好、密度大、弹性模量高、粒径大可减小混凝土的收缩。这是因为集料对水泥石的收缩有制约作用,粗集料所占体积比越大、强度越高,对收缩的制约作用就越大。

干燥失水是引起收缩的重要原因,所以构件的养护条件、使用环境的温度与湿度以及凡是影响混凝土中水分保持的因素,都对混凝土的收缩有影响。高温湿养(蒸汽养护)可加快水化作用,减少混凝土中的自由水分,因而可使收缩减少。使用环境的温度越高,相对湿度越低,收缩就越大。

混凝土的最终收缩量还与构件的体表比有关,因为这个比值决定着混凝土中水分蒸发的速度。体表比小的构件,收缩量较大,发展也较快。

(二)膨胀

混凝土在水中结硬时体积会膨胀,称为混凝土的膨胀。一般说来,混凝土的膨胀值比收缩值小得多,且常起有利作用,因此在计算中不予考虑。

复习思考题

2-1　什么是混凝土的立方体抗压强度?它的影响因素有哪些?

2-2　混凝土的强度标准值和强度设计值有什么区别?

2-3　双向应力状态下混凝土的强度会如何变化?

2-4　三向受压应力状态下混凝土强度会如何变化?

2-5　什么是混凝土的徐变?影响徐变的因素有哪些?

2-6　什么是混凝土的收缩?如何减小混凝土构件的收缩?

2-7　结合图 2-6 分析混凝土一次短期加载时的破坏过程。

第三章　钢筋与混凝土结构

学习目标

1. 重点掌握钢筋混凝土结构的优缺点、确保黏结强度的措施。
2. 掌握钢筋混凝土构件中钢筋的作用。
3. 理解钢筋和混凝土共同工作的机理、黏结破坏机理。

第一节　钢筋混凝土结构的基本概念

钢筋混凝土是由两种力学性能不同的材料——钢筋和混凝土结合成整体，共同发挥作用的一种建筑材料。

众所周知，混凝土是一种典型的脆性材料，其抗压强度很高，但抗拉强度很低(为抗压强度的1/8～1/18)。如图3-1(a)所示为一根素混凝土梁的受力情况，在两个对称的集中力P_1的作用下，梁的上部受压、下部受拉。取跨中纯弯曲段为研究对象，随着荷载P_1的增加，梁下部受拉区的拉应变(拉应力)和上部受压区的压应变(压应力)不断增大。当$P_1=P_c$时，下部受拉区边缘的拉应变达到混凝土极限拉应变时，下边缘即出现竖直的裂缝。在裂缝截面处受拉区混凝土退出工作，受压区高度减小，即使荷载不再增加，竖向裂缝也会急剧向上发展，导致梁突然断裂，发生脆性破坏。对应于下部受拉区边缘拉应变等于混凝土极限拉应变的荷载P_c为素混凝土梁受拉区出现裂缝的荷载，一般称为素混凝土梁的开裂荷载，也就是素混凝土梁的破坏荷载。换句话说，素混凝土梁的承载力是由混凝土的抗拉强度控制的，而混凝土所具有的优越抗压性能远远未有充分利用。

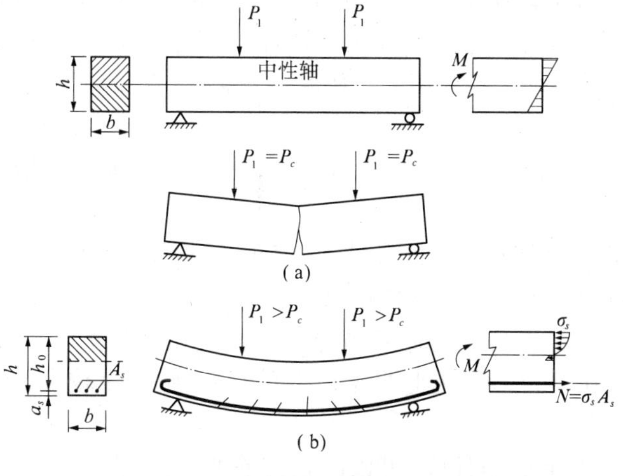

图3-1　素混凝土和钢筋混凝土梁

为了提高混凝土梁的承载力，充分发挥混凝土优越的抗压作用，可采用在梁的受拉区配置适量的纵向钢筋，构成钢筋混凝土梁的办法解决，如图 3-1(b)所示。

在梁的受拉区配置纵向钢筋，用以承担拉力，用混凝土承担压力，两者结合为整体共同工作。钢筋混凝土梁的试验研究表明，钢筋混凝土梁与截面尺寸相同的素混凝土梁的开裂荷载 P_c 基本相同。当荷载略大于开裂荷载 P_c 时，梁的受拉区仍会出现裂缝，裂缝处截面受拉区混凝土逐渐退出工作，拉力转由钢筋承担。随着荷载的增加，钢筋的拉应力和受压区混凝土的压应力将不断加大，直至钢筋的拉应力达到其屈服强度，继而受压区混凝土被压碎，梁才宣告破坏。以上分析说明：与素混凝土梁相比，钢筋混凝土梁中混凝土的抗压强度和钢筋的抗拉强度都得到了充分发挥，因而其承载力较素混凝土梁提高很多。

混凝土的抗压强度高，常用于受压构件。试验表明，若在构件中配置抗压强度高的钢筋来构成钢筋混凝土受压构件，和素混凝土受压构件截面尺寸及长细比相同的钢筋混凝土受压构件相比，不仅承载能力大为提高，而且受力性能得到改善(见图 3-2)。在这种情况下，钢筋主要是协助混凝土来共同承受压力。

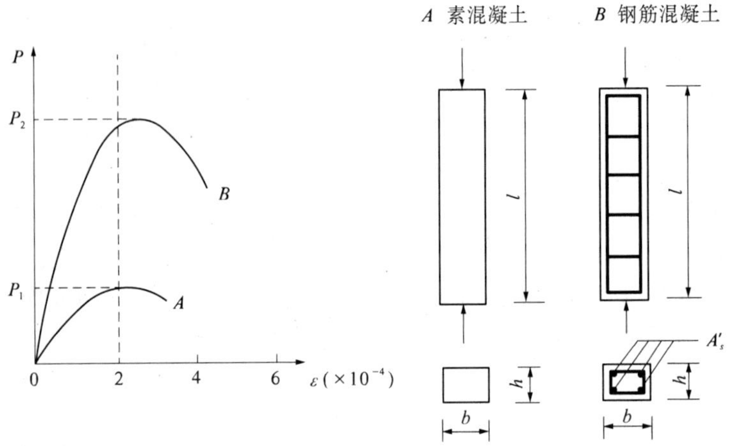

图 3-2　素混凝土和钢筋混凝土轴心受压构件的受力性能比较

综上所述，根据构件受力状况配置钢筋构成钢筋混凝土构件后，可以充分发挥钢筋和混凝土各自的材料力学特性，把它们有机地结合在一起共同工作，提高了构件的承载能力，改善了构件的受力性能。钢筋用来代替混凝土受拉(受拉区混凝土出现裂缝后)或协助混凝土受压。

钢筋和混凝土这两种受力力学性能不同的材料之所以能有效地结合在一起共同工作，主要机理是：

(1)混凝土和钢筋之间有良好的黏结力，使两者能可靠地结合成一个整体，在荷载作用下能够很好地共同变形，完成其结构功能。

(2)钢筋和混凝土的温度线膨胀系数也较为接近(钢筋为 1.2×10^{-5}/℃，混凝土为 $(1.0\times10^{-5}\sim1.5\times10^{-5})$/℃)，因此当温度变化时，不致产生较大的温度应力而破坏两者之间的黏结。

(3)混凝土包裹在钢筋的外围，可以防止钢筋的锈蚀，保证了钢筋与混凝土的共同工作。

钢筋混凝土除了能合理地利用钢筋和混凝土两种材料的特性外，还有下述一些优点：

（1）在钢筋混凝土结构中，混凝土的强度是随时间而不断增长的，同时，钢筋被混凝土所包裹而不致锈蚀，所以钢筋混凝土结构的耐久性是较好的。钢筋混凝土结构的刚度较大，在使用荷载作用下的变形较小，故可有效地用于对变形要求较严格的建筑物中。

（2）钢筋混凝土结构既可以整体现浇也可以预制装配，并且可以根据需要浇制成各种形状和截面尺寸的构件。

（3）钢筋混凝土结构所用的原材料中，砂、石所占的比重较大，而砂、石易于就地取材，可以降低工程造价。

当然，钢筋混凝土结构也存在一些缺点，如：钢筋混凝土结构的截面尺寸一般较相应的钢结构大，因而自重较大，这对于大跨度结构是不利的；抗裂性能较差，在正常使用时往往是带裂缝工作的；施工受气候条件影响较大，并且施工中需耗用较多木材；修补或拆除较困难等。

钢筋混凝土结构虽有缺点，但毕竟有其独特的优点，所以广泛应用于桥梁工程、隧道工程、房屋建筑、铁路工程以及水工结构工程、海洋结构工程等。随着钢筋混凝土结构的不断发展，上述缺点已经或正在逐步加以改善。

第二节　钢筋与混凝土之间的黏结

一、钢筋与混凝土的黏结力

在钢筋混凝土结构中，钢筋和混凝土这两种材料能共同工作的基本前提是具有足够的黏结强度，能承受由于变形差（相对滑移）沿钢筋与混凝土接触面上产生的剪应力，通常把这种剪应力称为黏结应力（握裹力）。

钢筋与混凝土间的黏结力由三部分组成：

（1）混凝土凝结时，水泥胶的化学作用，使钢筋和混凝土在接触面上产生的化学胶结力；

（2）由于混凝土凝结时收缩，握裹住钢筋，在发生相互滑动时产生的摩阻力；

（3）钢筋表面粗糙不平或带肋钢筋的表面凸出肋条产生的机械咬合力。

二、黏结力的破坏机理

光面钢筋的黏结力作用，在钢筋与混凝土间尚未出现相对滑移前主要取决于化学胶结力，发生滑移后则由摩擦力和钢筋表面粗糙不平产生的机械咬合力提供。光圆钢筋黏结强度低、滑移量大，其破坏形态可认为是钢筋从混凝土中被拔出的剪切破坏，其破坏面就是钢筋与混凝土的接触面。光圆钢筋黏结强度为 1.5 ~ 3.5 MPa。

为了提高光圆钢筋的抗滑移性能，须在光圆直钢筋的端部附加弯钩或弯转、弯折以加强锚固。

带肋钢筋的黏结作用主要由钢筋表面凸起产生的机械咬合力提供，化学胶结力和摩擦力占的比重很小。带肋钢筋的肋条对混凝土的斜向挤压力形成了滑移阻力，斜向挤压力的轴向分力使肋间混凝土像悬臂梁那样承受弯、剪，而径向分力使钢筋周围的混凝土犹如受内压的管壁，产生环向拉力（见图3-3）。因此，带肋钢筋的外围混凝土处于复杂的三向受力状态，剪应力及纵向拉应力使横肋间混凝土产生内部斜裂缝，环向拉应力使钢筋附近的混凝土产生径向裂缝。裂缝出现后，随着荷载的增大，肋条前方混凝土逐渐被压碎，钢筋连同被压碎的混凝土被从试件中拔出，这种破坏称为剪切黏结破坏。如果钢筋外围混凝土很薄，且没有设置环向箍筋，径向裂缝将达到构件表面，形成沿钢筋的纵向劈裂裂缝，造成混凝土层的劈裂破坏，这种破坏称为劈裂黏结破坏。劈裂黏结破坏强度要低于剪切黏结破坏强度。带肋钢筋的黏结强度为2.5～6.0 MPa。

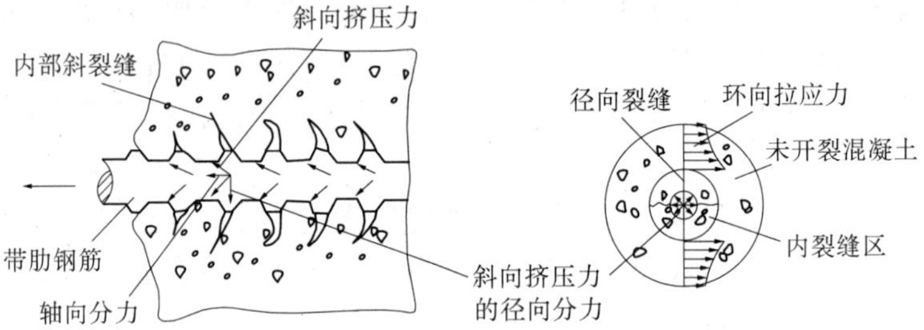

图3-3　带肋钢筋横肋处的挤压力和内部裂缝

三、确保黏结强度的措施

为了保证钢筋与混凝土间的黏结作用，在选用材料和钢筋混凝土构造方面可采取以下措施。

（一）选用适宜的混凝土强度等级

试验表明，钢筋的黏结强度随混凝土强度等级的提高而增大，但并不与立方体强度成正比，大体上与混凝土的抗拉强度成正比关系。所以，水泥性能好、集料强度高、配比适当、振捣密实、养护良好的混凝土对黏结力和锚固非常有利。

（二）采用带肋钢筋

带肋钢筋的黏结强度比光面钢筋高出1～2倍。

带肋钢筋的肋条形式不同，其黏结强度也略有差异，月牙纹钢筋的黏结强度比螺纹钢筋低5%～15%。带肋钢筋的肋高随钢筋直径的增大相对变矮，所以黏结强度下降。试验表明，新轧制或经除锈处理的钢筋，其黏结强度比具有轻度锈蚀钢筋的黏结强度要低。

（三）光圆受拉钢筋的端部应做成弯钩

由于光圆钢筋与混凝土的黏结力较差，为了增加钢筋在混凝土内的抗滑移能力及钢筋端部的锚固作用，在绑扎钢筋骨架中的光圆受拉钢筋的端部一定要做成弯钩。弯钩形式见表1-8。

（四）绑扎钢筋的接头必须有足够的搭接长度

两根钢筋如采用绑扎接头的方式连接，则钢筋的内力是依靠钢筋和混凝土间的黏结力来传递的。因此，绑扎钢筋的接头必须保证它们之间具有足够的搭接长度。钢筋搭接长度的要求见表3-1。

（五）保证受力钢筋有足够的锚固长度

为避免钢筋在混凝土中滑移，埋入混凝土中的受力钢筋必须具有足够的锚固长度，使钢筋牢固地锚固在混凝土中。

钢筋的锚固长度按黏结破坏极限状态平衡条件（锚固力不小于钢筋所能承受的最大拉应力）确定：

$$\pi d l_a \tau_u \geqslant \frac{\pi d^2}{4} f_{pk} \tag{3-1}$$

即

$$l_a \geqslant \frac{f_{pk} d}{4\tau_u} \tag{3-2}$$

式中 l_a——钢筋的锚固长度；

d——钢筋直径；

f_{pk}——钢筋的标准强度；

τ_u——钢筋与混凝土的黏结强度。

《公路钢筋混凝土及预应力混凝土桥涵设计规范》（JTG D62—2004）规定了各类钢筋的最小锚固长度 l_a 的数值（见表 3-1）。

表 3-1 钢筋最小锚固长度 l_a

项目		钢筋种类											
		R235				HRB335				HRB400、KL400			
		C20	C25	C30	≥C40	C20	C25	C30	≥C40	C20	C25	C30	≥C40
受压钢筋（直端）		40d	35d	30d	25d	35d	30d	25d	20d	40d	35d	30d	25d
受拉钢筋	直端	—	—	—	—	40d	35d	30d	25d	45d	40d	35d	30d
	弯钩端	35d	30d	25d	20d	30d	25d	25d	20d	35d	30d	30d	25d

注：1. d 为钢筋直径。

2. 对于受压束筋和等代直径 $d_e \leqslant 28$ mm 的受拉束筋的锚固长度，应以等代直径按表确定，束筋的各单根钢筋在同一锚固终点截断；对于等代直径 $d_e > 28$ mm 的受拉束筋，束筋内各单根钢筋，应自锚固起开始，以表内规定钢筋锚固长度的 1.3 倍，呈阶梯形逐根延伸后截断，即自锚固起点开始，第一根延伸 1.3 倍单根钢筋的锚固长度，第二根延伸 2.6 倍单根钢筋的锚固长度，第三根延伸 3.9 倍单根钢筋的锚固长度。

3. 采用环氧树脂涂层钢筋时，受拉钢筋最小锚固长度应增加 25%。

4. 当混凝土在凝固中易受扰动时（如滑模施工），锚固长度应增加 25%。

（六）合理的混凝土保护层厚度和合理的钢筋间净距

混凝土保护层过薄或钢筋间净距过小，随钢筋应力的增大，将会使混凝土沿钢筋纵向产生劈裂裂缝，从而降低黏结强度，因此混凝土保护层和钢筋间距对确保其黏结作用甚大。

试验表明，混凝土保护层厚度对光面钢筋的黏结强度没有明显影响，但对带肋钢筋的影响却十分明显。当混凝土保护层厚度与钢筋直径的比值 $c/d > 5 \sim 6$（c 为混凝土保护层厚度、d 为钢筋直径）时，带肋钢筋将不会发生强度较低的劈裂黏结破坏。同样，保持一定的钢筋间距，可以提高钢筋周围混凝土的抗劈裂能力，从而提高了钢筋与混凝土之间的黏结强度。所以，对于不同的构件，《公路钢筋混凝土及预应力混凝土桥涵设计规范》（JTG D62—2004）都作了一定的构造要求。

（七）设置一定数量的横向钢筋

横向钢筋（如梁中的箍筋）可以提高混凝土的侧向约束，延缓混凝土沿受力钢筋纵向劈裂裂缝的发展和限制劈裂裂缝的宽度，从而可以提高黏结应力。设置箍筋可将纵向钢筋的抗滑移能力提高 25%，使用焊接骨架或焊接网则提高得更多。

此外，黏结强度还与浇筑混凝土时钢筋所处的相对位置有关。处于水平位置的钢筋黏结强度比竖直钢筋要低，这是由于位于水平钢筋下面的混凝土下沉及泌水的影响，钢筋与混凝土不能紧密接触，削弱了钢筋与混凝土之间的黏结强度。同样是水平钢筋，钢筋下面混凝土浇筑深度越大，黏结强度降低的也越多。

复习思考题

3-1　钢筋混凝土构件中钢筋的作用是什么？

3-2　钢筋和混凝土能够共同工作的原因是什么？

3-3　什么是钢筋与混凝土间的黏结力，其组成部分有哪些？

3-4　确保钢筋与混凝土间黏结强度的措施有哪些？

第四章　极限状态法设计的原则

学习目标

1. 本章重点为结构极限状态法计算原则。
2. 了解作用的概念、代表值及作用效应组合。
3. 正确理解极限状态的基本概念;理解结构的“预定功能”;理解结构的“可靠”。

第一节　作用及作用代表值

一、作用及其分类

(一)作用

所有引起结构反应的原因统称为“作用”。按照作用性质的不同,“作用”包括两类,一类是施加于结构上的外力,如车辆、人群、结构自重等,它们是直接施加于结构上的,可用“荷载”这一术语来概括。另一类不是以外力形式施加于结构,它们产生的效应与结构本身的特性、结构所处环境等有关,如地震、基础变位、混凝土收缩和徐变、温度变化等,它们是间接作用于结构的。

(二)作用的分类

按作用时间的不同分为永久作用、可变作用、偶然作用三大类。

(1)永久作用:在结构使用期内,其量值不随时间而变化,或其变化值与平均值比较可忽略不计的作用。

(2)可变作用:在结构使用期内,其量值随时间变化,且其变化值与平均值比较不可忽略的作用。

(3)偶然作用:在结构使用期间出现的概率很小,一旦出现,其值很大且持续时间很短的作用。

现将各类作用分类列于表中4-1中。

二、作用代表值

作用代表值是指结构或结构构件设计时,针对不同设计目的所采用的各种作用规定值,它包括作用标准值、准永久值和频遇值等。

(一)作用标准值

作用标准值是指结构或结构构件设计时,采用的各种作用的基本代表值,其值可根据作用在设计基准期内最大值概率分布的某一分位值确定。

(二)作用准永久值

作用准永久值是指结构或构件按正常使用极限状态长期效应组合时,采用的另一种可变作用代表值，其值可根据在足够长期观测期内作用任意时点概率分布的0.5(或略高于0.5)分位值确定。

表4-1 作用分类

编号	作用分类	作用名称
1	永久作用	结构重力(包括结构附加重力)
2		预加力
3		土的重力
4		土侧压力
5		混凝土收缩及徐变作用
6		水的浮力
7		基础变位作用
8	可变作用	汽车荷载
9		汽车冲击力
10		汽车离心力
11		汽车引起的土侧压力
12		人群荷载
13		汽车制动力
14		风荷载
15		流水压力
16		冰压力
17		温度(均匀温度和梯度温度)作用
18		支座摩阻力
19	偶然作用	地震作用
20		船只或漂流物的撞击作用
21		汽车撞击作用

注:如构件主要为承受某种其他可变荷载而设置，则计算该构件时，所承受荷载作为基本可变荷载。

(三)作用频遇值

作用频遇值是指结构或构件正常使用极限状态短期效应组合设计时，采用的一种可变作用代表值，其值可根据在足够长期观测期内作用任意时点概率分布的0.95分位值确定。

公路桥涵设计时，对不同的作用应采用不同的代表值。

(1)永久作用应采用标准值作为代表值。

(2)可变作用应根据不同的极限状态分别采用标准值、频遇值或准永久值作为其代表值。承载能力极限状态设计及按弹性阶段计算结构强度时采用标准值作为可变作用的代表值。正常使用极限状态按短期效应(频遇)组合设计时，应采用频遇值作为可变作用的代表值;按长期效应(准永久)组合设计时，应采用准永久值作为可变作用的代表值。

(3)偶然作用取其标准值作为代表值。

《公路桥规》规定，作用的代表值按下列规定取用:

(1)永久作用的标准值。对结构自重(包括结构附加重力)，可按结构构件的设计尺寸与材料的重力密度计算确定。

（2）可变作用的标准值应按规定采用。可变作用频遇值为可变作用标准值乘以频遇值系数 ψ_1。可变作用准永久值为可变作用标准值乘以准永久值系数 ψ_2。

（3）偶然作用应根据调查、试验资料，结合工程经验确定其标准值。作用的设计值规定为作用的标准值乘以相应的作用分项系数。

第二节　极限状态法计算原则

一、结构的可靠性概念

（一）结构的功能、可靠性、可靠度

1. 结构的功能

结构设计的目的，就是要使所设计的结构，在规定的时间内能符合安全可靠、经济合理、适用耐久的要求。

1）安全性

结构的安全性是指在规定的期限内，在正常施工和正常使用情况下，结构能承受可能出现的各种作用；在偶然事件（地震、撞击等）发生时及发生后，结构发生局部损坏，但不致出现整体损坏和连续倒塌，仍然保持必要的整体稳定性。

2）适用性

结构的适用性是指在正常使用条件下，结构具有良好的工作性能，不发生影响正常使用的过大变形或振动。

3）耐久性

结构的耐久性是指在正常维护情况下，材料性能虽然随时间变化，但结构仍然满足设计的预定功能要求。结构具有足够的耐久性，不发生由于保护层碳化或裂缝宽度开展过大，导致钢筋的锈蚀。

2. 结构的可靠性和可靠度

结构的可靠性是结构安全性、适用性和耐久性的统称。即结构在规定的时间内、规定的条件下，完成预定功能的能力。

结构的可靠度是度量结构可靠性的数量指标。即结构在规定的时间内，在规定的条件下，完成预定功能的概率称为“可靠度”。

（二）设计基准期

设计基准期是指在进行结构可靠性分析时，考虑持久状况下各项基本变量与时间关系所取用的基准时间数。《公路工程结构可靠度设计统一标准》（GB/T 50283—1999）规定：桥梁结构取 100 年的设计基准期。

设计基准期只是结构可靠度（计算结构的失效概率）的参考时间坐标，表示在这个时间域内结构的失效概率是有效的，但它不能简单地等同于结构的实际使用寿命。当结构使用年限超过设计基准期后，表明结构的失效概率将会比设计时的预期值大，但并不等于结构丧失功能或报废。一般来说，设计基准期长的，其相应的可靠度高；设计基准期短的，其相应的可靠度相对低。

二、极限状态的基本概念

(一)极限状态的定义和分类

结构作用状态是处于可靠还是失效的标志用“极限状态”来衡量。

当整个结构或结构的一部分超过某一特定状态就不能满足设计规定的某一功能要求时,此特定状态为该功能的极限状态。

我国《公路桥规》将极限状态分为承载能力极限状态和正常使用极限状态。

《公路桥规》规定公路桥涵应根据不同种类的作用及其对桥涵的影响、桥涵所处的环境条件,考虑以下三种设计状况及其相应的极限状态设计。

(1)持久状况:是指结构的使用阶段,即桥涵建成后承受自重、车辆荷载等持久时间很长的状况。该状况桥涵应作承载能力极限状态和正常使用极限状态设计。

(2)短暂状况:桥涵施工过程中承受临时性作用(或荷载)的状况。该状况桥涵仅作承载能力极限状态设计,必要时才作正常使用极限状态设计。

(3)偶然状况:在桥涵使用过程中偶然出现的如罕遇地震的状况。该状况桥涵仅作承载能力极限状态设计。

(二)承载能力极限状态

承载能力极限状态对应于桥涵及其构件达到最大承载能力或出现不适于继续承载的变形或变位的状态。当结构或构件出现下列状态之一时,即认为超过了承载能力极限状态:

(1)整个结构或结构的一部分作为刚体失去平衡(如滑动、倾覆等);

(2)结构构件或连接处超过材料强度而破坏(包括疲劳破坏);

(3)结构转变成机动体系;

(4)结构或材料构件丧失稳定(如柱的压屈失稳等);

(5)由于材料的塑性或徐变变形过大,或由于截面开裂而引起过大的几何变形等,致使结构或结构构件不再能继续承载和使用(例如,主拱圈拱顶下挠,引起拱轴线偏离过大等)。

《公路钢筋混凝土及预应力混凝土桥涵设计规范》(JTG D62—2004)规定:承载能力极限状态,应根据桥涵破坏可能产生的后果的严重程度划分为以下三个安全等级进行设计:

(1)特大桥、重要大桥的安全等级为一级,其破坏后果严重,设计可靠度最高;

(2)大桥、中桥、重要小桥的安全等级为二级,其破坏后果严重,设计可靠度中等;

(3)小桥、涵洞的安全等级为三级,其破坏后果不严重,设计可靠度较低。

(三)正常使用极限状态

正常使用极限状态对应于桥涵及其构件达到正常使用或耐久性的某项限值的状态。当结构或构件出现下列状态之一时,即认为超过了正常使用极限状态:

(1)影响正常使用或外观的变形;

(2)影响正常使用或耐久性的局部损坏(如过大的裂缝宽度);

(3)影响正常使用的振动;

(4)影响正常使用的其他特定状态。

正常使用极限状态涉及结构适用性和耐久性问题,可以理解为对结构使用功能的损害，导致结构质量的恶化，但对人身生命的危害较小，与承载能力极限状态比较，其可靠度可适当降低。尽管如此，设计时仍需引起足够重视。例如，如果桥梁的主梁竖向挠度过大，将会造成桥面不平整，引起行车过大的冲击和对结构过大的振动；如果结构出现过大的裂缝，会导致结构体内的钢筋锈蚀，影响结构的正常使用，甚至可能带来重大的工程事故。

三、极限状态法计算原则

我国现行《公路钢筋混凝土及预应力混凝土桥涵设计规范》（JTG D62—2004）采用的是以概率理论为基础的极限状态设计方法，具体设计计算应满足承载能力极限状态和正常使用极限状态。下面介绍这两种极限状态的计算原则。

（一）承载能力极限状态计算原则

《公路桥规》规定结构构件的承载能力极限状态的计算以塑性理论为基础。设计的原则是：桥涵结构的重要性系数与作用效应的组合设计值的乘积不应超过构件承载力设计值。

作用效应的组合设计值即：施加于结构上的几种作用设计值分别引起的效应的组合。承载力设计值即用材料强度设计值计算的结构或构件极限承载能力。

承载能力极限状态设计值表达式为：

$$\gamma_0 S \leqslant R \tag{4-1}$$

$$R = R(f_d \cdot a_d) \tag{4-2}$$

式中 γ_0——桥梁结构的重要性系数，按公路桥涵的设计安全等级不同，一级、二级、三级分别取用1.1、1.0、0.9，桥梁的抗震设计不考虑结构的重要性系数；

R——构件承载力设计值；

$R(\cdot)$——构件承载力函数；

S——作用（或荷载）效应（其中汽车荷载应计入冲击系数）的组合设计值，$S = \sum_{i=1}^{m} \gamma_{Gi} S_{Gik} + \gamma_{Q1} S_{Q1k} + \Psi_c \sum_{j=2}^{n} \gamma_{Qj} S_{Qjk}$，式中符号含义见后；

f_d——材料强度设计值；

a_d——几何参数设计值，$a_d = a_k + \Delta a$，a_k 为结构或构件几何参数标准值，即设计文件规定值，Δa 为结构或构件几何参数附加值，即指实际结构或构件的几何参数与标准值之间存在偏差而采用的调整值。

（二）正常使用极限状态计算原则

正常使用极限状态的计算，是以弹性理论或弹塑性理论为基础，采用作用（或荷载）的短期效应组合、长期效应组合或短期效应组合并考虑长期效应组合的影响，对构件的抗裂、裂缝宽度和挠度进行验算，并使各项计算值不超过各相应的规定限值。即：

抗裂验算 $$\sigma \leqslant \sigma_L \tag{4-3}$$

裂缝宽度验算 $$w_{tk} \leqslant w_L \tag{4-4}$$

挠度验算 $$f_d \leqslant f_L \tag{4-5}$$

以上 σ_L、w_L、f_L 分别为使用阶段的应力、裂缝宽度及挠度的限值。在进行这三方面验算时应注意以下几个方面。

1. 抗裂验算

预应力混凝土受弯构件应按规定进行正截面和斜截面的抗裂验算,具体计算及规定见后面的章节。钢筋混凝土构件可不进行这项验算。

2. 裂缝宽度验算

对于钢筋混凝土构件及容许出现裂缝的 B 类预应力混凝土构件,均应进行裂缝宽度验算。关于钢筋混凝土受弯构件的裂缝宽度计算方法及规定详见后面相应的章节。

3. 挠度验算

在设计钢筋混凝土和预应力混凝土构件时,必须保证其具有足够的刚度,避免产生过大的变形(挠度)。

第三节 作用效应组合

作用效应是指结构对所受作用的反应,如弯矩、扭矩、位移等。作用效应设计值是指作用标准值效应与作用分项系数的乘积。所谓分项系数是指为保证所设计的结构具有规定的可靠度而在设计代表式中采用的系数,分作用分项系数和抗力分项系数两类。

公路桥涵设计时应考虑结构上可能同时出现的作用,选择下列相应的组合,即将结构上几种作用分别产生的效应随机叠加,取其最不利效应组合进行设计。

(1)基本组合是指承载能力极限状态设计时,永久作用设计值效应与可变作用设计值效应的组合。

(2)偶然组合是指承载能力极限状态设计时,永久作用标准值效应与可变作用某种代表值效应、一种偶然作用标准值效应的组合。

(3)作用短期效应组合是指正常使用极限状态设计时,永久作用标准值效应与可变作用频遇值效应的组合。

(4)作用长期效应组合是指正常使用极限状态设计时,永久作用标准值效应与可变作用准永久值效应的组合。

一、按承载能力极限状态设计的作用效应组合

《公路桥规》规定:按承载能力极限状态设计时应采用以下两种作用效应组合。

(一)基本组合

永久作用的设计值效应与可变作用设计值效应相结合,其效应组合表达式为:

$$\gamma_0 S_{Ud} = \gamma_0\left(\sum_{i=1}^{m}\gamma_{Gi}S_{Gik} + \gamma_{Q1}S_{Q1k} + \Psi_c\sum_{j=2}^{n}\gamma_{Qj}S_{Qjk}\right) \tag{4-6}$$

或

$$\gamma_0 S_{Ud} = \gamma_0\left(\sum_{i=1}^{m}S_{Gid} + S_{Q1d} + \Psi_c\sum_{j=2}^{n}S_{Qjd}\right) \tag{4-7}$$

式中 S_{Ud}——承载能力极限状态下作用基本组合的效应组合设计值;

γ_0——结构重要性系数,对应于设计安全等级一级、二级和三级分别取 1.1、1.0 和 0.9;

γ_{Gi}——第 i 个永久作用效应的分项系数,应按表 4-2 的规定采用;

S_{Gik}、S_{Gid}——第 i 个永久作用效应的标准值和设计值；

S_{Q1k}、S_{Q1d}——汽车荷载效应（含汽车冲击力、离心力）的标准值和设计值；

γ_{Qj}——在作用效应组合中除汽车荷载效应（含汽车冲击力、离心力）、风荷载外的其他第 j 个可变作用效应的分项系数，取 $\gamma_{Qj}=1.4$，但风荷载的分项系数取 $\gamma_{Qj}=1.1$；

S_{Qjk}、S_{Qjd}——在作用效应组合中除汽车荷载效应（含汽车冲击力、离心力）外的其他第 j 个可变作用效应的标准值和设计值；

Ψ_c——在作用效应组合中除汽车荷载效应（含汽车冲击力、离心力）外的其他可变作用效应的组合系数，当永久作用与汽车荷载和人群荷载（或其他一种可变作用）组合时，人群荷载（或其他一种可变作用）的组合系数取 $\Psi_c=0.80$，当除汽车荷载（含汽车冲击力、离心力）外尚有两种其他可变作用参与组合时，其组合系数取 $\Psi_c=0.70$，尚有 3 种可变作用参与组合时，其组合系数取 $\Psi_c=0.60$，尚有 4 种及多于 4 种的可变作用参与组合时，取 $\Psi_c=0.50$。

表 4-2　永久作用效应的分项系数

编号	作用类别		永久作用效应分项系数	
			对结构的承载力不利时	对结构的承载力有利时
1	混凝土和圬工结构重力（包括结构附加重力）		1.2	1.0
	钢结构重力（包括结构附加重力）		1.1 或 1.2	
2	预加力		1.2	1.0
3	土的重力		1.2	1.0
4	混凝土的收缩及徐变作用		1.2	1.0
5	土侧压力		1.0	1.0
6	水的浮力		1.4	1.0
7	基础变位作用	混凝土和圬工结构	0.5	0.5
		钢结构	1.0	1.0

注：本表编号 1 中，当钢桥采用钢桥面板时，永久作用效应分项系数取 1.1；当采用混凝土桥面板时，取 1.2。

（二）偶然组合

偶然组合是指永久作用标准值效应与可变作用某种代表值效应、一种偶然作用标准值效应相组合。偶然作用的分项系数取 1.0；与偶然作用同时出现的可变作用，可根据观测资料和工程经验取用适当的代表值。

二、按正常使用极限状态设计的作用效应组合

《公路桥规》规定：按正常使用极限状态设计时应根据不同的设计要求，采用以下两种效应组合。

（一）作用短期效应组合

永久作用标准值效应与可变作用频遇值效应相组合，其效应组合表达式为：

$$S_{sd} = \sum_{i=1}^{m} S_{Gik} + \sum_{j=1}^{n} \Psi_{1j} S_{Qjk} \tag{4-8}$$

式中 S_{sd}—— 作用短期效应组合设计值；

Ψ_{1j}—— 第 j 个可变作用效应的频遇值系数，汽车荷载(不计冲击力)、人群荷载 $\Psi_1 = 1.0$，风荷载 $\Psi_1 = 0.75$，温度梯度作用 $\Psi_1 = 0.8$，其他作用 $\Psi_1 = 1.0$；

$\Psi_{1j} S_{Qjk}$—— 第 j 个可变作用效应的频遇值。

(二) 作用长期效应组合

永久作用标准值效应与可变作用准永久值效应相应组合，其效应组合表达式为：

$$S_{ld} = \sum_{i=1}^{m} S_{Gik} + \sum_{j=1}^{n} \Psi_{2j} S_{Qjk} \tag{4-9}$$

式中 S_{ld}——作用长期效应组合设计值；

Ψ_{2j}——第 j 个可变作用效应的准永久值系数，汽车荷载(不计冲击力) $\Psi_2 = 0.4$，人群荷载 $\Psi_2 = 0.4$，风荷载 $\Psi_2 = 0.75$，温度梯度作用 $\Psi_2 = 0.8$，其他作用 $\Psi_2 = 0.4$；

$\Psi_{2j} S_{Qjk}$——第 j 个可变作用效应的准永久值。

复习思考题

4-1 作用在结构上的“作用”与“荷载”有什么不同？

4-2 作用在结构上的“作用”可分为哪几类？各自包括哪些作用？

4-3 承载能力极限状态设计的作用效应组合包括哪几种？

4-4 正常使用极限状态设计的作用效应组合包括哪几种？

4-5 结构设计时应满足哪几方面的功能要求？

4-6 何谓极限状态？极限状态分为哪几类？

4-7 承载能力极限状态的设计计算原则是什么？

4-8 正常使用极限状态的设计计算原则是什么？

4-9 公路桥涵应考虑哪几种设计状况及其相应的极限状态设计？

4-10 何谓设计基准期？

第五章　钢筋混凝土受弯构件正截面承载力

学习目标

1. 掌握单筋矩形截面梁、T形截面梁钢筋的构造及其他构造要求。
2. 掌握单筋矩形截面、双筋矩形截面、T形截面正截面承载力计算方法。
3. 熟悉正截面工作的受力特征及适筋梁的破坏特点。
4. 掌握混凝土保护层厚度、正截面配筋率、界限破坏等基本概念。

钢筋混凝土受弯构件的主要形式是板和梁，它们是组成工程结构的基本构件，在桥梁工程中应用很广泛。例如，人行道板，行车道板，小跨径板梁桥，T形桥梁的主梁、横梁以及柱式墩台中的盖梁等都属于受弯构件。

钢筋混凝土受弯构件受力后，各截面上除了作用有弯矩外，同时还作用有剪力。在受弯构件设计中，一般应满足如下两方面要求：首先在弯矩作用下，构件正截面要具有足够的抗弯承载力，即进行正截面承载力计算。其次，在剪力和弯矩共同作用的区段，有可能沿剪压区段某个斜截面发生破坏，故还需进行斜截面承载力计算。

本章主要讨论梁和板的正截面承载力计算，目的是根据弯矩组合值来确定钢筋混凝土梁和板截面上纵向受力钢筋的所需面积，并进行钢筋的布置。

第一节　受弯构件的截面形式与构造

一、截面形式

受弯构件是指截面上通常有弯矩和剪力共同作用而轴力可忽略不计的构件，如图5-1所示。梁和板是典型的受弯构件。它们是桥梁工程中数量最多、使用面最广的一类构件。梁和板的区别在于：梁的截面高度一般大于其宽度，而板的截面高度则远小于其宽度。

公路桥涵工程中受弯构件常用的截面形式如图5-2所示。

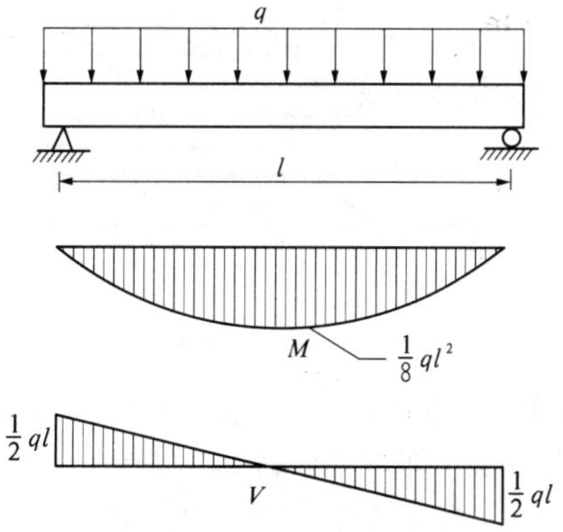

图5-1　受弯构件示意图

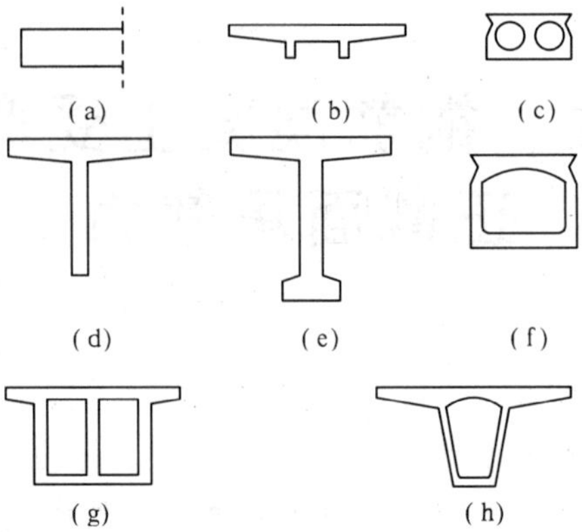

图 5-2　受弯构件的截面形式

二、板的截面尺寸及钢筋构造

钢筋混凝土板按施工方法分，可分为整体现浇板和装配式板。整体现浇板是在工地现场搭支架、立模板、配置钢筋，然后就地浇筑混凝土而成的。宽度往往大于跨径，在荷载作用下，板处于双向受力状态，即除板的纵向中部产生弯矩外，横向也产生较大弯矩。一般计算时取单位宽度（比如以 1 m 为计算单位）的矩形截面计算。装配式板是在预制场地或工地预先制作好的板。预制板为了减轻自重增大桥梁跨径，一般采用矩形空心板形式，而矩形实心板采用较少。预制时，板宽 b 一般控制在 1 ~ 1.5 m。

（一）板厚

板的厚度由其控制截面上最大弯矩和板的刚度要求决定，但是为了保证施工质量及耐久性要求，《公路钢筋混凝土及预应力混凝土桥涵设计规范》（JTG D62—2004）规定了各种板的最小厚度：人行道板不宜小于 80 mm（现浇整体）和 60 mm（预制）；空心板的顶板和底板厚度均不宜小于 80 mm。

（二）钢筋

板的钢筋由主钢筋和分布钢筋所组成，如图 5-3 所示。

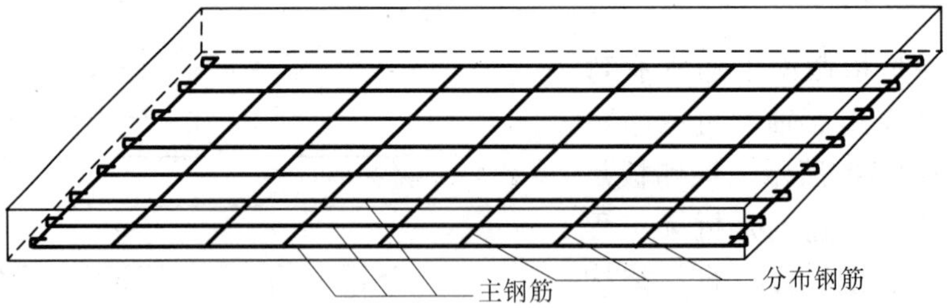

图 5-3　钢筋混凝土板内钢筋构造图

主钢筋布置在板的受拉区。为了使板的受力尽可能均匀，主钢筋常采用小直径、小间距的布置方式（即多根密排）。但直径过小又会增加施工上的麻烦，也影响混凝土的浇筑质量。因此，行车道板内的主钢筋直径不宜小于 10 mm；人行道板内的主钢筋直径不应小于 8 mm。在简支板的跨中和连续板支点处，板内主钢筋间距不宜大于 200 mm。

在板内应设置垂直于板受力钢筋的分布钢筋，如图 5-4 所示。分布钢筋是在主钢筋上按一定间距设置的连接横向钢筋，属于构造配置钢筋，即其数量不通过计算，而是按照设计规范规定选择的。分布钢筋一般设置在主钢筋的上侧(见图 5-4)，在交叉处用铁丝绑扎或点焊以固定主钢筋和分布钢筋的相互位置。其作用使主钢筋受力更加均匀，同时也起着固定受力钢筋位置、分担混凝土收缩和温度应力的作用。分布钢筋的数量按其面积不应小于板截面面积的 0.1% 确定；也可以根据具体情况和经验确定。但钢筋的直径不能小于 8 mm，其间距不能大于 200 mm。在所有主钢筋的弯折处均应设置分布钢筋。

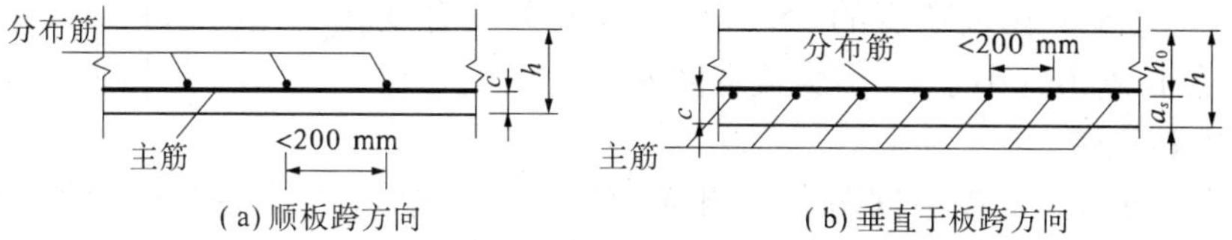

图 5-4　单向板内的钢筋

(三)混凝土保护层

为了不使钢筋锈蚀而影响构件的耐久性，并保证钢筋与混凝土紧密黏结在一起，必须设置混凝土保护层。行车道板、人行道板的主钢筋最小保护层厚度：Ⅰ类环境条件为 30 mm，Ⅱ类环境条件为 40 mm，Ⅲ、Ⅳ类环境条件为 45 mm；分布钢筋的最小保护层厚度：Ⅰ类环境条件为 15 mm，Ⅱ类环境条件为 20 mm，Ⅲ、Ⅳ类环境条件为 25 mm。

三、梁的截面尺寸及钢筋构造

长度与高度之比(l_0/h)大于或等于 5 的受弯构件，可按杆件考虑，统称为"梁"。

(一)截面形式及尺寸

钢筋混凝土梁的截面常采用矩形、T 形(工字形)和箱形等形式，如图 5-5 所示。

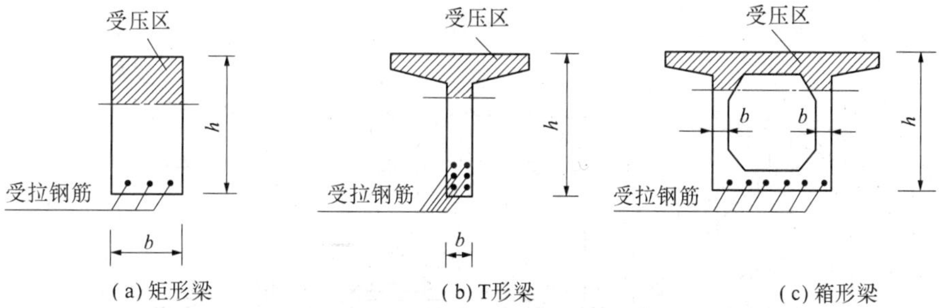

图 5-5　受弯构件梁的截面形式

一般在中、小跨径时常采用工字形及 T 形截面，跨径增大时可采用箱形截面。矩形梁的高宽比一般为 $h/b = 2.5 \sim 3$。T 形截面梁的高度主要与梁的跨度、间距及荷载大小有关，公路桥梁中大量采用的 T 形简支梁桥，其梁高与跨径之比为 1/11 ~ 1/16。

预制 T 形截面梁翼缘悬臂端的厚度不应小于 100 mm；当预制 T 形截面拱之间采用横向整体现浇连接或箱形截面梁设有桥面横向预应力钢筋时，其悬臂端厚度不应小于 140 mm。T 形和工字形截面梁，在与腹板相连处的翼缘厚度，不应小于梁高的 1/10，当该处设有承托时，翼缘厚度可计入承托加厚部分，厚度 $h_h = b_h \tan\alpha$，其中 b_h 为承托宽度，如图 5-6 所示，$\tan\alpha$ 为承托底坡(竖横比)；当 $\tan\alpha$ 大于 1/3 时，取用 $h_h = b_h/3$。

箱形截面梁顶板与腹板相连处应设置承托；底板与腹板相连处应设倒角，必要时也可设置承托。箱形截面梁顶、底板的中部厚度，不应小于其净跨径的 1/30，且不小于 140 mm。

T 形、工字形截面或箱形截面梁的腹板宽度不应小于 140 mm；具上下承托之间的腹板高度，当腹板内设有竖向预应力钢筋时，不应大于腹板宽度的 20 倍，当腹板内不设竖向预应力钢筋时，不应大于腹板宽度的 15 倍。当腹板宽度有变化时，其过渡段长度不宜小于 12 倍腹板宽度差。

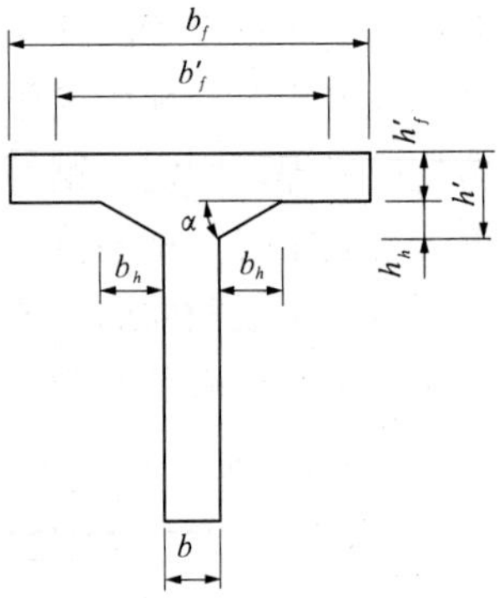

图 5-6　承托示意图

（二）钢筋构造

梁内的钢筋有纵向受力钢筋、弯起钢筋、箍筋、架立钢筋、纵向水平钢筋等。

梁内的钢筋常常采用骨架形式，一般分为绑扎钢筋骨架和焊接钢筋骨架两种形式。绑扎骨架是用细铁丝将各种钢筋绑扎而成，如图 5-7(a)所示。焊接骨架是先将纵向受拉钢筋、弯起钢筋或斜筋和架立钢筋焊接成平面骨架，然后用箍筋将数片焊接的平面骨架组成立体骨架形式，如图 5-7(b)所示。

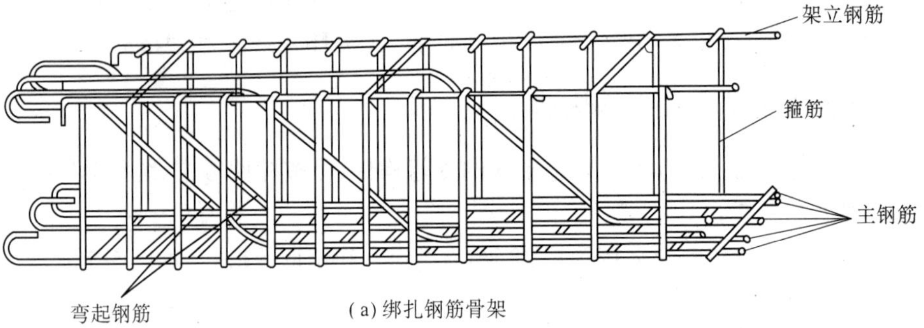

(a) 绑扎钢筋骨架

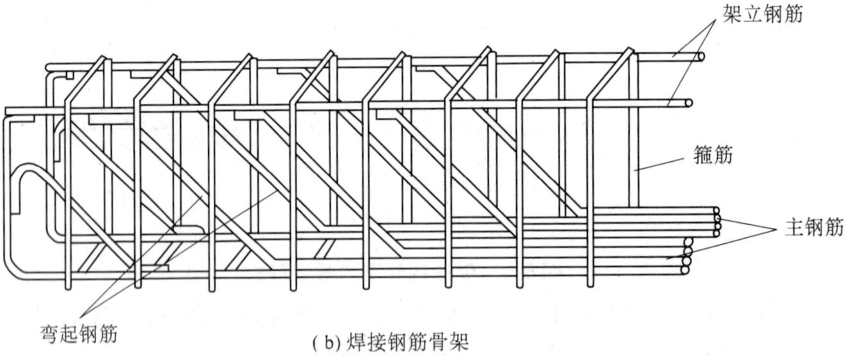

(b) 焊接钢筋骨架

图 5-7　钢筋骨架示意图

1. 纵向受力筋

布置在梁的受拉区的纵向受力钢筋是梁内的主要受力钢筋，一般又称为主钢筋。当梁的高度受到限制时，亦可在受压区布置纵向受力钢筋，用以协助混凝土承担压力。纵向受力钢筋的数量由计算决定。选择的钢筋直径一般为 14 ~ 32 mm，通常不得超过 40 mm，同一梁内宜采用相同直径的钢筋，以简化施工。有时为了节省钢筋，也可以采用两种直径，但直径相差不应小于 2 mm，以便施工识别。

梁内的纵向受力钢筋可以单根或 2～3 根成束布置，组成束筋的单根钢筋直径不应大于 28 mm，束筋成束后的等代直径 $d_e=\sqrt{n}d$，其中，n 为组成束筋的根数，d 为单根钢筋的直径。当束筋的等代直径大于 36 mm 时，受拉区应设表层带肋钢筋网，在顺束筋长度方向，钢筋直径 8 mm，其间距不大于 100 mm，在垂直于束筋长度方向，钢筋直径 6 mm，其间距不大于 100 mm。上述钢筋的布置范围，应超出束筋的设置范围，每边不小于 5 倍束筋等代直径。梁内的纵向钢筋亦可采用竖向不留空隙焊成多层钢筋骨梁（见图 5-7(b)），采用单根配筋时，主钢筋的层数不宜多于 3 层，上下层主钢筋的排列应注意对正。为了便于浇筑混凝土，保证混凝土质量和增加混凝土与钢筋的黏结力，梁内主钢筋间横向和层与层间应有一定的净距，如图 5-8(a) 所示。绑扎钢筋骨架中，当钢筋为 3 层及以下时，净距不应小于 30 mm，并不小于钢筋直径；当钢筋为 3 层以上时，净距不应小于 40 mm 或钢筋直径的 1.25 倍。对于束筋，此处直径采用等代直径。当采用焊接骨架时，多层钢筋骨架的叠高一般不超过$(0.15\sim0.20)h$，此处 h 为梁高。焊接钢筋骨架的净距与保护层要求见图 5-8(b)。

为了防止钢筋锈蚀，主钢筋至构件边缘的净距，应符合《公路钢筋混凝土及预应力混凝土桥涵设计规范》(JTG D62—2004)规定的钢筋最小混凝土保护层厚度要求。主钢筋的最小混凝土保护层厚度：Ⅰ类环境条件为 30 mm，Ⅱ类环境条件为 40 mm，Ⅲ、Ⅳ类环境条件为 45 mm。各主钢筋之间的净距或层与层间的净距：当钢筋为三层及三层以下时，应不小于 30 mm，并不小于钢筋直径 d；当钢筋为三层以上时，应不小于 40 mm，并不小于钢筋直径 d 的 1.25 倍。

各束筋间的净距，不小于等代直径 d_e。

钢筋位置与保护层厚度，如图 5-8 所示。

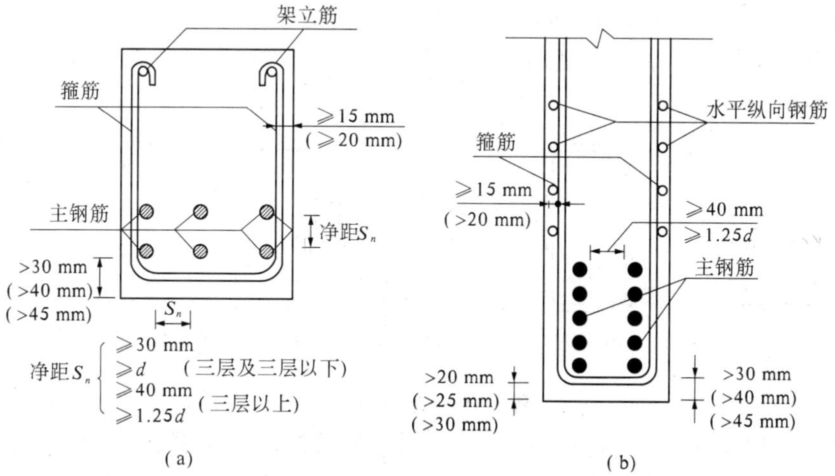

图 5-8　梁内主钢筋净距及保护层要求

在钢筋混凝土梁的支点处（包括端支点），应至少有 2 根并不少于总数 1/5 的下层的受拉主钢筋通过。两外侧的受拉主钢筋应伸出支点截面以外，并弯成直角顺梁端延伸至顶部，与顶层纵向架立钢筋相连。两侧之间其他未弯起的受拉主钢筋伸出支点截面以外的长度：对光圆钢筋应不小于 $10d$（并带半圆钩），对螺纹钢筋也应不小于 $10d$，环氧树脂涂层钢筋为 12. 5d。

2. 斜钢筋

斜钢筋是为满足斜截面抗剪承载力而设置的,大多由纵向受力钢筋弯起而成,故又称为弯起钢筋。弯起钢筋与梁的纵轴线一般宜成 45°角。弯起钢筋的直径、数量及位置均由抗剪承载力计算确定。

焊接钢筋骨架,若仅将纵向受力钢筋弯起还不足以满足斜截面抗剪承载力要求,或者由于构造上的要求需要增设斜钢筋时,可以加焊专门的斜钢筋。斜钢筋与纵向钢筋之间的焊接,易用双面焊缝,长度为 5d;纵向钢筋之间的短焊缝,长度为 2. 5d;当采用单面焊缝时,其长度加倍。焊接骨架的钢筋层数不应多于 6 层,单根直径不应大于 32 mm。如图 5-9所示。

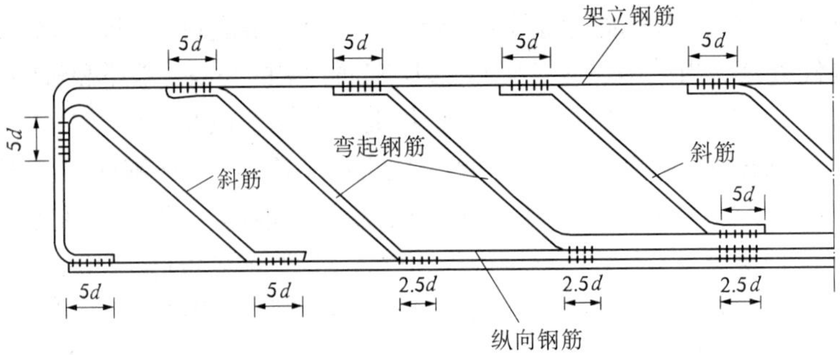

图 5-9　焊接钢筋骨架示意图

3. 箍筋

梁内箍筋通常垂直于梁轴线布置,箍筋除了满足斜截面抗剪承载力外,还起到联结受拉主钢筋和受压区混凝土使其共同工作的作用,在构造上还起着固定钢筋位置使梁内各种钢筋构成钢筋骨架。除此,无论计算上是否需要,梁内均应设置箍筋。梁内采用的箍筋形式如图 5-10 所示。

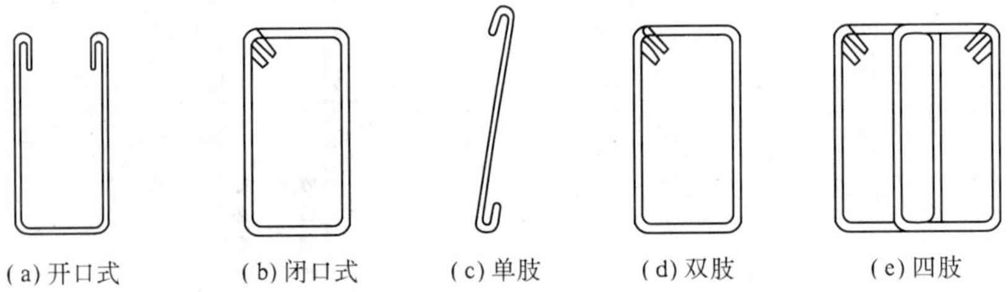

图 5-10　箍筋的形式

梁内只配有纵向受拉钢筋时,可采用开口箍筋;除纵向受拉钢筋外,还配合纵向受压钢筋的双筋截面或同时承受弯扭作用的梁,应采用闭口箍筋。同时,同排内任一纵向受压钢筋,离箍筋折角处的纵向钢筋(角筋)的间距不应大于 150 mm 或 15 倍箍筋直径(取较大者),否则,应设复合箍筋。各根箍筋的弯钩接头,在纵向位置应交替布置。

箍筋直径不小于 8 mm 且不小于主钢筋直径的 1/4。每根箍筋所箍的受拉钢筋,每排不多于 5 根;所箍受压钢筋应不多于 3 根。所以,当受拉钢筋一排多于 5 根或受压钢筋一排多于 3 根时,则需采用 4 肢或更多肢数的箍筋。

箍筋的末端应做成弯钩。弯钩的弯曲直径应大于被箍的受力主钢筋的直径，且 R235（Q235）钢筋不应小于箍筋直径的 2.5 倍（环氧树脂涂层钢筋不应小于箍筋直径的 4 倍），HRB335 钢筋不应小于箍筋直径的 4 倍。弯钩平直段的长度，一般结构不应小于箍筋直径的 5 倍，抗震结构不应小于箍筋直径的 10 倍。弯钩的形式，可按图 5-11（a）、（b）、（c）加工，抗震结构应按图 5-11（c）加工。

图 5-11　箍筋的弯钩形式

箍筋间距不应大于梁高的 1/2 且不大于 500 mm；当所箍钢筋为按受力需要的纵向受压钢筋时，不应大于所箍钢筋直径的 15 倍，且不应大于 400 mm。钢筋绑扎搭接接头范围内的箍筋间距，当绑扎搭接钢筋受拉时不应大于主钢筋直径的 5 倍，且不大于 100 mm；当搭接钢筋受压时不应大于主钢筋直径的 10 倍，且不大于 200 mm。在支座中心向跨径方向长度相当于不小于 1 倍梁高范围内，箍筋间距不宜大于 100 mm。

近梁端第一根箍筋应设置在距端面一个混凝土保护层距离处。梁与梁或梁与柱的交接范围内可不设箍筋；靠近交接面的一根箍筋与交接面的距离不宜大于 50 mm。

4. 架立钢筋

架立钢筋主要是根据构造上的要求设置的，其作用是固定箍筋并与主钢筋连成钢筋骨架，架立钢筋的直径为 10 ~ 22 mm。采用焊接骨架时，为保证骨架具有一定的刚度，架立钢筋的直径应适当加大。

5. 纵向水平分布钢筋

T 形截面梁（包括工字形截面梁）或箱形截面梁的腹板两侧设置纵向水平分布钢筋，以抵抗温度应力及混凝土收缩应力，同时与箍筋共同构成网格骨架以利于应力的扩散。

纵向水平分布钢筋的直径一般采用 6 ~ 8 mm，每腹板内钢筋截面面积为（0.001 ~ 0.002）bh，其中 b 为腹板宽度，h 为梁的高度，其间距在受拉区不应大于腹板宽度，且不应大于 200 mm，在受压区不应大于 300 mm。在支点附近剪力较大区段和预应力混凝土梁锚固区段，腹板两侧纵向钢筋截面面积应予增加，纵向钢筋间距宜为 100 ~ 150 mm。

第二节　受弯构件正截面受力全过程和破坏特征

一、钢筋混凝土梁的试验研究

图 5-12 为承受两对称集中荷载作用的钢筋混凝土简支梁。梁的凹段处于纯弯曲状态，两端配有足够的腹筋以保证不发生剪切破坏。为了研究梁内应力和应变的变化，沿梁高度布置有测点，用以量测混凝土及钢筋的纵向应变。同时，在跨中和支座处布置百分表或倾角仪测量梁的跨中挠度。

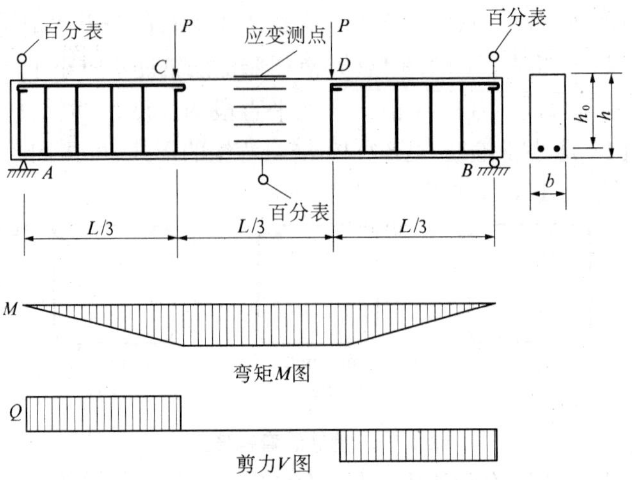

图 5-12　试验梁的受力及构造图

现以 M 和 M_u 分别表示分级加载引起的弯矩和极限弯矩，并以 M/M_u 为纵坐标，跨中挠度 f 为横坐标，梁的试验结果如图 5-13 所示。试验时采取逐级加荷，当弯矩较小时，挠度和弯矩关系接近直线变化，当弯矩超过开裂弯矩 M_{cr} 时，受拉区混凝土开裂，随着裂缝的出现与不断开展，挠度的增长速度较开裂前为快。$M/M_u \sim f$ 关系曲线出现了第一个明显转折点 a。弯矩再增加，当达到 M_s 时，钢筋应力增加到屈服强度，在 $M/M_u \sim f$ 关系曲线上出现第二个明显转折点 b，此后，梁内受拉钢筋进入流幅，同时，裂缝急剧开展，挠度急剧增加。最后，当弯矩增加到极限弯矩 M_u 时，梁即告破坏。

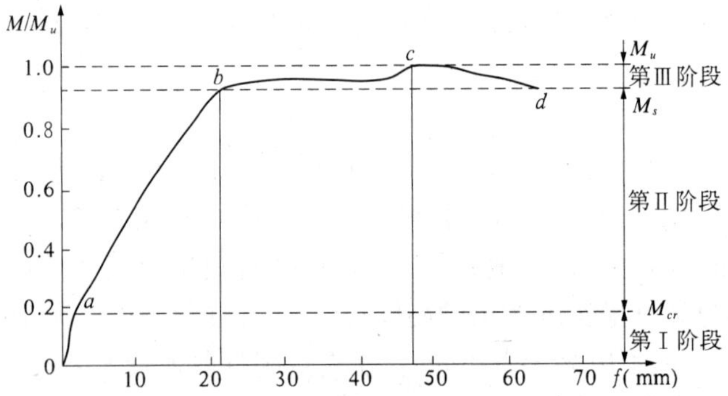

图 5-13　试验梁的 $M/M_u \sim f$ 关系曲线

二、适筋受弯构件截面受力的几个阶段

根据 $M/M_u \sim f$ 曲线上两个转折点 a 与 b，将从开始加荷到破坏过程划分为 3 个工作阶段，即阶段Ⅰ、阶段Ⅱ和阶段Ⅲ。

（一）第Ⅰ阶段——截面开裂前的阶段

当荷载很小时，截面上的内力很小，应力与应变成正比，截面的应力分布为直线（图 5-14（a）），这种受力阶段称为第Ⅰ阶段。

当荷载不断增大时，截面上的内力也不断增大，由于受拉区混凝土出现塑性变形，受拉区的应力图形呈曲线。当荷载增大到某一数值时，受拉区边缘的混凝土可达到其实际的抗拉强度和抗拉极限应变值。截面处在开裂前的临界状态（见图 5-14（b）），这种受力状态称为第 $Ⅰ_a$ 阶段。

（二）第Ⅱ阶段——从截面开裂到受拉区纵向受力钢筋开始屈服的阶段

截面受力达到 $Ⅰ_a$ 阶段后，荷载只要稍许增加，截面立即开裂，截面上应力发生重分布，裂缝处混凝土不再承受拉应力，钢筋的拉应力突然增大，受压区混凝土出现明显的塑性变形，应力图形呈曲线（见图 5-14（c）），这种受力阶段称为第Ⅱ阶段。

荷载继续增加，裂缝进一步开展，钢筋和混凝土的应力不断增大。当荷载增加到某一数值时，受拉区纵向受力钢筋开始屈服，钢筋应力达到其屈服强度（见图 5-14（d）），这种特定的受力状态称为第 $Ⅱ_a$ 阶段。

（三）第Ⅲ阶段——破坏阶段

受拉区纵向受力钢筋屈服后，截面的承载能力无明显的增加，但塑性变形急速发展，裂缝迅速开展，并向受压区延伸，受压区面积减小，受压区混凝土压应力迅速增大，这是截面受力的第Ⅲ阶段（见图 5-14（e））。

在荷载几乎保持不变的情况下，裂缝进一步急剧开展，受压区混凝土出现纵向裂缝，混凝土被完全压碎，截面发生破坏（见图 5-14（f）），这种特定的受力状态称为第 $Ⅲ_a$ 阶段。

试验同时表明，从开始加载到构件破坏的整个受力过程中，变形前的平面在变形后仍保持平面。

进行受弯构件截面受力工作阶段的分析，不但可以使我们详细地了解截面受力的全过程，而且为裂缝、变形以及承载能力的计算提供了依据。往后将会看到，截面抗裂验算是建立在第 $Ⅰ_a$ 阶段的基础之上的，构件使用阶段的变形和裂缝宽度验算是建立在第Ⅱ阶段的基础之上的，而截面的承载能力计算则是建立在第 $Ⅲ_a$ 阶段的基础之上的。

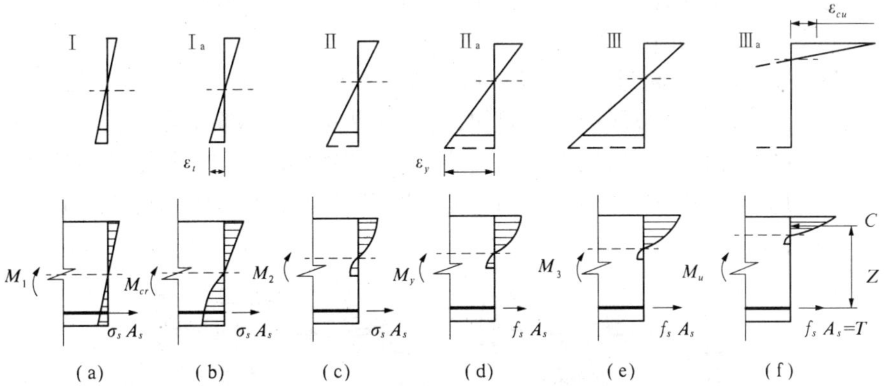

图 5-14　梁在各受力阶段的应力、应变图

C—受压区合力；T—受拉区合力

三、配筋率对构件破坏特征的影响

假设受弯构件的截面宽度为 b，截面高度为 h，纵向受力钢筋截面面积为 A_s，从受压边缘至纵向受力钢筋截面重心的距离 h_0 为截面的有效高度，截面宽度与截面有效高度的乘

积 bh_0 为截面的有效面积，如图 5-15 所示。构件的截面配筋率是指纵向受力钢筋截面面积与截面有效面积的百分比，即：

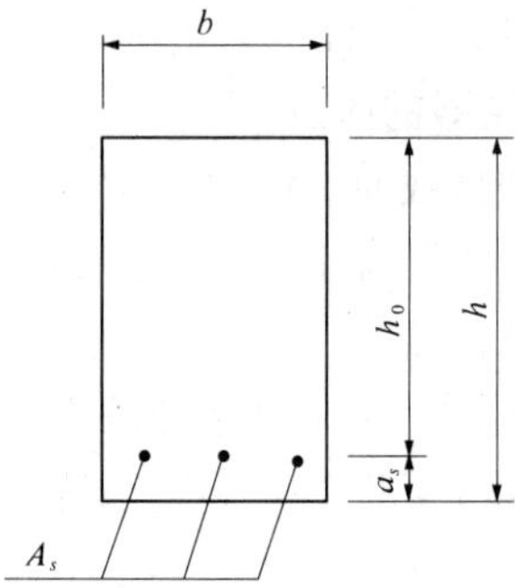

图 5-15　单筋矩形截面示意图

$$\rho = \frac{A_s}{bh_0} \tag{5-1}$$

式中　A_s——截面纵向受拉钢筋全部截面积；

b——矩形截面宽度或 T 形截面梁肋宽度；

h_0——截面有效高度，$h_0 = h - a_s$，a_s 为纵向受拉钢筋全部截面的重心至受拉混凝土边缘的距离。

构件的破坏特征取决于配筋率、混凝土的强度等级、截面形式等诸多因素，但是以配筋率对构件破坏特征的影响最为明显。试验表明，随着配筋率的改变，构件的破坏特征将发生质的变化。

下面通过图 5-16 所示承受两个对称集中荷载的矩形截面简支梁说明配筋率对构件破坏特征的影响。

(1) 当构件的配筋率低于某一定值时，构件不但承载能力很低，而且只要其一开裂，裂缝就急速开展，裂缝截面处的拉力全部由钢筋承受，由于钢筋突然增大的应力屈服，构件立即发生破坏，如图 5-16(a) 所示。这种破坏称为少筋破坏。

(2) 当构件的配筋率不是太低也不是太高时，构件的破坏始于受拉钢筋的屈服。由于在受拉钢筋应力达到屈服强度之初，受压区混凝土外边缘的应力尚未达到抗压强度极限值，此时混凝土并未被压碎。荷载稍增，钢筋屈服使得构件产生较大的塑性伸长，随之引起受拉区混凝土裂缝急剧开展，受压区逐渐缩小，直至受压区混凝土应力达到抗压强度极限值后，构件即破坏。这种破坏称为适筋破坏。适筋破坏在构件破坏前有明显的塑性变形和裂缝预兆，破坏不是突然发生的，呈塑性性质，如图 5-16(b) 所示。配筋率适当的钢筋混凝土梁称为"适筋梁"。

(3) 当构件的配筋率超过某一定值时，构件的破坏特征又发生质的变化。构件的破坏是由于受压区的混凝土被压碎而引起的，受拉区纵向受力钢筋不屈服，这种破坏称为超筋破坏。超筋破坏在破坏前虽然也有一定的变形和裂缝预兆，但不像适筋破坏那样明显，而且当混凝土压碎时，破坏突然发生，钢筋的强度得不到充分利用，破坏带有脆性性质，如图 5-16(c) 所示。

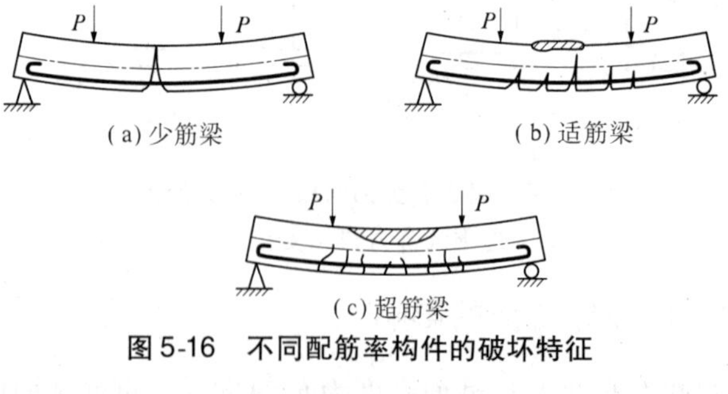

(a) 少筋梁　(b) 适筋梁

(c) 超筋梁

图 5-16　不同配筋率构件的破坏特征

由上所述可见，受弯构件的破坏形式取决于受拉钢筋与受压区混凝土相互抗衡的结果。当受压区混凝土的抗压能力大于受拉钢筋的抗拉能力时，钢筋先屈服；反之，当受拉钢筋的抗拉能力大于受压区混凝土的抗压能力时,受压区混凝土先压碎。少筋破坏和超筋破坏都具有脆性性质,破坏前无明显预兆,破坏时将造成严重后果,材料的强度得不到充分利用。因此,应避免将受弯构件设计成少筋构件和超筋构件,只允许设计成适筋构件。在后面的讨论中,我们将所讨论的范围限制在适筋构件范围内,并且将通过控制配筋率和相对受压区高度等措施使设计的构件成为适筋构件。

第三节　受弯构件正截面承载力计算的基本原则

一、正截面承载力计算的基本假定

由试验得知,梁从加荷到破坏经历了3个阶段,为保证梁具有足够的安全性,必须按承载能力极限状态法对梁正截面进行承载力计算,并以第Ⅲ阶段的应力状态(图5-14)作为计算基础,这项计算具有以下几个特点。

(1)图5-14为钢筋混凝土梁对应3个工作阶段的应变图。由图可见,梁在第Ⅰ阶段受压与受拉应变图呈直线分布,说明混凝土与钢筋应变的变化规律符合平截面假定。随着弯矩的增加,当梁进入第Ⅱ阶段时,受压区混凝土压应变与受拉区钢筋拉应变的实测值均不断增长,应变图基本上仍是上、下两个三角形,平均应变仍符合平截面假定。这种状况一直延续至第Ⅲ阶段,即梁破坏前。最后,当梁破坏时,受压区混凝土边缘纤维压应变达到(或接近)混凝土受弯时极限压应变 ε_{cu},这标志着梁已开始破坏。

(2)以上述梁破坏时受压区混凝土应变图的分布,比照混凝土一次短期加荷时应力—应变关系曲线中的"下降段"可看出,对应于极限压应变 ε_{cu} 的应力不是受压区混凝土的最大应力 σ_{max},而 σ_{max} 却位于受压边缘纤维以下一定高度处,其应力图形呈高次抛物线形,如图5-17所示。

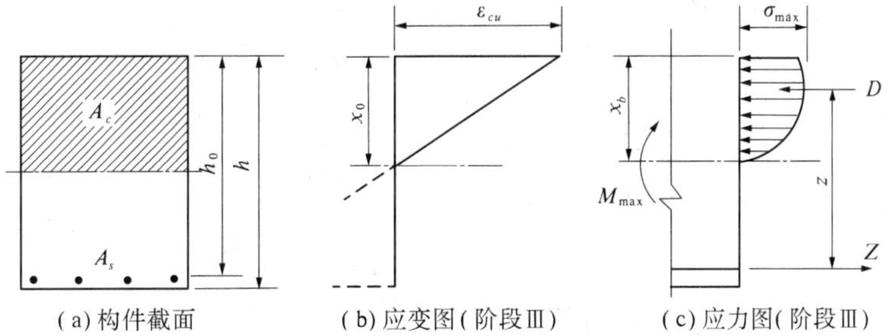

(a)构件截面　(b)应变图(阶段Ⅲ)　(c)应力图(阶段Ⅲ)

图5-17　钢筋混凝土梁在破坏阶段的应力、应变图

在结构设计中,为了较简便地求出受压区应力图形的合力大小及其作用点,而以等效矩形应力图代替图5-17(c)中所示的抛物线应力图。其基本原则是:矩形应力图的合力应与抛物线应力图的合力大小相等,作用点位置相同,它们应是等效的。等效矩形应力图的受压区高度 x 与抛物线应力图的受压区高度 x_0 的关系为 $x=\beta x_0$,其中 β 称为混凝土受压区高度换算系数。按《公路桥涵设计通用规范》(JTG D60—2004)规定,不同强度等级的混凝土的 β 按表5-1取值。等效矩形应力图的应力为 f_{cd}(混凝土抗压强度设计值)。

表 5-1　混凝土矩形应力图高度换算系数 β

混凝土强度等级	C50 及以下	C55	C60	C65	C70	C75	C80
β	0.80	0.79	0.78	0.77	0.76	0.75	0.74

基于上述特点，钢筋混凝土构件在按承载能力极限状态计算时，引入下列假定：

(1)构件弯曲后，其截面仍保持平面，受压区混凝土平均应变和钢筋的应变沿截面高度符合线性分布。

(2)正截面破坏时，构件受压区混凝土应力取抗压强度设计值 f_{cd}，应力计算图形为矩形。

(3)正截面破坏时，受弯、大偏心受压、大偏心受拉构件的受拉主筋达到抗拉强度设计值 f_{sd}，受拉区混凝土不参与工作(抗剪计算除外)。

二、相对界限受压区高度 ξ_b

当钢筋混凝土的受拉区钢筋达到屈服应变 ε_y 而开始屈服时，受压区混凝土边缘也同时达到其极限压应变 ε_{cu} 而破坏，此时被称为界限破坏。

根据给定的 ε_{cu} 和平截面假定可以做出如图 5-18 所示截面应变分布的直线 ab，这就是梁截面发生界限破坏的应变分布。受压区高度为 $x=\xi_b h_0$，ξ_b 被称为相对界限混凝土受压区高度。

适筋截面受弯构件破坏始于受拉区钢筋屈服，经历一段变形过程后受压区边缘混凝土达到极限压应变 ε_{cu} 后才破坏，而这时受拉区钢筋的拉应变 $\varepsilon_s>\varepsilon_y$，由此可得到适筋截面破坏时的应变分布如图 5-18 中的 ac 直线。此时受压区高度 $x_c<\xi_b h_0$。

超筋截面受弯构件破坏是受压区边缘混凝土先达到极限压应变 ε_{cu} 破坏，这时受拉区钢筋的拉应变 $\varepsilon_s<\varepsilon_y$，由此可得到超筋截面破坏时的应变分布如图 5-18 中的 ad 直线，此时受压区高度 $x_c>\xi_b h_0$。

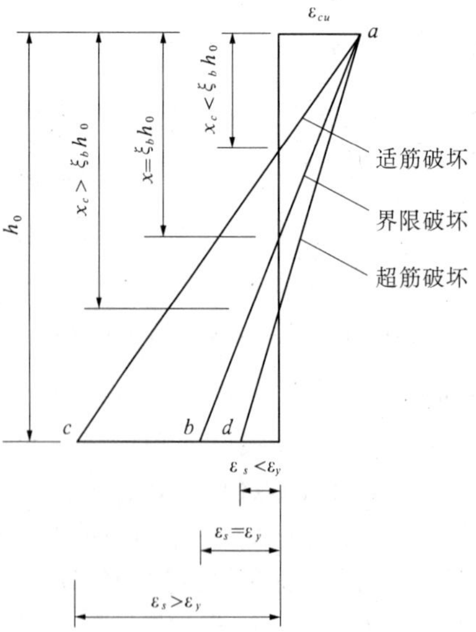

图 5-18　界限破坏时截面平均应变示意图

由图5-18可以看到，界限破坏是适筋截面和超筋截面的鲜明界线；当截面实际受压区高度 $x_c > \xi_b h_0$ 时，为超筋梁截面；当 $x_c < \xi_b h_0$ 时，为适筋梁截面。因此，一般用 $\xi_b = \frac{x_b}{h_0}$ 来作为界限条件，x_b 为按平截面假定得到的界限破坏时受压区混凝土高度。

对于等效矩形应力分布图形的受压区界限高度 $x = \beta x_b$，相应的 ξ_b 应为 $\xi_b = \frac{x}{h_0} = \frac{\beta x_b}{h_0}$。《公路桥涵设计通用规范》(JTG D60—2004)规定：ξ_b 由混凝土轴心抗压强度设计值、钢筋的强度设计值和弹性模量值计算确定。《公路桥涵设计通用规范》规定的 ξ_b 值如表5-2所示。

表5-2　相对界限受压区高度 ξ_b

钢筋种类	不同混凝土强度等级对应的 ξ_b		
	C50及以下	C55，C60	C65，C70
R235	0.62	0.60	0.58
HRB335	0.56	0.54	0.52
HRB400，KL400	0.53	0.51	0.49

注：截面受拉区内配置不同种类钢筋的受弯构件，其 ξ_b 值应选用相应于各种钢筋的最小值。

三、最小配筋率 ρ_{min}

为了避免少筋梁破坏，必须确定钢筋混凝土受弯构件的最小配筋率 ρ_{min}。

最小配筋率是少筋梁与适筋梁的界限。当梁的配筋率由 ρ_{min} 逐渐减小，梁的工作特性也从钢筋混凝土结构逐渐向素混凝土结构过渡，所以 ρ_{min} 可按采用最小配筋率 ρ_{min} 的钢筋混凝土梁在破坏时，正截面承载力 M_u 等于同样截面尺寸、同样材料的素混凝土梁正截面开裂弯矩标准值的原则确定。

由上述原则的计算结果，同时考虑到温度变化、混凝土收缩应力的影响以及过去的设计经验，《公路桥涵设计通用规范》(JTG D60—2004)规定了受弯构件纵向受力钢筋的最小配筋率 ρ_{min}，详见表5-3。

表5-3　受弯构件纵向受力钢筋的最小配筋率

受力类型		最小配筋百分率(%)
受压构件	全部纵向钢筋	0.5
	一侧纵向钢筋	0.2
受弯构件、偏心受拉构件及轴心受拉构件的一侧受拉钢筋		0.2和 $45 f_{td}/f_{sd}$ 中较大者

注：1. 受压构件全部纵向钢筋最小配筋百分率，当混凝土强度等级为C50及以上时不应小于0.6。
2. 当大偏心受拉构件的受压区配置按计算需要的受压钢筋时，其最小配筋百分率不应小于0.2。
3. 轴心受压构件、偏心受压构件全部纵向钢筋的配筋率和一侧纵向钢筋(包括大偏心受拉构件的受压钢筋)的配筋百分率应按构件的毛截面面积计算；轴心受拉构件及小偏心受拉构件一侧受拉钢筋的配筋百分率应按构件毛截面面积计算；受弯构件、大偏心受拉构件的一侧受拉钢筋的配筋百分率为 $100 A_s/bh_0$，其中 A_s 为受拉钢筋截面积，b 为腹板宽度(箱形截面为各腹板宽度之和)，h_0 为有效高度。
4. 当钢筋沿构件截面周边布置时，“一侧的受压钢筋”或“一侧的受拉钢筋”是指受力方向两个对边中一边布置的纵向钢筋。

第四节　单筋矩形截面受弯构件计算

矩形截面通常分为单筋矩形截面和双筋矩形截面两种形式。只在截面的受拉区配有纵向受力钢筋的矩形截面，称为单筋矩形截面（图 5-19）。不但在截面的受拉区，而且在截面的受压区同时配有纵向受力钢筋的矩形截面，称为双筋矩形截面。

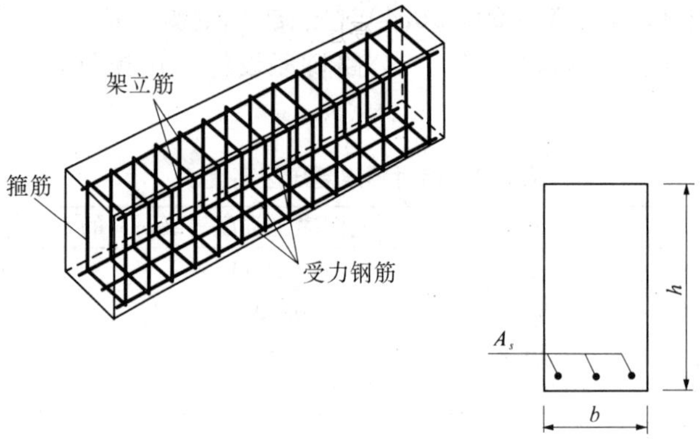

图 5-19　单筋矩形截面梁配筋

需要说明的是，为了构造上的原因（例如，为了形成钢筋骨架），受压区通常也需要配置纵向钢筋。这种纵向钢筋称为架立钢筋。架立钢筋与受力钢筋的区别是：架立钢筋是根据构造要求设置，通常直径较细、根数较少；而受力钢筋则是根据受力要求按计算设置，通常直径较粗、根数较多。受压区配有架立钢筋的截面，不是双筋截面。

一、基本公式及适用条件

（一）计算简图

根据正截面承载力计算的基本假定，单筋矩形截面的计算简图如图 5-20 所示。

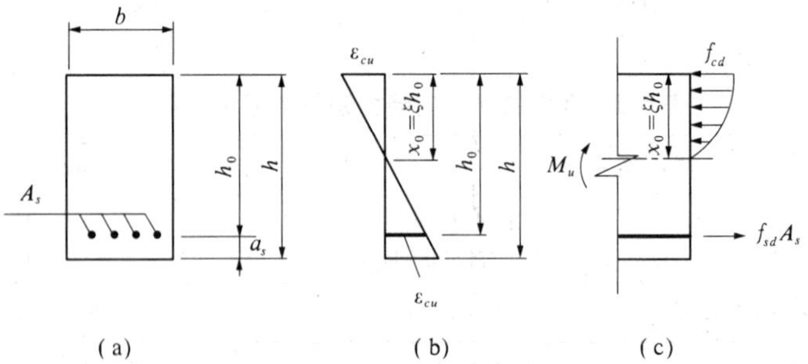

图 5-20　单筋矩形截面计算简图

为了简化计算，受压区混凝土的应力图形可进一步用一个等效的矩形应力图代替。矩形应力图的应力取为 f_{cd}（见图 5-21），f_{cd} 为混凝土轴心抗压强度设计值。所谓“等效”，是指这两个图不但压应力合力的大小相等，而且合力的作用位置完全相同。

（二）基本计算公式

由于截面在破坏前的一瞬间处于静力平衡状态，所以对于图 5-21（b）的受力状态可

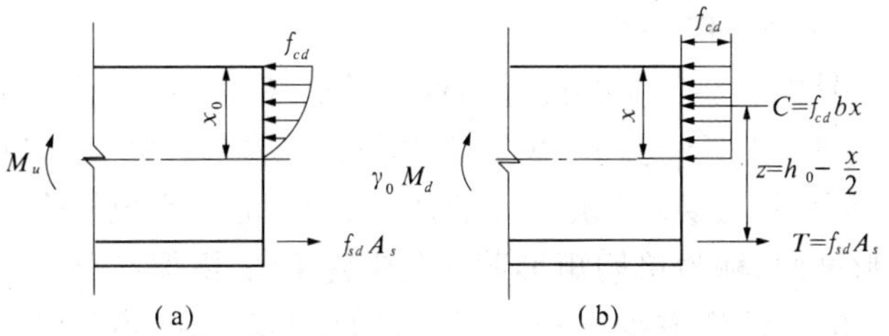

图 5-21　单筋矩形截面受压区混凝土等效应力图

建立两个平衡方程:一个是所有各力的水平轴方向上的合力为零,即 $T+C=0$,则:

$$f_{cd}bx=f_{sd}A_s \tag{5-2}$$

另一个是所有各力对截面上任何一点的合力矩为零,当对受拉区纵向受力钢筋的合力作用点取矩时,有:

$$\sum M_s=0 \quad \gamma_0 M_d \leqslant M_u=f_{cd}bx\left(h_0-\frac{x}{2}\right) \tag{5-3}$$

当对受压区混凝土压应力合力的作用点取矩时,有:

$$\sum M_d=0 \quad \gamma_0 M_d \leqslant M_u=f_{sd}A_s\left(h_0-\frac{x}{2}\right) \tag{5-4}$$

式中　M_d——计算截面上的弯矩组合设计值;

γ_0——结构的重要性系数;

M_u——计算截面的抗弯承载力;

f_{cd}——混凝土轴心抗压强度设计值;

f_{sd}——纵向受拉钢筋抗拉强度设计值;

x——按等效矩形应力图计算的受压区高度;

A_s——受拉区纵向受力钢筋的截面面积;

b——矩形截面宽度;

h_0——截面的有效高度,$h_0=h-a_s$,其中 h 为截面高度,a_s 为受拉区边缘到受拉钢筋合力作用点的距离。

按构造要求,Ⅰ类环境条件下,对于绑扎钢筋骨架的梁,可设 $a_s\approx 40$ mm(布置一层钢筋时)或 65 mm(布置两层钢筋时)。对于板,一般可根据板厚假设 a_s 为 25 mm 或 30 mm。这样可得到有效高度 h_0,如图 5-22 所示。

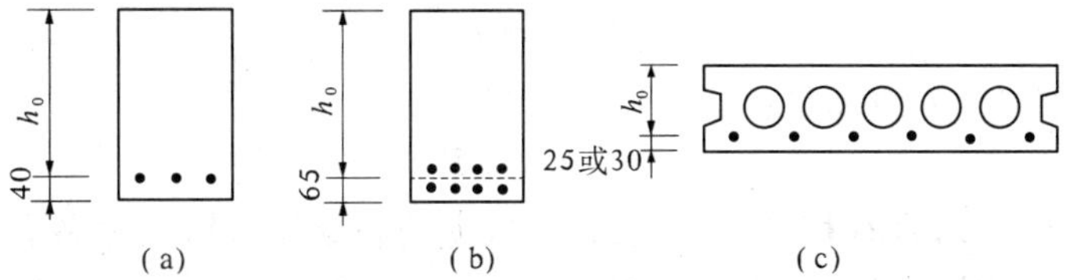

图 5-22　梁板有效高度的确定方法　(单位:mm)

梁的纵向受力钢筋按一排布置时,$h_0=h-40$ mm;梁的纵向受力钢筋按两排布置时,$h_0=h-65$ mm;板的截面有效高度 $h_0=h-25$ mm 或 $h_0=h-30$ mm。

（三）基本计算公式的适用条件

式（5-2）、式（5-3）和式（5-4）是根据适筋构件的破坏简图推导出的静力平衡方程式。它们只适用于适筋构件计算，不适用于少筋构件和超筋构件计算。在前面的讨论中已经指出，少筋构件和超筋构件的破坏都属于脆性破坏，设计时应避免将构件设计成这两类构件。为此，任何设计的受弯构件必须满足下列两个适用条件：

（1）为了防止将构件设计成少筋构件，要求构件的配筋率不得低于其最小配筋率。最小配筋率是少筋构件与适筋构件的界限配筋率，它是根据受弯构件的破坏弯矩等于其开裂弯矩确定的。截面最小配筋百分率 $\rho_{\min}$ 可以这样确定：截面配筋百分率为 $\rho_{\min}$ 的钢筋混凝土梁，在破坏瞬间所能承受的弯矩（按Ⅲ阶段计算）应不小于同样截面的素混凝土梁在即将开裂时所能承受的弯矩（按第Ⅰ阶段末期，即整体工作阶段末期计算），并考虑温度、收缩力和构造要求以及以往设计经验等因素予以确定。

《公路桥涵设计通用规范》（JTG D60—2004）规定的混凝土结构中的纵向受拉钢筋（包括偏心受拉构件、受弯构件及偏心受压构件中受拉一侧的钢筋）的最小配筋百分率取为 $\rho_{\min}=45f_{td}/f_{sd}$，且不小于0.20，式中 f_{td} 是指混凝土轴心抗拉强度设计值。最小配筋率的限制，规定了少筋梁和适筋梁的界限。

（2）对于钢筋和混凝土强度都已确定的梁来说，总会有一个特定的配筋率，使得钢筋的应力达到屈服强度的同时，受压区混凝土边缘纤维的应变也恰好达到混凝土的抗压极限应变值，通常将这种梁的破坏称为“界限破坏”，这一配筋百分率就是适筋梁的最大配筋百分率。最大配筋百分率的限制，一般是通过受压区高度来加以控制的。

发生界限破坏时，由矩形应力图形计算得出界限受压区高度 x_b，x_b 的相对高度（x_b/h_0）称为截面相对界限受压区高度，用 ξ_b 表示，即 $\xi_b=x_b/h_0$。

这样在上述针对适筋梁导出的公式中，混凝土受压区高度必须符合下列条件：

$$x\leqslant\xi_b h_0 \tag{5-5}$$

由式（5-2）可以得到计算受压区高度 x 为：

$$x=\frac{f_{sd}A_s}{f_{cd}b} \tag{5-6}$$

则相对受压区高度 ξ 为：

$$\xi=\frac{x}{h_0}=\frac{f_{sd}A_s}{f_{cd}bh_0}=\frac{f_{sd}}{f_{cd}}\cdot\frac{A_s}{bh_0}=\rho\frac{f_{sd}}{f_{cd}} \tag{5-7}$$

当 $\xi=\xi_b$ 时，可得到适筋梁的最大配筋率（$\rho_{\max}$）为：

$$\rho_{\max}=\xi_b\frac{f_{cd}}{f_{sd}} \tag{5-8}$$

显然，适筋梁的配筋率 ρ 应满足：

$$\rho\leqslant\rho_{\max} \tag{5-9}$$

式（5-5）和式（5-9）具有相同的意义，目的都是防止受拉区钢筋过多形成超筋梁，满足其中一式，另一式必然满足。在实际计算中，多采用式（5-5）。

二、计算方法

钢筋混凝土受弯构件的正截面计算，一般仅需对构件的控制截面进行计算。所谓控制截面，在等截面构件中是指计算弯矩（荷载效应）最大的截面；在变截面构件中则是指截面尺寸相对较小，而计算弯矩相对较大的截面。

受弯构件正截面计算，根据已知及未知条件可以分为两类问题，即截面设计和承载力复核。

（一）截面设计

截面设计是根据要求截面所承受的弯矩，选定混凝土强度等级、钢筋等级及截面尺寸，并计算所需要的钢筋截面面积。对一般钢筋混凝土受弯构件而言，正截面起主要作用的是钢筋的抗拉强度，因此混凝土强度等级不宜选得过高。

截面高度 h 一般是根据受弯构件的刚度、常用的配筋率（对于长度为 1.5 ~ 8 m 的板，$\rho = 0.5\% \sim 1.3\%$；对于长度为 10 ~ 20 m 的 T 形梁，$\rho = 2.0\% \sim 3.5\%$）以及构造和施工要求拟定。

截面宽度 b 亦应根据构造要求拟定。若构造上无特殊要求，一般可根据设计经验、常用的高宽比（h/b）及高跨比（h/l）等经验尺寸拟定，在进行钢筋截面面积 A_s 的计算、选定钢筋的直径与根数及按构造要求进行钢筋布置后，再视具体情况做必要的修改。

下面就截面设计时常遇到的两种情况分别介绍其计算方法。

（1）已知弯矩组合设计值 M_d，钢筋、混凝土材料级别及截面尺寸 b、h，结构重要性系数及所处环境等级，求所需的受拉钢筋截面面积 A_s。

首先，假设钢筋截面重心到截面受拉边缘距离 a_s，求出截面有效高度 h_0。

由式（5-3）解二次方程求得受压区高度 x：

$$x = h_0 - \sqrt{h_0^2 - \frac{2\gamma_0 M_d}{f_{cd} b}} \tag{5-10}$$

若 $x > \xi_b h_0$，则此梁为超筋梁，则需要增大截面尺寸，主要是增加高度 h 或者提高混凝土的强度等级；若 $x \leqslant \xi_b h_0$，再由式（5-4）求得钢筋截面面积：

$$A_s = \frac{\gamma_0 M_d}{f_{sd}\left(h_0 - \frac{x}{2}\right)} \tag{5-11}$$

或

$$A_s = \frac{f_{cd} b x}{f_{sd}} \tag{5-12}$$

应当注意的是，为使所采用的钢筋截面面积 A_s 在适筋梁范围内，尚需验证 $\xi \leqslant \xi_b$，也就是 $x \leqslant \xi_b h_0$。通过计算求得受拉钢筋截面面积 A_s 后，即可根据构造要求等从表 5-4 及表 5-5 中选择钢筋直径及根数，并进行具体的钢筋布置，从而再对假定的 a_s 值进行校核修正。此外，还需验证 $\rho \geqslant \rho_{\min}$。

（2）根据已知弯矩组合实际值 M_d、材料规格 f_{cd}、f_{sd}、ξ_b，结构重要性系数及所处环境等级，选择截面尺寸 b、h 和钢筋截面面积 A_s。

在式（5-2）~式（5-4）中，只有两个独立的方程式，而这类问题实际上存在 4 个未知数 b、h、A_s 及 x，问题将有多组解答。为了求得一个比较合理的解答，通常是先假定梁宽和配筋率 ρ（对矩形梁取 $\rho = 0.006 \sim 0.015$，板取 $\rho = 0.003 \sim 0.008$），这样就只剩下两个未知数了，问题是可解的。

表 5-4　普通钢筋截面面积、质量

公称直径（mm）	在下列钢筋数时的截面面积（mm^2）									单位质量	带肋钢筋	
	1	2	3	4	5	6	7	8	9	（kg/m）	计算直径（mm）	外径（mm）
4	12.6	25	38	50	63	75	88	101	113	0.098		
5	19.6	39	59	79	98	118	137	157	177	0.154		
6	28.3	57	85	113	141	170	198	226	254	0.222	6	7.0
7	38.5	77	115	154	192	231	269	308	346	0.302		
8	50.3	101	151	201	251	302	352	402	452	0.396	8	9.3
9	63.6	127	191	254	318	382	445	509	573	0.499		
10	78.5	157	236	314	393	471	550	628	707	0.617	10	11.3
12	113.1	226	339	452	566	679	792	905	1 018	0.888	12	13.5
14	153.9	308	462	616	770	924	1 078	1 232	1 385	1.208	14	15.5
16	201.1	402	603	804	1 005	1 206	1 407	1 608	1 810	1.580	16	18
18	254.5	509	763	1 018	1 272	1 527	1 781	2 036	2 292	1.998	18	20
19	283.5	567	851	1 134	1 418	1 701	1 985	2 268	2 552	2.230	19	
20	314.2	628	942	1 256	1 570	1 884	2 200	2 513	2 827	2.460	20	22
22	380.1	760	1 140	1 520	1 900	2 281	2 661	3 041	3 421	2.980	22	24
24	452.4	905	1 356	1 810	2 262	2 714	3 167	3 619	4 071	3.551	24	
25	490.9	982	1 473	1 964	2 452	2 945	3 436	3 927	4 418	3.850	25	27
26	530.9	1 062	1 593	2 124	2 655	3 186	3 717	4 247	4 778	4.168	26	
28	615.7	1 232	1 847	2 463	3 079	3 695	4 310	4 926	5 542	4.833	28	30.5
30	706.9	1 413	2 121	2 827	3 534	4 241	4 948	5 655	6 362	5.549	30	
32	804.3	1 609	2 413	3 217	4 021	4 826	5 630	6 434	7 238	6.310	32	34.5

首先由式(5-2)得：$x=\frac{f_{sd}A_s}{f_{cd}b}=\rho\frac{f_{sd}}{f_{cd}}h_0$，则$\frac{x}{h_0}=\rho\frac{f_{sd}}{f_{cd}}=\xi$，取 $x=\xi_b h_0$，将其代入式(5-3)，求得梁的有效高度：

$$h_0=\sqrt{\frac{\gamma_0 M_d}{\xi(1-0.5\xi)f_{cd}b}} \tag{5-13}$$

则梁的高度为 $h=h_0+a_s$，梁高应取整数，并注意尺寸模数化和检验梁的高宽比是否合适，经过调整后，截面尺寸 b 及 h 均为已知，再按上述第一种情况计算所需的受拉钢筋截面面积 A_s。

（二）承载力复核

截面的承载力复核的目的在于验算已设计好的截面是否具有足够的承载力以抵抗荷载作用所产生的弯矩。因此，在进行承载力复核时，已知截面尺寸 b、h_0，钢筋截面面积 A_s，材料规格 f_{cd}、f_{sd}、ξ_b，弯矩组合设计值 M_d，所要求的是截面所能承受的最大弯矩 M_u，并判断是否安全。

首先检查钢筋布置是否符合规范要求；然后计算配筋率 ρ，且应满足 $\rho>\rho_{min}$；再由式(5-2)求得受压区高度：

$$x=\frac{f_{sd}A_s}{f_{cd}b} \tag{5-14}$$

表 5-5　每 1 m 板宽度各种钢筋间距时的钢筋截面面积　　(单位:mm^2)

钢筋间距(mm)	钢筋直径(mm)									
	6	8	10	12	14	16	18	20	22	24
70	404	718	1 122	1 616	2 199	2 873	3 636	4 487	5 430	6 463
75	377	670	1 047	1 508	2 052	2 681	3 393	4 188	5 081	6 032
80	353	628	982	1 414	1 924	2 514	3 181	3 926	4 751	5 655
85	333	591	924	1 331	1 811	2 366	2 994	3 695	4 472	5 322
90	314	559	873	1 257	1 711	2 234	2 828	3 490	4 223	5 027
95	298	529	827	1 190	1 620	2 117	2 679	3 306	4 001	4 762
100	283	503	785	1 131	1 539	2 011	2 545	3 141	3 801	4 524
105	269	479	748	1 077	1 466	1 915	2 424	2 991	3 620	4 309
110	257	457	714	1 028	1 399	1 828	2 314	2 855	3 455	4 113
115	246	437	683	984	1 339	1 749	2 213	2 731	3 305	3 934
120	236	419	654	942	1 283	1 676	2 121	2 617	3 167	3 770
125	226	402	628	905	1 232	1 609	2 036	2 513	3 041	3 619
130	217	387	604	870	1 184	1 547	1 958	2 416	2 924	3 480
135	209	372	582	838	1 140	1 490	1 885	2 327	2 816	3 351
140	202	359	561	808	1 100	1 436	1 818	2 244	2 715	3 231
145	195	347	542	780	1 062	1 387	1 755	2 166	2 621	3 120
150	189	335	524	754	1 026	1 341	1 697	2 084	2 534	3 016
155	182	324	507	730	993	1 297	1 642	2 027	2 452	2 919
160	177	314	491	707	962	1 257	1 590	1 964	2 376	2 828
165	171	305	476	685	933	1 219	1 542	1 904	2 304	2 741
170	166	296	462	665	906	1 183	1 497	1 848	2 236	2 661
175	162	287	449	646	876	1 149	1 454	1 795	2 172	2 585
180	157	279	436	628	855	1 117	1 414	1 746	2 112	2 513
185	153	272	425	611	832	1 087	1 376	1 694	2 035	2 445
190	149	265	413	595	810	1 058	1 339	1 654	2 001	2 381
195	145	258	403	580	789	1 031	1 305	1 611	1 949	2 320
200	141	251	393	565	769	1 005	1 272	1 572	1 901	2 262

若 $x \le \xi_b h_0$,则可按式(5-3)和式(5-4)求得截面所能承受的最大弯矩值 M_u 为:

$$M_u = f_{cd} b x \left(h_0 - \frac{x}{2}\right) \tag{5-15}$$

若 $x > \xi_b h_0$,则截面为超筋截面,其承载力按式(5-16)计算,令 $x = \xi_b h_0$ 带入式(5-15)得:

$$M_u = f_{cd} b h_0^2 \xi_b (1 - 0.5\xi_b) \tag{5-16}$$

若截面所能承受的弯矩 M_u 大于实际的组合设计弯矩 $\gamma_0 M_d$,则认为结构是安全的。否则应该重新设计。

【例 5-1】　已知矩形截面尺寸 $b \times h = 250\ \text{mm} \times 500\ \text{mm}$,弯矩组合设计值 $M_d = 136\ \text{kN} \cdot \text{m}$,拟采用 C25 混凝土、HRB335 级钢筋,桥梁结构重要性系数 $\gamma_0 = 1.1$,求所需钢筋

截面面积 A_s。

解：根据给定的材料规格查得 $f_{cd}=11.5$ MPa，$f_{sd}=280$ MPa，$f_{td}=1.23$ MPa，$\xi_b=0.56$，钢筋按一排布置估算设 $a_s=40$ mm，梁的有效高度 $h_0=500-40=460$(mm)。

由公式 $\gamma_0 M_d=f_{cd}bx(h_0-\frac{x}{2})$ 可得：

$$x=h_0-\sqrt{h_0^2-\frac{2\gamma_0 M_d}{f_{cd}b}}$$

代入数值得：

$$x=460-\sqrt{(460)^2-\frac{2\times1.1\times136\times10^6}{11.5\times250}}$$
$$=132.1(\text{mm})<\xi_b h_0=0.56\times460=257.6(\text{mm})$$

由 $f_{cd}bx=f_{sd}A_s$ 求得钢筋横截面面积：

$$A_s=\frac{f_{cd}bx}{f_{sd}}=\frac{11.5\times250\times132.1}{280}=1\ 357(\text{mm}^2)$$

查表选取 3 ⌀24(外径为 26 mm)，$A_s=1\ 356\ \text{mm}^2$，钢筋按一排布置，如图 5-23 所示，$a_s=30+\frac{26}{2}=43$ mm 与假设 a_s 相差不大，所需截面最小宽度：

$$b_{\min}=2\times30+3\times26+2\times30=198(\text{mm})<b=250\ \text{mm}$$

梁的实际有效高度：

$$h_0=500-43=457(\text{mm})$$

实际配筋率：

$$\rho_{\min}=45\frac{f_{td}}{f_{sd}}\%=45\times\frac{1.23}{280}\%=0.197\ 7\%<0.2\%$$

则取 $\rho_{\min}=0.2\%$。

$$\rho=\frac{A_s}{bh_0}=\frac{1\ 356}{250\times457}=0.011\ 9=1.19\%>\rho_{\min}=0.2\%$$

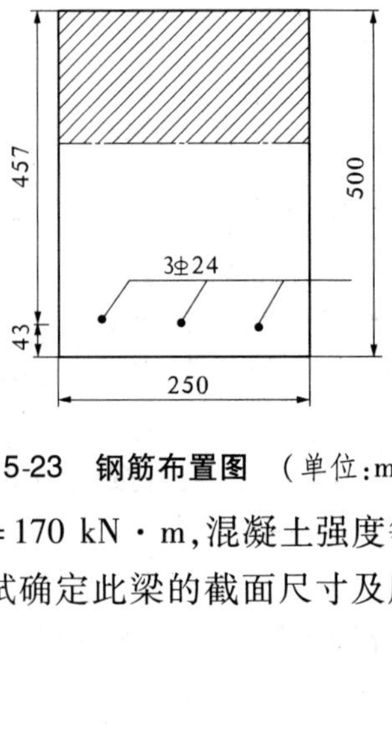

图 5-23　钢筋布置图　（单位：mm）

配筋满足《公路桥规》要求。

【例 5-2】　已知某矩形截面梁的弯矩组合设计值 $M_d=170$ kN · m，混凝土强度等级为 C25，HRB335 级钢筋，桥梁结构重要性系数 $\gamma_0=1.1$。试确定此梁的截面尺寸及所需纵向受拉钢筋截面面积，选择钢筋直径、根数并布置钢筋。

解：根据混凝土和钢筋强度等级查得：

$$f_{cd}=11.5\ \text{MPa},\ f_{sd}=280\ \text{MPa},\ f_{td}=1.23\ \text{MPa},\xi_b=0.56$$

现假设 $\rho=0.01$，$b=300$ mm，则

$$\xi=\rho\frac{f_{sd}}{f_{cd}}=0.01\times\frac{280}{11.5}=0.243<\xi_b=0.56$$

由式(5-13)计算截面有效高度 h_0：

$$h_0=\sqrt{\frac{\gamma_0 M_d}{\xi(1-0.5\xi)f_{cd}b}}=\sqrt{\frac{1.1\times170\times10^6}{0.243\times(1-0.5\times0.243)\times11.5\times300}}=504(\text{mm})$$

若设 $a_s=35$ mm，则 $h=h_0+a_s=504+35=539(\text{mm})$。

现取 $h=550$ mm，于是 $h_0=h-a_s=550-35=515(\text{mm})$。

将数值代入式(5-10)得：

$$x=h_0-\sqrt{h_0^2-\frac{2\gamma_0 M_d}{f_{cd}\,b}}=515-\sqrt{(515)^2-\frac{2\times1.1\times170\times10^6}{11.5\times300}}=119(\text{mm})$$

由式(5-2)得：

$$A_s=\frac{f_{cd}bx}{f_{sd}}=\frac{11.5\times300\times119}{280}=1\ 466(\text{mm}^2)$$

查表取钢筋为 4 ⌀22(外径为 24 mm)，$A_s=1\ 520\ \text{mm}^2$，钢筋按一排布置，$a_s=30+\frac{24}{2}=42$ mm，如图 5-24 所示，与假设相差不大。所需截面最小宽度：

$$b_{\min}=2\times30+4\times24+3\times30=246(\text{mm})<b=300\text{ mm}$$

则 $h_0=550-42=508(\text{mm})$

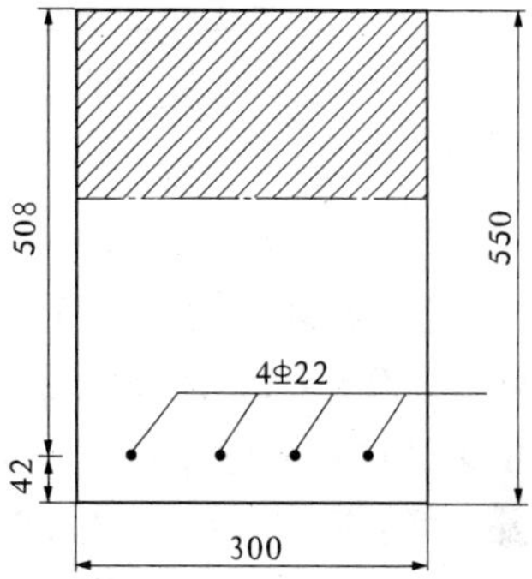

图 5-24　钢筋布置图　(单位:mm)

验算最小配筋率

$$\rho_{\min}=45\times\frac{1.23}{280}\%=0.197\ 6\%<0.2\%$$

取 $\rho_{\min}=0.2\%$。

$$\rho=\frac{A_s}{bh_0}=\frac{1\ 520}{300\times508}=0.009\ 9=0.99\%>\rho_{\min}=0.2\%$$

且配筋率在经济配筋范围之内。

【例 5-3】　已知计算跨径为 2.05 mm 的人行道板，板厚 80 mm。板跨中截面上弯矩组合设计值 $M_d=3\ 834.8$ N · m，采用 C20 混凝土，R235 级钢筋，结构重要性系数 $\gamma_0=1.0$。试进行配筋计算。

解：取 1 m 宽板进行计算，即计算板宽 $b=1\ 000$ mm，板厚 $h=80$ mm。

$f_{cd}=9.2$ MPa，$f_{td}=1.06$ MPa，$f_{sd}=195$ MPa，$\xi_b=0.62$，计算后取最小配筋率 $\rho_{\min}$ 为 0.24%。设 $a_s=25$ mm，则 $h_0=80-25=55$ mm，将各已知值代入：$\gamma_0 M_d=f_{cd}bx(h_0-\frac{x}{2})$，即：

$$1.0\times3\ 834.8\times10^3=9.2\times1\ 000x(55-\frac{x}{2})$$

整理后可得到：　　$x=8\text{ mm}<\xi_b h_0=0.62\times55=34(\text{mm})$

求所需钢筋面积 A_s：将各已知值及 $x=8$ mm 代入 $f_{cd}bx=f_{sd}A_s$，即：

$$A_s=\frac{f_{cd}bx}{f_{sd}}=\frac{9.2\times1\ 000\times8}{195}=377(\text{mm}^2)$$

综上，现取板的受力钢筋为⌀8，由表 5-5 可查得⌀8 钢筋间距@ ＝130 mm，单位板宽

的钢筋面积 $A_s=387\ \text{mm}^2$。由于是人行道板且受力钢筋公称直径为 8 mm,故混凝土保护层厚度取为 20 mm,$a_s=24$ mm,$h_0=56$ mm。

截面的实际配筋率:$\rho=\dfrac{387}{1\ 000\times 56}=0.69\%>\rho_{\min}=0.24\%$,板内分布钢筋取Φ6,其间距@ =200 mm。钢筋布置图如图 5-25 所示。

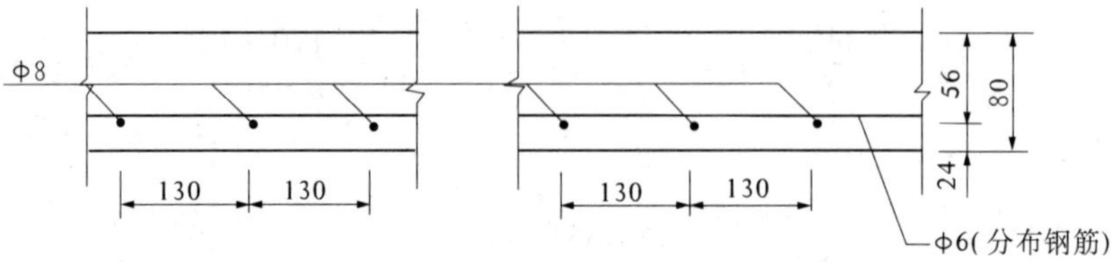

图 5-25 板内钢筋布置图 (单位:mm)

【例 5-4】 已知一矩形截面梁,截面尺寸 $b=400$ mm,$h=900$ mm,弯矩组合设计值 $M_d=800$ kN·m,混凝土强度等级 C30,钢筋等级为 HRB335,$A_s=4\ 926\ \text{mm}^2$,$a_s=60$ mm,桥梁结构重要性系数 $\gamma_0=1.1$。问该截面是否可以安全承载。

解:查表得 $f_{cd}=13.8$ MPa,$f_{sd}=280$ MPa,$\xi_b=0.56$。

(1)计算混凝土受压区高度:

$$x=\frac{f_{sd}A_s}{f_{cd}b}=\frac{280\times 4\ 926}{13.8\times 400}=250(\text{mm})$$

$$h_0=h-a_s=900-60=840(\text{mm})$$

$$x=250\ \text{mm}<\xi_b h_0=0.56\times 840=470.4(\text{mm})$$

故满足要求。

(2)计算截面所能承受的最大弯矩值,并作比较:

$$M_u=f_{cd}bx(h_0-\frac{x}{2})=13.8\times 400\times 250\times(840-250/2)$$

$$=986.7\times 10^6(\text{N}\cdot\text{mm})=986.7\ \text{kN}\cdot\text{m}$$

$$M_u>M=\gamma_0 M_d=1.1\times 800=880(\text{kN}\cdot\text{m})$$

因此,结构安全。

由上面的例题可见,利用计算公式进行截面选择时,需要解算二次方程式和联立方程式,还要验算适用条件,颇为麻烦。如果将计算公式制成表格,便可以使计算工作得到简化。

计算表格的形式有两种:一种是对于各种混凝土强度等级以及各种钢筋配筋的梁板都适用的表格,另一种是对某种混凝土强度等级和某种钢筋的梁板专门制作的表格。前一种表格通用性好,后一种表格使用上较简便。下面只介绍通用表格的制作及使用方法。

式(5-3)可写成:

$$M_u=f_{cd}bx(h_0-\frac{x}{2})=f_{cd}b\xi h_0(h_0-\frac{\xi h_0}{2})=f_{cd}bh_0^2\xi(1-0.5\xi) \tag{5-17}$$

令

$$A_0=\xi(1-0.5\xi) \tag{5-18}$$

则式(5-17)可写成：

$$M_u = f_{cd} b h_0^2 A_0 \tag{5-19}$$

其中，$bh_0^2A_0$ 可以认为是截面在极限状态时的抵抗矩，因此可以将 A_0 称为截面抵抗矩系数。

同样，式(5-4)可写成

$$M_u = f_{sd} A_s \left(h_0 - \frac{x}{2}\right) = f_{sd} A_s h_0 \left(1 - 0.5\frac{x}{h_0}\right) = f_{sd} A_s h_0 (1 - 0.5\xi) \tag{5-20}$$

令

$$\xi_0 = 1 - 0.5\xi \tag{5-21}$$

则式(5-20)可写成

$$M_u = f_{sd} A_s h_0 \xi_0 \tag{5-22}$$

式中　ξ_0——内力臂系数。

由式(5-18)得：

$$\xi = 1 - \sqrt{1 - 2A_0} \tag{5-23}$$

代入式(5-21)可得：

$$\xi_0 = \frac{1 + \sqrt{1 - 2A_0}}{2} \tag{5-24}$$

因此，单筋矩形截面受弯构件正截面的配筋计算可以按照图 5-26 所示的框图进行。

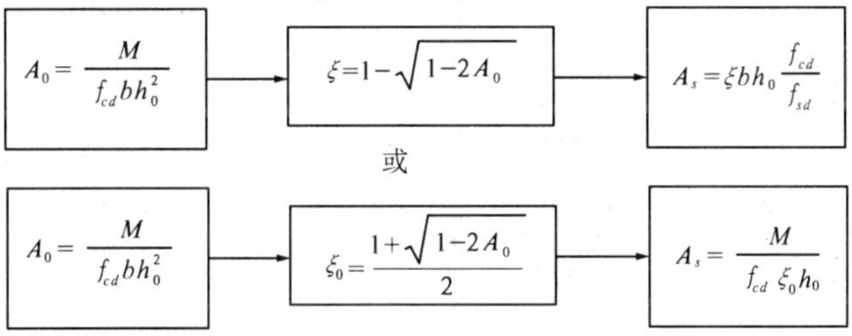

图 5-26　单筋矩形截面受弯构件正截面配筋计算框图

式(5-23)和式(5-24)表明，ξ 和 ξ_0 与 A_0 之间存在一一对应的关系，给定一个 A_0 值，便有一个 ξ 值和一个 ξ_0 值与之对应。因此，可以事先给出一串 A_0 值，算出与它们对应的 ξ 值和 ξ_0 值，并且将它们列成表格（见表 5-6）。

表 5-6　钢筋混凝土受弯构件单筋矩形截面承载力计算用表

ξ	A_0	ξ_0	ξ	A_0	ξ_0
0.01	0.010	0.995	0.34	0.282	0.830
0.02	0.020	0.990	0.35	0.289	0.825
0.03	0.030	0.985	0.36	0.295	0.820
0.04	0.039	0.980	0.37	0.301	0.815
0.05	0.048	0.975	0.38	0.309	0.810
0.06	0.058	0.970	0.39	0.314	0.805
0.07	0.067	0.965	0.40	0.320	0.800
0.08	0.077	0.960	0.41	0.326	0.795

续表 5-6

ξ	A_0	ξ_0	ξ	A_0	ξ_0
0. 09	0. 085	0. 955	0. 42	0. 332	0. 790
0. 10	0. 095	0. 950	0. 43	0. 337	0. 785
0. 11	0. 104	0. 945	0. 44	0. 343	0. 780
0. 12	0. 113	0. 940	0. 45	0. 349	0. 775
0. 13	0. 121	0. 935	0. 46	0. 354	0. 770
0. 14	0. 130	0. 930	0. 47	0. 359	0. 765
0. 15	0. 139	0. 925	0. 48	0. 365	0. 760
0. 16	0. 147	0. 920	0. 49	0. 370	0. 755
0. 17	0. 155	0. 915	0. 50	0. 375	0. 750
0. 18	0. 164	0. 910	0. 51	0. 380	0. 745
0. 19	0. 172	0. 905	0. 52	0. 385	0. 740
0. 20	0. 180	0. 900	0. 53	0. 390	0. 735
0. 21	0. 188	0. 895	0. 54	0. 394	0. 730
0. 22	0. 196	0. 890	0. 55	0. 399	0. 725
0. 23	0. 203	0. 885	0. 56	0. 403	0. 720
0. 24	0. 211	0. 880	0. 57	0. 408	0. 715
0. 25	0. 219	0. 875	0. 58	0. 412	0. 710
0. 26	0. 226	0. 870	0. 59	0. 416	0. 705
0. 27	0. 234	0. 865	0. 60	0. 420	0. 700
0. 28	0. 241	0. 860	0. 61	0. 424	0. 695
0. 29	0. 248	0. 855	0. 62	0. 428	0. 690
0. 30	0. 255	0. 850	0. 63	0. 432	0. 685
0. 31	0. 262	0. 845	0. 64	0. 435	0. 680
0. 32	0. 269	0. 840	0. 65	0. 439	0. 675
0. 33	0. 275	0. 835			

设计时查用这些表格，既可以避免解算二次方程式和联立方程式，又不必按式(5-23)或式(5-24)计算 ξ 或 ξ_0，当 A_0 值不接近表中最小值或最大值时还不必验算构件是少筋还是超筋，因而使计算工作得到简化。

【例 5-5】 试用查表法解例 5-1。

解：与例 5-1 相同：$f_{cd}=11.5$ MPa，$f_{sd}=280$ MPa，$f_{td}=1.23$ MPa，$\xi_b=0.56$，钢筋按一排布置，估算设 $a_s=40$ mm，梁的有效高度 $h_0=500-40=460$(mm)。

由 $A_0=\dfrac{M}{f_{cd}bh_0^2}$可得：

$$A_0=\frac{1.1\times13.6\times10^7}{11.5\times250\times460^2}=0.246$$

查表 5-6 得到 $\xi=0.29<\xi_b=0.56$；$\xi_0=0.855$。则

$$A_s=\frac{M}{\xi_0 f_{sd}h_0}=\frac{1.1\times13.6\times10^7}{0.855\times280\times460}=1\ 358(\mathrm{mm}^2)$$

计算结果与例 5-1 相近。其余计算结果见例 5-1。

第五节　双筋矩形截面受弯构件计算

双筋截面是指除受拉钢筋外，在截面受压区亦布置受压钢筋的截面。当构件的截面尺寸受到了限制，采用单筋截面设计出现 $x>\xi_b h_0$ 时，则应设置一定的受压钢筋来帮助混凝土承担部分压力，这样就构成双筋截面。某些构件在不同的作用组合情况下，截面需要承受正负号弯矩时，也需采用双筋截面。有时，出于结构本身受力图式的原因，例如连续梁的内支点处截面，将会产生事实上的双筋截面。

应该指出，采用受压钢筋协助混凝土承担压力是不经济的。在实际工程中，由于梁的高度过矮而需要设置受压钢筋的情况也是不多的。但是从使用性能来看，双筋截面受弯构件由于设置了受压钢筋，可提高截面的延性和提高截面的抗震性能，有利于防止结构的脆性破坏。此外，由于受压钢筋的存在和混凝土徐变的影响，可以减少短期和长期作用下构件产生的变形。从这种意义上讲，采用双筋截面还是适宜的。

设计双筋截面在构造上应注意的是，必需设置闭合箍筋，其间距一般不超过受压钢筋直径的 15 倍，以防止纵向受压钢筋压屈，引起保护层混凝土剥落。

一、基本计算公式

双筋矩形截面受弯构件正截面抗弯承载力计算图示见图 5-27。由图 5-27 可写出双筋截面正截面计算的基本公式。

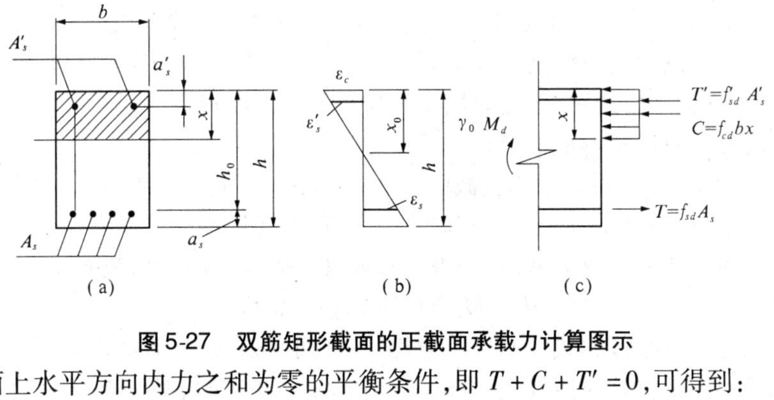

图 5-27　双筋矩形截面的正截面承载力计算图示

由截面上水平方向内力之和为零的平衡条件，即 $T+C+T'=0$，可得到：

$$f_{cd}bx+f'_{sd}A'_s=f_{sd}A_s \tag{5-25}$$

由截面上对受拉钢筋合力 T 作用点的力矩之和等于零的平衡条件，可得到：

$$\gamma_0 M_d \leqslant M_u = f_{cd} bx\left(h_0 - \frac{x}{2}\right) + f'_{sd} A'_s (h_0 - a'_s) \tag{5-26}$$

由截面上对受压钢筋合力 T' 作用点的力矩之和等于零的平衡条件，可得到：

$$\gamma_0 M_d \leqslant M_u = -f_{cd} bx\left(\frac{x}{2} - a'_s\right) + f_{sd} A_s (h_0 - a'_s) \tag{5-27}$$

式中 f'_{sd}——受压区钢筋的抗压强度设计值；

A'_s——受压区钢筋的截面面积；

a'_s——受压区钢筋合力点至截面受压边缘的距离；

其他符号与单筋矩形截面相同。

二、公式适用条件

应用以上公式时，必须满足下列条件：

（1）为了保证梁的破坏始自受拉钢筋的屈服，防止梁发生脆性破坏，要求：

$$x \leqslant \xi_b h_0 \tag{5-28}$$

（2）为了保证受压钢筋的应力达到抗压强度设计值，要求：

$$x \geqslant 2a'_s \tag{5-29}$$

在实际设计当中，若求得 $x < 2a'_s$，则表明受压钢筋 A'_s 可能达不到其抗压强度设计值。对于受压钢筋保护层混凝土厚度不大的情况，《公路桥规》规定这时可取 $x = 2a'_s$，即假设混凝土压应力合力作用点与受压区钢筋 A'_s 合力作用点重合，对受压钢筋合力作用点取距，可得到正截面抗弯承载力的近似表达式为：

$$M_u = f_{sd} A_s (h_0 - a'_s) \tag{5-30}$$

双筋截面的配筋率 ρ 一般均能大于 $\rho_{\min}$，所以往往不必再予以计算。

三、计算方法

利用式(5-25)～式(5-27)进行双筋截面承载力计算，亦可分为截面设计和承载力复核两种情况。

（一）截面设计

双筋矩形截面的尺寸，一般是根据构造要求或总体布置预先确定的。因此，双筋截面设计的任务主要是确定受拉钢筋截面面积 A_s 和受压钢筋截面面积 A'_s，有时由于构造的需要，受压钢筋截面面积已选定，仅需要确定受拉钢筋截面面积。

现分情况介绍双筋矩形截面设计的计算方法。

（1）已知截面的弯矩设计值 M_d、截面尺寸 $b \times h$、钢筋种类和混凝土的强度等级、桥梁结构重要性系数 γ_0，要求确定受拉钢筋截面面积 A_s 和受压钢筋截面面积 A'_s。

先验算是否需要采用双筋截面，如果下式成立则需要采用双筋截面：

$$\gamma_0 M_d > M_u = f_{cd} b h_0^2 \xi_b (1 - 0.5\xi_b) \tag{5-31}$$

计算公式为式(5-25)和式(5-27)。但是，在这两个公式中，有 3 个未知数 A_s、A'_s 和 x，从数学上来说不能求解。先假设 a_s 和 a'_s，求出 h_0。为了求解，必须补充一个方程式。此时，为了节约钢材，充分发挥混凝土的强度，可以假定受压区的高度等于其界限高度，即：

$x=\xi_b h_0$来计算 A'_s，这样求得的 A'_s才是最小值，从而可使对应的($A_s+A'_s$)设计比较经济。将 $x=\xi_b h_0$ 代入式(5-26)可求得 A'_s为：

$$A'_s=\frac{\gamma_0 M_d-\xi_b f_{cd} b h_0^2(1-0.5\xi_b)}{f'_{sd}(h_0-a'_s)} \tag{5-32}$$

然后将所求得的 A'_s及 $x=\xi_b h_0$ 代入式(5-25)求 A_s，则有：

$$A_s=\frac{f_{cd} b\xi_b h_0+f'_{sd}A'_s}{f_{sd}} \tag{5-33}$$

(2)已知截面的弯矩设计值 M_d、桥梁结构重要性系数 γ_0、截面尺寸 $b\times h$、钢筋种类、混凝土的强度等级以及受压钢筋截面面积 A'_s，要求确定受拉钢筋截面面积 A_s。

此时，由于 A'_s为已知，由式(5-26)可得到受压区高度 x：

$$x=h_0-\sqrt{h_0^2-\frac{2[\gamma_0 M_d-f'_{sd}A'_s(h_0-a'_s)]}{f_{cd}b}} \tag{5-34}$$

当 $x<\xi_b h_0$ 且 $x<2a'_s$时，由《公路桥规》规定，可由式(5-30)求得所需受拉钢筋面积 A_s 为：

$$A_s=\frac{\gamma_0 M_d}{f_{sd}(h_0-a'_s)} \tag{5-35}$$

当 $x\leqslant\xi_b h_0$ 且 $x\geqslant 2a'_s$时，将各已知值及受压钢筋面积 A'_s代入式(5-25)，则可求得 A_s 为：

$$A_s=\frac{f_{cd}bx+f'_{sd}A'_s}{f_{sd}} \tag{5-36}$$

(二)截面复核

同单筋矩形梁一样，双筋矩形截面梁正截面承载力复核是根据截面的已知条件 b、h，混凝土的强度等级及钢筋的级别，受压钢筋和受拉钢筋的截面面积 A'_s和 A_s 等，验算截面所能承受的弯矩值 M_u。

进行承载力复核时，应首先由式(5-25)求得混凝土受压区高度：

$$x=\frac{f_{sd}A_s-f'_{sd}A'_s}{f_{cd}b} \tag{5-37}$$

若满足 $2a'_s\leqslant x\leqslant\xi_b h_0$ 的限制条件，将其代入式(5-26)求得截面所能承受的最大弯矩值：

$$M_u=f_{cd}bx\left(h_0-\frac{x}{2}\right)+f'_{sd}A'_s(h_0-a'_s) \tag{5-38}$$

若 $x>\xi_b h_0$，则令 $x=\xi_b h_0$，代入上式。

若 $x<2a'_s$，因受压钢筋离中性轴太近，变形不能充分发挥，受压钢筋的应力不可能达到抗压设计强度。这时，截面所能承受的最大弯矩可由下式求得：

$$M_u=f_{sd}A_s(h_0-a'_s) \tag{5-39}$$

【例 5-6】 有一截面尺寸为 250 mm×600 mm 的矩形梁，所承受的弯矩组合设计值 $M_d=295$ kN·m，桥梁结构重要性系数 $\gamma_0=1.0$，拟采用 C20 混凝土，HRB335 级钢筋。试选择截面配筋。

解：查表得 $f_{cd}=9.2$ MPa，$f_{sd}=f'_{sd}=280$ MPa，$\xi_b=0.56$，假设 $a_s=70$ mm，$a'_s=40$ mm，

$h_0=600-70=530(\text{mm})$。

验算是否需要采用双筋截面，单筋矩形截面的最大正截面承载力为：

$$M_u=f_{cd}bh_0^2\xi_b(1-0.5\xi_b)=9.2\times250\times530^2\times0.56\times(1-0.5\times0.56)$$

$$=260.5\times10^6(\text{N}\cdot\text{mm})=260.5\ \text{kN}\cdot\text{m}<\gamma_0M_d=295\ \text{kN}\cdot\text{m}$$

故需采用双筋截面。

从充分利用混凝土抗压强度出发，即取 $x=\xi_bh_0=0.56\times530=296.8(\text{mm})$，并分别代入式(5-32)和式(5-33)得：

$$A_s'=\frac{\gamma_0M_d-\xi_bf_{cd}bh_0^2(1-0.5\xi_b)}{f_{sd}'(h_0-a_s')}$$

$$=\frac{295\times10^6\times1.0-0.56\times9.2\times250\times530^2\times(1-0.5\times0.56)}{280\times(530-40)}$$

$$=251.5(\text{mm}^2)$$

$$A_s=\frac{f_{cd}b\xi_bh_0+f_{sd}'A_s'}{f_{sd}}$$

$$=\frac{9.2\times530\times0.56\times250+280\times251.5}{280}$$

$$=2\,689.5(\text{mm}^2)$$

受压钢筋选 2 ⌀14，提供的 $A_s'=308\ \text{mm}^2$，$a_s'=37\ \text{mm}$；受拉钢筋选 6 ⌀24（外径为 26 mm），提供的 $A_s=2\,714\ \text{mm}^2$，布置成两排，钢筋布置图如图 5-28 所示。所需最小宽度为：

$$b_{\min}=2\times30+30\times2+3\times26=198(\text{mm})<b=250\ \text{mm}$$

$$a_s=30+26+\frac{30}{2}=71(\text{mm})$$

$$h_0=600-71=529(\text{mm})$$

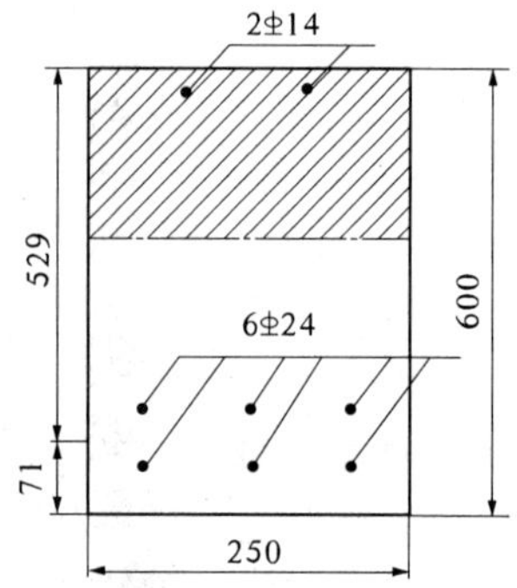

图 5-28　钢筋布置图　（单位：mm）

【例 5-7】　对例 5-6 进行截面复核。

解：由例 5-6 已知条件对已经设计好的截面进行承载力计算，由式(5-37)求得混凝土受压区高度：

$$x=\frac{f_{sd}A_s-f_{sd}'A_s'}{f_{cd}b}$$

$$=\frac{280\times2\,714-280\times308}{9.2\times250}=292.9(\text{mm})<\xi_bh_0=0.56\times529=296.24(\text{mm})$$

截面所能承担的计算弯矩由式(5-26)求得：

$$M_d'=f_{cd}bx(h_0-\frac{x}{2})+f_{sd}'A_s'(h_0-a_s')$$

$$=9.2\times250\times292.9\times(529-\frac{292.9}{2})+280\times308\times(529-37)$$

$$=300.1\times10^6(\text{N}\cdot\text{mm})$$

$$=300.1\ \text{kN}\cdot\text{m}>295\ \text{kN}\cdot\text{m}$$

因此，截面满足要求，结构是安全可靠的。

第六节　T形截面受弯构件计算

一、概述

由于受弯构件在破坏时截面受拉区混凝土早已开裂而不考虑其抗拉作用，拉力全部由钢筋承受，因此矩形截面受弯构件的受拉区混凝土对正截面抗弯承载力计算是不起作用的，如果将受拉区混凝土的一部分挖去（见图5-29），而将原有的纵向受拉钢筋集中布置在梁肋（或腹板）下部，以承担拉力；翼缘受压，梁肋联系受压区混凝土和受拉钢筋，并承担剪力。T形截面梁与矩形截面梁相比，不仅承载力不会降低，而且由于截面的抗弯承载力与原有矩形截面完全相同，能够节省混凝土，减轻构件自重。因此，T形截面梁在工程上应用广泛。除独立T形梁以外，槽形板、圆形板、箱形截面、工字形梁等都可按T形截面计算。

矩形截面挖剩的部分即形成T形截面。T形截面中板的悬出部分称为翼缘，其中间部分称为梁肋或腹板。有时为了增强翼缘与梁肋之间的联系，在其连接处设置斜托，称为承托，如图5-30所示。

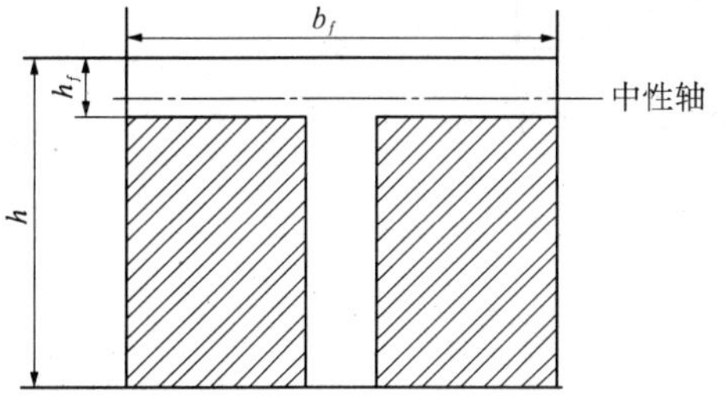

图5-29　T形截面

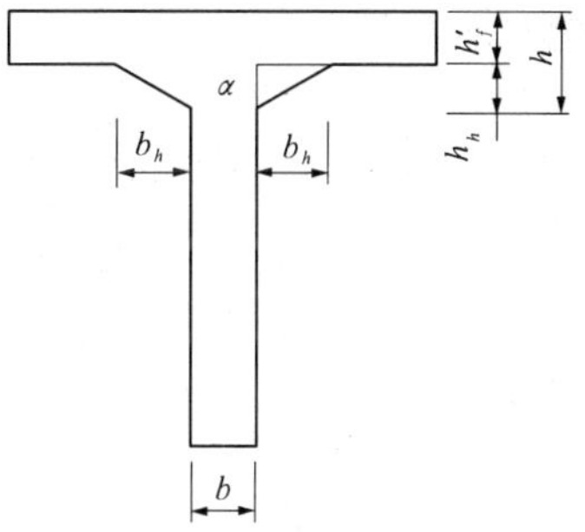

图5-30　有承托的T形梁

钢筋混凝土受弯构件常采用肋形结构，例如桥梁结构中的桥面板和支承的梁浇筑成整体，形成平板下有若干梁肋的结构。在荷载作用下，T形梁的翼板与梁肋共同弯曲。当承受正弯矩作用时，梁截面上部受压，位于受压区的翼板参与工作而成为梁截面有效面积的一部分。把在弯矩作用下，翼板位于受压区的T形梁截面，称为T形截面（见图5-31(a)）。当受负弯矩作用时，位于梁上部的翼板受拉后混凝土开裂，这时梁的有效截面是肋宽b、梁高为h的矩形截面（见图5-31(b)）来受力，其抗弯承载能力则应按矩形截面来计算。因此，判断一个截面在计算时是否属于T形截面，不是看截面本身形状，而是要看其翼缘板是否能参加抗压作用。从这个意义上来讲，工字形、箱形截面以及空心板截面，在正截面强度计算中均可按T形截面来处理。

T形截面随着翼板的宽度增大，可使受压区高度减小，内力偶臂增大，使所需的受拉钢筋面积减少。但通过试验和分析得知，T形截面梁承受荷载产生弯曲变形时，在翼板宽度方向上纵向压应力的分布是不均匀的。离梁肋愈远，压应力愈小。其分布规律主要取决于截面与跨径（长度）的相对尺寸、翼板厚度、支承条件等。在设计计算中，为了便于计

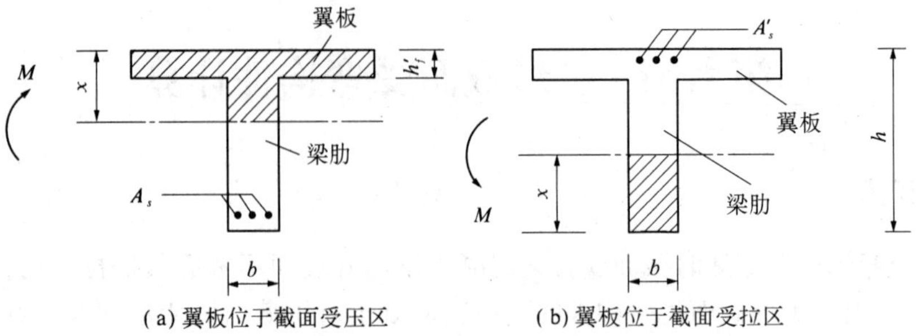

图 5-31　T 形截面的受压区位置

算,根据等效受力原则,把与梁肋共同工作的翼板宽度限制在一定的范围内,该宽度称为受压翼板的有效宽度 b_f'。在 b_f'宽度范围内的翼板可以认为是全部参与工作,并假定其压应力是均匀分布的,如图 5-32 所示,而在这范围以外部分,则不考虑其参与受力。本书关于 T 形截面的计算中,若无特殊说明,b_f'均表示翼板的有效宽度。

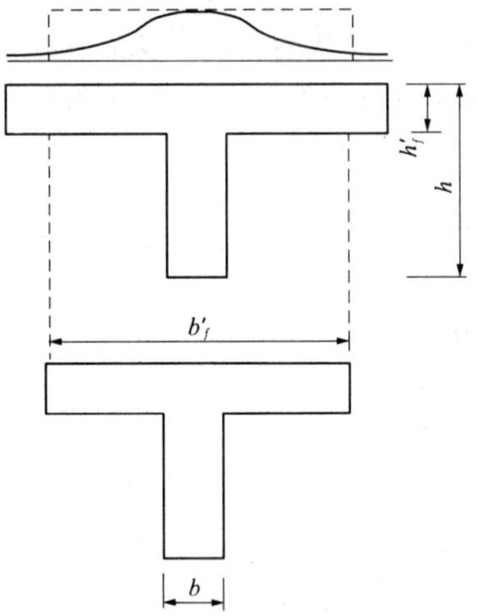

图 5-32　T 形梁受压翼板的正应力分布

《公路桥规》规定,T 形和工字形截面梁的翼缘有效宽度 b_f',可取用下列三者中最小者。

(1)对于简支梁,取计算跨径的 1/3;对于连续梁,各中间跨和边跨正弯矩区段分别取该跨计算跨径的 0.2 倍和 0.27 倍,各中间支点负弯矩区段则取该支点相邻两跨计算跨径之和的 0.07 倍。

(2)相邻两梁轴线间的平均距离。

(3)$b+2b_h+12h_f'$。当 $h_h/b_h<1/3$ 时,取$(b+6b_h+12h_f')$。此处,b、h_h、b_h 和 h_f'分别见图 5-33,h_h 为承托根部厚度。

对于边梁,受压翼缘的计算宽度取相邻内梁翼缘计算宽度的一半加边梁梁肋宽度的一半,再加 6 倍外侧悬臂板平均厚度或外侧悬臂板实际宽度两者中的较小者。

对超静定结构进行作用(或荷载)效应分析时,T 形和工字形截面梁的翼缘宽度可取实际全宽度。

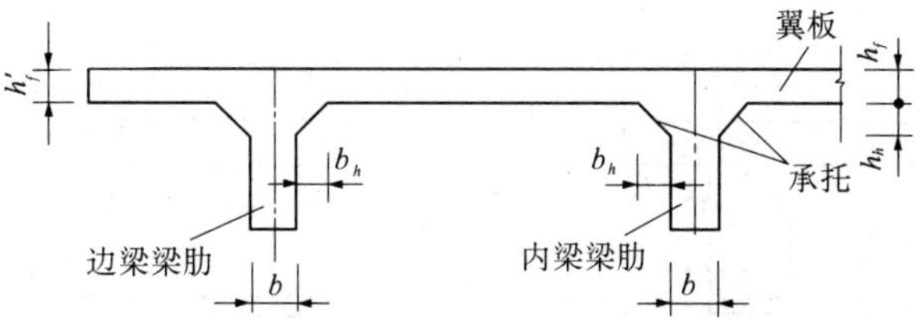

图 5-33　T 形截面受压翼板有效宽度计算示意图

二、基本计算公式

T 形截面受压区很大，混凝土足够承担压力，一般不需设置受压钢筋，设计成单筋截面即可。

T 形截面受弯构件的计算方法随中性轴位置的不同可分为两种类型：中性轴位于翼缘内（$x \leqslant h'_f$）和中性轴位于梁肋内（$x > h'_f$）两种，分别称为第一类 T 形截面和第二类 T 形截面，如图 5-34 所示。

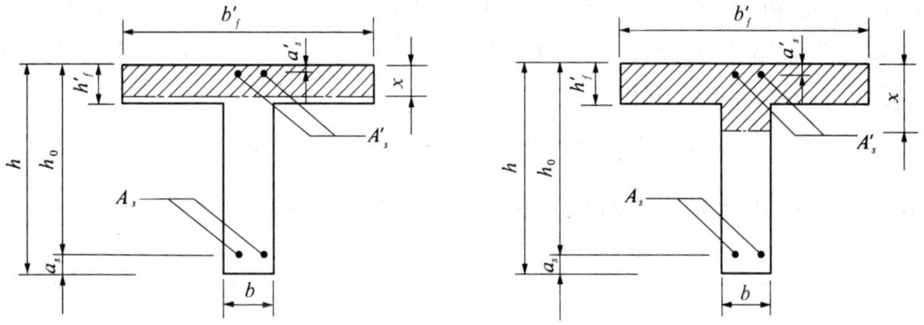

(a) 第一类T形截面　(b) 第二类T形截面

图 5-34　两类 T 形截面

（一）第一类 T 形截面

第一类 T 形截面中性轴位于翼缘内，即受压区高度 $x \leqslant h'_f$，受压区为矩形。因中性轴以下部分的受拉混凝土不起作用，故与正截面承载力计算是无关的。因此，这种截面虽外形为 T 形，但其受力机理却与宽度为 b'_f、高度为 h 的矩形截面相同，仍可按矩形截面进行正截面承载力计算。计算图示如图 5-35 所示。计算公式如下：

$$f_{cd} b'_f x = f_{sd} A_s \tag{5-40}$$

$$\gamma_0 M_d \leqslant M_u = f_{cd} b'_f x \left(h_0 - \frac{x}{2}\right) \tag{5-41}$$

或

$$\gamma_0 M_d \leqslant M_u = f_{sd} A_s \left(h_0 - \frac{x}{2}\right) \tag{5-42}$$

基本公式适用条件：在应用前面介绍的关于矩形截面的计算公式对此种类型 T 形梁进行计算时，原则上亦应满足 $\rho_{min} \leqslant \rho \leqslant \rho_{max}$ 的要求。

（1）$x \leqslant \xi_b h_0$。因 $x \leqslant h'_f$，一般均能满足 $x \leqslant \xi_b h_0$ 的条件，故可不必验算 $\rho \leqslant \rho_{max}$。

（2）$\rho > \rho_{min}$。验算 $\rho > \rho_{min}$ 时，应注意此处 ρ 是相对梁肋部分计算的，即 $\rho = A_s / b h_0$，而不是相应 $h_0 b'_f$ 的配筋率。最小配筋率 ρ_{min} 是根据开裂后梁截面的抗弯承载能力应等于同样截面素混凝土梁抗弯承载能力这一条件得出的，而素混凝土梁的抗弯承载能力主要取

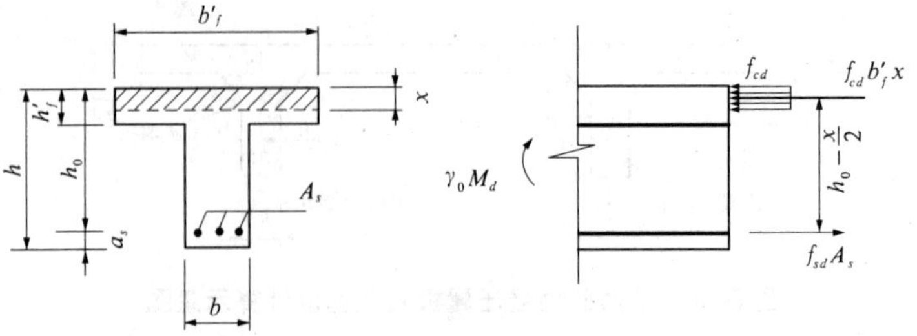

图 5-35　第一类 T 形截面抗弯承载力计算图示

决于受拉区混凝土强度等级，T 形截面素混凝土梁的抗弯承载能力与高度为 h、宽度为 b 的矩形截面素混凝土梁的抗弯承载能力相接近，因此在验算 T 形截面的 ρ_{min} 值时，近似地取肋宽 b 来计算。

(二)第二类 T 形截面

第二类 T 形截面中性轴位于梁肋内，即受压区高度 $x>h'_f$，受压区为 T 形，见图 5-36。对于中性轴位于梁肋部分的 T 形截面，可将受压区混凝土压应力的合力分为两部分求得：一部分宽度为肋宽为 b，高度为 x 的矩形，一部分宽度为(b'_f-b)，高度为 h'_f的矩形，其强度计算公式可由平衡条件求得。

$$C_1+C_2=T \quad f_{cd}bx+f_{cd}h'_f(b'_f-b)=f_{sd}A_s \tag{5-43}$$

$$\sum M=0 \quad \gamma_0 M_d \leqslant M_u=f_{cd}bx(h_0-\frac{x}{2})+f_{cd}(b'_f-b)h'_f(h_0-\frac{h'_f}{2}) \tag{5-44}$$

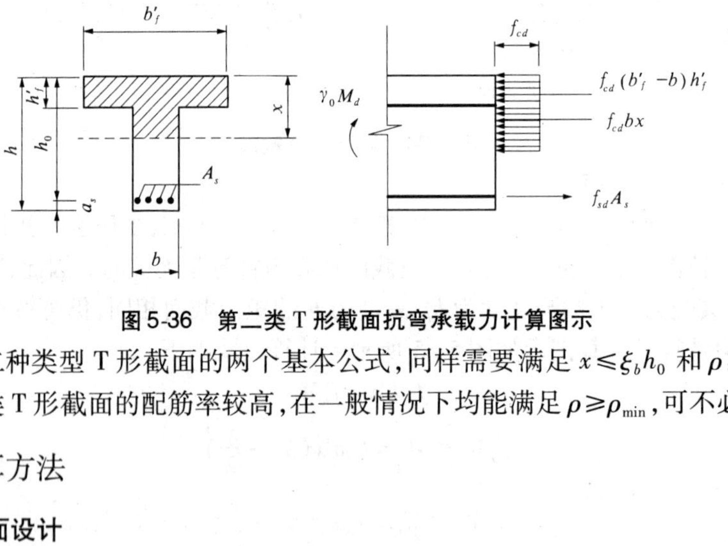

图 5-36　第二类 T 形截面抗弯承载力计算图示

对于第二种类型 T 形截面的两个基本公式，同样需要满足 $x\leqslant\xi_b h_0$ 和 $\rho\geqslant\rho_{min}$这两个条件。第二类 T 形截面的配筋率较高，在一般情况下均能满足 $\rho\geqslant\rho_{min}$，可不必验算。

三、计算方法

(一)截面设计

T 形梁的截面尺寸一般可根据使用及构造要求、经验尺寸等拟定。因此，截面设计的主要内容是通过计算确定钢筋截面面积，选择和布置钢筋。

已知：截面尺寸、材料强度等级、弯矩组合设计值 M_d、结构重要性系数及所处环境等级，求钢筋截面面积 A_s。

(1)假设 a_s。对于空心板等截面，往往采用绑扎钢筋骨架，根据在实际截面中布置一层或两层钢筋来假设 a_s 值，这与前述单筋矩形截面相同。对于预制或现浇 T 形梁，往往多用焊接钢筋骨架，由于多层钢筋的叠高一般不超过(0.15 ~0.2)h，故可假设 $a_s = 30 + (0.07 \sim 0.1)h$。这样可得到有效高度 $h_0 = h - a_s$。

(2)判断T形截面类型。计算时首先应确定中性轴位置，这时可利用 $x = h_f$ 的界限条件来判断截面类型。显然，若满足：

$$\gamma_0 M_d \leqslant f_{cd} b_f' h_f' (h_0 - \frac{h_f'}{2}) \tag{5-45}$$

则 $x \leqslant h_f'$，中性轴位于翼缘板内，其计算方法与截面尺寸为 $b_f' \times h$ 的单筋矩形截面受弯构件完全相同，此处不在赘述。反之，若：

$$\gamma_0 M_d > f_{cd} b_f' h_f' (h_0 - \frac{h_f'}{2}) \tag{5-46}$$

则 $x > h_f'$，中性轴位于梁肋内。

(3)当为第二类设计T形截面时，应由式(5-44)解一元二次方程求得受压区高度 x。

(4)若 $h_f' < x \leqslant \xi_b h_0$，可将所得 x 值代入式(5-43)，求得受拉钢筋截面面积 A_s；若 $x > \xi_b h_0$，则应修改截面，适当加大翼缘尺寸或设计成双筋T形截面。

(5)选择钢筋直径和数量，按照构造要求进行布置。

(二)承载力复核

已知受拉钢筋面积 A_s 及钢筋布置、截面尺寸和材料强度，求截面的抗弯承载能力。

(1)检查钢筋布置是否符合规范要求。

(2)判断T形截面的类型。一般是先按第一类T形截面，即宽度 b_f'的矩形截面计算受压区高度 x，若满足：

$$x = \frac{f_{sd} A_s}{f_{cd} b_f'} \leqslant h_f' \tag{5-47}$$

则属第一类T形截面，否则属于第二类T形截面。

(3)当为第一类T形截面时，可按矩形截面的计算方法进行承载力计算。

(4)若 $x > h_f'$，中性轴位于梁肋内，则应按第二类T形截面计算。这时，应采用式(5-43)重新确定受压区高度：

$$x = \frac{f_{sd} A_s - f_{cd} h_f' (b_f' - b)}{f_{cd} b} \tag{5-48}$$

若 $x \leqslant \xi_b h_0$，则可按式(5-44)求得截面所能承受的计算弯矩：

$$M_u = f_{cd} b x (h_0 - \frac{x}{2}) + f_{cd} (b_f' - b) h_f' (h_0 - \frac{h_f'}{2}) \tag{5-49}$$

若按上式求得的截面所能承受的弯矩大于截面所承受的实际弯矩组合设计值，则认为结构是安全的。

【例5-8】 已知简支梁的计算跨径 $L = 12.6$ m，两主梁中心距为2.1 m，其截面尺寸如图5-37所示。混凝土为C30，HRB400级钢筋，桥梁结构的重要性系数 $\gamma_0 = 1.0$，所承受的弯矩组合设计值 $M_d = 2\ 800$ kN·m，试设计配筋。

解：(1)确定翼缘板计算宽度 b_f'。

简支梁计算跨径的1/3为：12 600/3 =4 200(mm)；

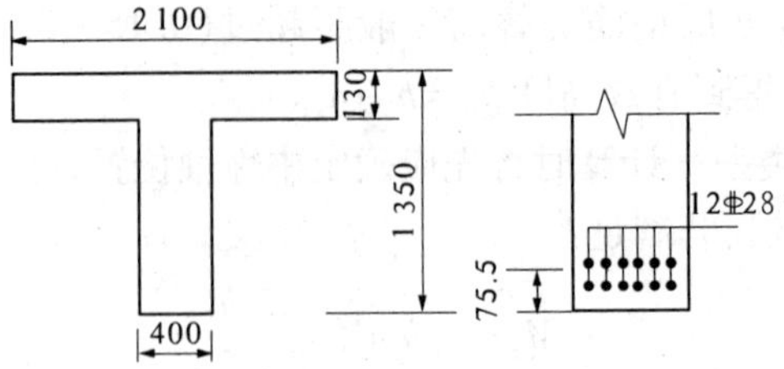

图 5-37　截面尺寸图（单位:mm）

主梁中心距为 2 100 mm;

$b+12h'_f=400+12\times130=1\ 960(\mathrm{mm})$。

所以,取翼缘板的计算宽度 $b'_f=1\ 960$ mm。

(2)判断 T 形截面类型。

查得 $f_{cd}=13.8$ MPa,$f_{sd}=330$ MPa,$f_{td}=1.39$ MPa,$\xi_b=0.53$,假定受拉钢筋布置成两排,取 $a_s=70$ mm,$h_0=h-a_s=1\ 350-70=1\ 280(\mathrm{mm})$,根据式(5-45)判断截面类型:

$$f_{cd}b'_fh'_f(h_0-\frac{h'_f}{2})=13.8\times1\ 960\times130\times(1\ 280-130/2)$$
$$=4\ 272.23\times10^6(\mathrm{N\cdot mm})$$
$$=4\ 272.23(\mathrm{kN\cdot m})>\gamma_0M_d=2\ 800\ \mathrm{kN\cdot m}$$

中性轴在翼缘内,属于第一类 T 形梁,应按 $b'_fh=1\ 960\ \mathrm{mm}\times1\ 350\ \mathrm{mm}$ 的矩形截面进行计算。

(3)计算混凝土受压区高度 x。

根据式(5-41),求得:

$$x=h_0-\sqrt{h_0^2-\frac{2\gamma_0M_d}{f_{cd}b'_f}}=1\ 280-\sqrt{1\ 280^2-\frac{2\times1.0\times2\ 800\times10^6}{13.8\times1\ 960}}$$
$$=83.61(\mathrm{mm})<\xi_bh_0=0.53\times1\ 280=678.4(\mathrm{mm})$$

且 $x<h'_f=130$ mm

求得所需受拉钢筋截面面积为:

$$A_s=\frac{f_{cd}b'_fx}{f_{sd}}=\frac{13.8\times1\ 960\times83.61}{330}=6\ 852.98(\mathrm{mm}^2)$$

选 12 ⏀28(外径为 30.5 mm),提供的钢筋截面面积 $A_s=7\ 388.4\ \mathrm{mm}^2$,12 根钢筋布置成两排,每排 6 根,所需截面最小宽度 $b_{\min}=2\times25+5\times30+6\times30.5=383(\mathrm{mm})<b=400$ mm,受拉钢筋合力作用点至梁下边缘的距离:

$$a_s=30+30.5+30/2=75.5(\mathrm{mm})$$
$$h_0=h-a_s=1\ 350-75.5=1\ 274.5\ (\mathrm{mm})$$
$$\rho_{\min}=45\frac{f_{td}}{f_{sd}}\%=45\times\frac{1.39}{330}\%=0.19\%<0.2\%,取\ \rho_{\min}=0.2\%$$
$$\rho=\frac{A_s}{bh_0}=\frac{7\ 388.4}{400\times1\ 274.5}\times100\%=1.449\%>\rho_{\min}=0.2\%$$

【例 5-9】　有 T 形截面梁,截面尺寸如同 5-38 所示,所承受的弯矩组合设计值 $M_d=$

520 kN · m，拟采用 C30 混凝土，HRB400 级钢筋，桥梁结构重要性系数 $\gamma_0 = 1.1$。试选择钢筋，并计算截面承载能力。

解：C30 混凝土，$f_{cd} = 13.8$ MPa，HRB400 级钢筋，$f_{sd} = 330$ MPa，$\xi_b = 0.53$。假设受拉钢筋排成两排，取 $a_s = 70$ mm，梁的有效高度 $h_0 = h - a_s = 700 - 70 = 630$(mm)，翼缘计算宽度 $b_f' = b + 12h_f' = 300 + 12 \times 120 = 1\ 740$(mm) > 600 mm，故取 $b_f' = 600$ mm。

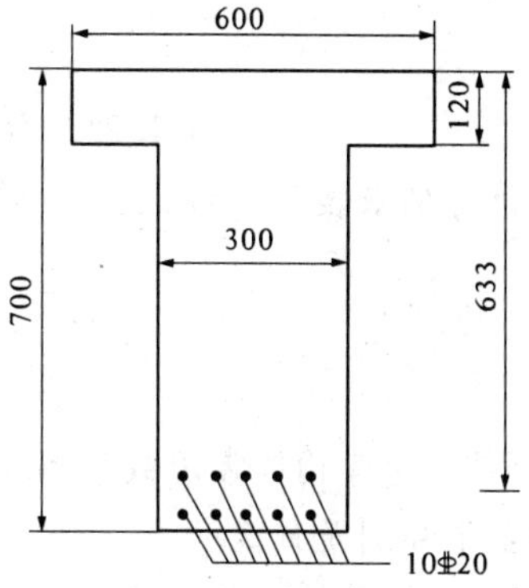

图 5-38　截面尺寸　（单位：mm）

根据式(5-45)判断截面类型：

$$f_{cd}b_f'h_f'(h_0 - \frac{h_f'}{2}) = 13.8 \times 600 \times 120 \times (630 - 120/2) =$$

566.35(kN · m) < $\gamma_0 M_d = 1.1 \times 520 = 572$(kN · m)

故应按第二类 T 形截面计算。由式(5-44)求得混凝土受压区高度：

$$\gamma_0 M_d = f_{cd}bx(h_0 - \frac{x}{2}) + f_{cd}(b_f' - b)h_f'(h_0 - \frac{h_f'}{2})$$

代入数据得：

$$1.1 \times 520 \times 10^6 = 13.8 \times 300x(630 - \frac{x}{2}) + 13.8 \times (600 - 300) \times 120 \times (630 - 120/2)$$

求得：$x = 122.68$ mm $< \xi_b h_0 = 0.53 \times 630 = 333.9$ mm 且 $x > h_f' = 120$ mm

由式(5-43)求得所需受拉钢筋截面面积为：

$$A_s = \frac{f_{cd}bx + f_{cd}h_f'(b_f' - b)}{f_{sd}}$$

$$= \frac{13.8 \times 300 \times 122.68 + 13.8 \times (600 - 300) \times 120}{330}$$

$$= 3\ 045(\text{mm})$$

选 10 ⌀20(外径为 22 mm)提供的钢筋截面面积，$A_s = 3\ 142$ mm^2，10 根钢筋布置成两排，每排 5 根，所需截面最小宽度 $b_{min} = 2 \times 25 + 4 \times 30 + 5 \times 22 = 280$ mm $< b = 300$ mm，受拉钢筋合力作用点至梁下边缘距离 $a_s = 30 + 22 + 30/2 = 67$ mm，梁的有效高度 h_0：

$$h_0 = 700 - 67 = 633(\text{mm})$$

实际的受压区高度应由式(5-48)求得：

$$x = \frac{f_{sd}A_s - f_{cd}(b_f' - b)h_f'}{f_{cd}b}$$

$$= \frac{330 \times 3\ 142 - 13.8 \times (600 - 300) \times 120}{13.8 \times 300}$$

$$= 130.4(\text{mm}) > h_f' = 120 \text{ mm}$$

$$x < \xi_b h_0 = 0.53 \times 633 = 335.49(\text{mm})$$

截面所能承受的计算弯矩为：

$$M_u = f_{cd}bx(h_0 - \frac{x}{2}) + f_{cd}(b_f' - b)h_f'(h_0 - \frac{h_f'}{2})$$

$$= 13.8 \times 300 \times 130.4 \times \left(633 - \frac{130.4}{2}\right) + 13.8 \times (600 - 300) \times 120 \times \left(633 - \frac{120}{2}\right)$$

$$= 591.25(\text{kN} \cdot \text{m}) > \gamma_0 M_d = 1.1 \times 520 = 572(\text{kN} \cdot \text{m})$$

计算结果表明,结构是安全的。

复习思考题

5-1 受弯构件常用截面形式和尺寸、保护层厚度及受力钢筋直径、间距和配筋率等构造要求分别是什么?

5-2 箍筋的一般构造要求是什么?

5-3 受弯构件中的适筋梁从加载到破坏经历哪几个阶段?各阶段正截面上应力—应变分布、中性轴位置、梁的跨中最大挠度的变化规律是怎样的?各阶段的主要特征是什么?每个阶段是哪种极限状态的计算依据?

5-4 钢筋混凝土梁正截面应力—应变状态与匀质弹性材料梁(如钢梁)有什么主要区别?

5-5 受弯构件正截面承载力计算有哪些基本假定?

5-6 钢筋混凝土梁正截面有几种破坏形式?各有何特点?

5-7 什么是配筋率?配筋率对梁的正截面承载力有何影响?

5-8 说明少筋梁、适筋梁与超筋梁的破坏特征有何区别?

5-9 适筋梁正截面受力全过程可划分为几个阶段?各阶段主要特点是什么?与计算有何联系?

5-10 适筋梁当受拉钢筋屈服后能否再增加荷载?为什么?少筋梁能否这样?为什么?

5-11 单筋矩形截面梁正截面承载力的计算应力图形如何确定?

5-12 什么是截面相对界限受压区高度 ξ_b?它在承载力计算中的作用是什么?

5-13 有一单筋矩形截面受弯构件,其截面尺寸 $b = 250$ mm,$h = 500$ mm,承受的计算弯矩为 $M_d = 180$ kN · m,拟采用 HRB335 钢筋,C25 混凝土,$\gamma_0 = 1$,试求受拉钢筋截面面积 A_s,并进行截面复核。

5-14 已知双筋矩形截面梁,其截面尺寸为 $b = 180$ mm,$h = 400$ mm,承受的计算弯矩为 $M_d = 150$ kN · m;混凝土为 C30,受压钢筋采用 2 ⌀16 的 HRB335 钢筋,$\gamma_0 = 1$,受拉钢筋采用 HRB335,求受拉钢筋截面面积 A_s。

5-15 有一矩形截面梁,截面尺寸 $b = 200$ mm,$h = 450$ mm,$\gamma_0 = 1$,承受的计算弯矩 $M_d = 160$ kN · m;混凝土为 C25,HRB335 钢筋,试求钢筋截面面积。

5-16 已知一双筋矩形截面梁,截面尺寸 $b = 200$ mm,$h = 550$ mm,C25 混凝土,HRB335 钢筋,$A_s = 1\ 900$ mm^2,$a_s = 60$ mm,$A_s' = 1\ 500$ mm^2,$a_s' = 40$ mm,求该截面所能承受的最大计算弯矩。

5-17 已知T形截面梁的翼缘宽 $b_f' = 2\ 000$ mm，$h_f' = 150$ mm，梁肋 $b = 200$ mm，梁高 $h = 600$ mm，混凝土为C25，钢筋为HRB335，所需承受的计算弯矩 $M_d = 280$ kN·m，$\gamma_0 = 1$，试计算所需纵向受拉钢筋截面面积 A_s。

5-18 已知T形截面梁的尺寸为 $b = 200$ mm，$h = 550$ mm，$b_f' = 400$ mm，$h_f' = 80$ mm；混凝土为C25，HRB335钢筋，$A_s = 2\ 714$ mm^2，$a_s = 60$ mm，求截面所能承受的最大弯矩。

第六章　钢筋混凝土受弯构件斜截面承载力

学习目标

1. 掌握斜截面的受力特点及破坏形态。
2. 能运用斜截面的承载力计算公式并结合《公路桥规》的规定进行腹筋的设计。
3. 掌握钢筋弯起、截断及接头的有关规定。

第一节　受弯构件斜截面的受力全过程和破坏形态

一、受弯构件斜截面的受力特点

钢筋混凝土梁内设置的箍筋和弯起(斜)钢筋都起抗剪作用。箍筋、弯起钢筋统称腹筋或剪力钢筋。有箍筋、弯起钢筋、纵筋的梁,称为有腹筋梁;无箍筋、弯起钢筋,但有纵筋的梁,称为无腹筋梁。

在受弯构件斜截面受力分析中,为了便于探讨剪切破坏的特征,常以无腹筋梁为基础,再引伸到有腹筋梁。

当梁上荷载较小时,裂缝尚未出现,钢筋和混凝土的应力—应变关系都处在弹性阶段,所以把梁近似看做匀质弹性体。由材料力学方法分析它的应力状态。在剪弯区段截面上任一点都有剪应力和正应力存在,由材料力学中单元体应力状态可知,它们的共同作用将产生主拉应力和主压应力,从而可得无腹筋梁的主应力轨迹线,见图 6-1。

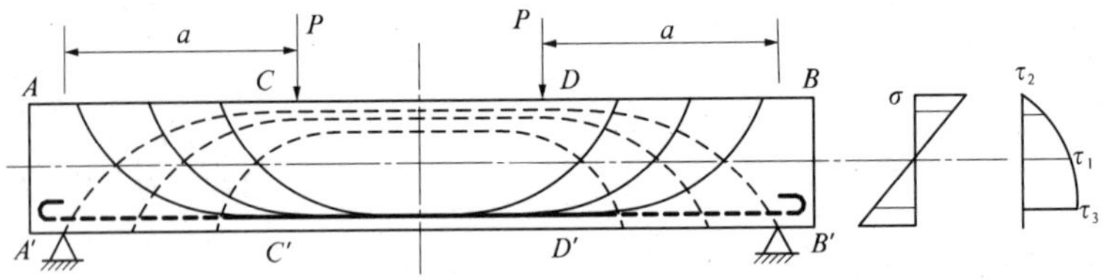

图 6-1　匀质弹性材料无腹筋梁的主应力轨迹线

从主应力轨迹线可看出,在剪弯区段(*AC* 段、*DB* 段),梁腹部主拉应力方向是倾斜的,与梁轴线的交角约 45°,而在梁的下边缘主拉应力方向接近于水平。

混凝土的抗压强度较高,但抗拉强度较低,在梁的剪弯段中,当主拉应力超过混凝土的极限抗拉强度时,则出现斜裂缝。

对于钢筋混凝土梁,当荷载不大而梁处于弹性阶段时,梁内应力基本上和上述匀质弹性材料梁相似,但随着外荷载的增加,由于混凝土材料抵抗主拉应力的能力远较抵抗主压应力的能力差,所以首先出现的就是截面主拉应力逐渐接近以至于超过混凝土的抗拉强度，梁底出现裂缝并向上延伸，从而形成了大体与主拉应力轨迹垂直的弯剪斜裂缝，如图6-2所示。这样，当垂直截面的抗弯强度得到保证时，梁最后有可能由于斜截面强度不足而破坏。这种由于斜裂缝出现而导致钢筋混凝土梁的破坏，称为斜截面破坏。这是一种剪切破坏。

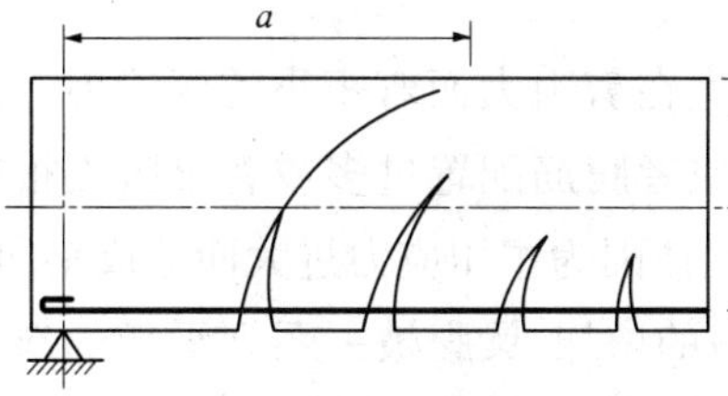

图6-2 钢筋混凝土梁中弯剪斜裂缝

为了防止梁沿斜裂缝截面的剪切破坏，除应使梁具有一个合理的截面尺寸外，梁中还需设置与梁纵轴垂直的箍筋，也可采用与主拉应力方向平行的斜筋。斜筋常由梁正截面承载力所不需要的纵筋弯起而成（即弯起钢筋）。弯起钢筋、箍筋与纵筋构成受弯构件的钢筋骨架。

荷载作用下钢筋混凝土受弯构件的斜截面破坏与弯矩和剪力的组合情况有关，这种关系通常用剪跨比来表示。对于承受集中荷载的梁，集中荷载作用点到支点的距离 a，一般称为剪跨（图6-3），剪跨 a 与截面有效高度 h_0 的比值，称为剪跨比，用 m 表示。而剪跨比 m 又可表示为：

$$m=\frac{a}{h_0}=\frac{Pa}{Ph_0}=\frac{M_C}{V_Ch_0} \tag{6-1}$$

式中 M_C——剪切破坏截面的弯矩；

V_C——剪切破坏截面的剪力。

对于其他荷载作用情况，亦可用 $m=\frac{M_C}{V_Ch_0}$ 表示。此式又称为广义剪跨比。

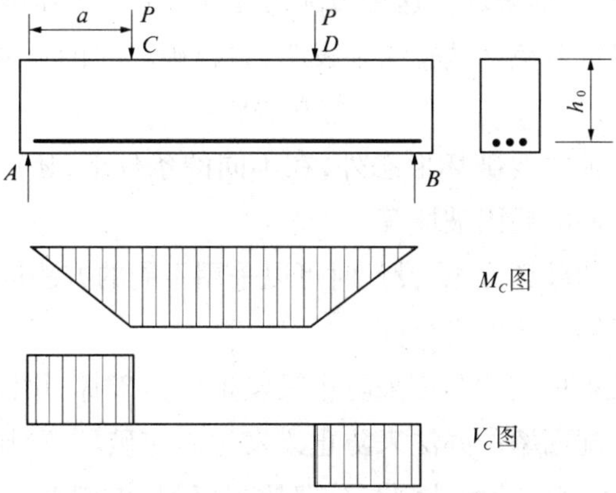

图6-3 剪跨比示意图（在集中荷载作用下）

二、斜截面受剪破坏形态

试验研究表明，由于各种因素的影响，梁的斜裂缝的出现和发展以及梁沿斜截面破坏的形态有许多种，现将其主要破坏形态分述如下。

（一）斜压破坏

斜压破坏（图6-4(a)）多发生在剪力大而弯矩小的区段内。即当集中荷载十分接近支座、剪跨比 m 值较小（$m<1$）或者腹筋配置过多或者梁腹板很薄（例如，T形或工字形薄腹梁）时，梁腹部分的混凝土往往因为主压应力过大而造成斜向压坏。

斜压破坏的特点是随着荷载的增加，梁腹被一系列平行的斜裂缝分割成许多倾斜的受压柱体，这些柱体最后在弯矩和剪力的复合作用下被压碎，因此斜压破坏又称腹板压坏。破坏时箍筋往往并未屈服。

（二）剪压破坏

对于有腹筋梁，剪压破坏（图6-4(b)）是最常见的斜截面破坏形态。对于无腹筋梁，如剪跨比 $m=1\sim3$ 时，也会发生剪压破坏。

剪压破坏的特点是：若构件内腹筋用量适当，当荷载增加到一定程度后，构件上早已出现的垂直裂缝和细微的倾斜裂缝发展形成一根主要的斜裂缝，称为“临界斜裂缝”。斜裂缝末端混凝土截面既受剪、又受压，称之为剪压区。荷载继续增加，斜裂缝向上伸展，直到与临界斜裂缝相交的箍筋达到屈服强度，同时剪压区的混凝土在剪应力与压应力共同作用下达到复合受力时的极限强度而破坏，梁也失去了承载能力。试验结果表明，剪压破坏时荷载一般明显大于斜裂缝出现时的荷载。

（三）斜拉破坏

斜拉破坏（图6-4(c)）多发生在无腹筋梁或配置较少腹筋的有腹筋梁，且其剪跨比的数值较大（$m>3$）时。

斜拉破坏的特点是：斜裂缝一出现，就很快形成临界斜裂缝，并迅速延伸到集中荷载作用点处，使梁斜向被拉断而破坏。这种破坏的脆性性质比剪压破坏更为明显，破坏来得突然，危险性较大，应尽量避免。试验结果表明，斜拉破坏时的荷载一般仅稍高于裂缝出现时的荷载。

斜截面除了以上三种主要破坏形态外，在不同的条件下，还可能出现其他的破坏形态，如局部挤压破坏、纵筋的锚固破坏等。

对于上述几种不同的破坏形态，设计时可以采用不同的方法进行处理，以保证构件在正常工作情况下具有足够的抗剪安全度。

一般用限制截面最小尺寸的办法来防止梁发生斜压破坏；用满足箍筋最大间距等构造要求和限制箍筋最小配筋率的办法来防止梁发生斜拉破坏；剪压破坏是设计中常见的破坏形态，而且抗剪能力变化较大，因此《公路桥规》给出的斜截面抗剪强度计算公式，都是以剪压破坏形态的受力特征为基础而建立的。

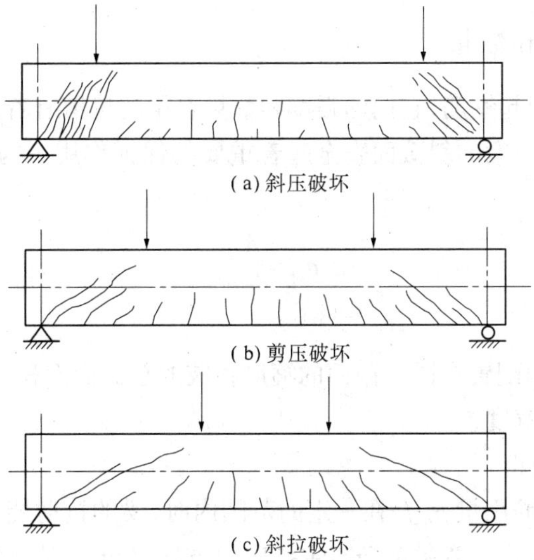

(a) 斜压破坏

(b) 剪压破坏

(c) 斜拉破坏

图 6-4　斜截面的剪切破坏形态

第二节　影响受弯构件斜截面抗剪承载力的主要因素

试验研究表明,影响有腹筋梁斜截面抗剪能力的主要因素有剪跨比、混凝土强度、纵向钢筋配筋率及腹筋强度和数量等。

一、剪跨比

剪跨比 m 是影响受弯构件斜截面破坏形态和抗剪能力的主要因素。

剪跨比 m 实质上反映了弯矩与剪力比值的大小。从无腹筋梁的试验分析得知,当混凝土等级、截面尺寸及纵向钢筋配筋率均相同的情况下,剪跨比愈大,梁的抗剪能力愈小;反之亦然。$m>3$ 以后,剪跨比对抗剪能力的影响就很小了。大量的试验分析又证明,在有腹筋梁中,剪跨比同样显著地影响着梁的抗剪强度。

二、混凝土强度

前苏联大量无腹筋梁的试验资料显示出,混凝土的等级愈高,梁的抗剪能力也愈高,呈抛物线变化。低、中档标号的混凝土,其抗剪能力增长较快,高标号的较慢。我国同济大学有腹筋梁的试验也得出同样的结论。

三、纵向钢筋配筋率

纵向钢筋可以制约斜裂缝的开展,阻止中性轴的上升,增大受压区混凝土的抗剪能力。何况与斜裂缝相交的纵向钢筋本身可以起到"销栓作用"而直接承受一部分剪力,因此纵向钢筋的配筋率愈大,梁的抗剪能力也愈强。

四、腹筋的强度和数量

腹筋包括箍筋和弯起钢筋，它们的强度和数量对梁的抗剪有着显著的影响，增加了构件的延性，对钢筋混凝土梁的斜截面安全起着重要的保证作用。构件中箍筋数量一般用“配箍率”表示，即：

$$\rho_{sv}=\frac{A_{sv}}{S_v b} \tag{6-2}$$

式中 ρ_{sv}——配箍率；

A_{sv}——斜截面内配置在同一截面的箍筋各肢的总截面面积；

b——梁的腹板宽度；

S_v——箍筋的间距。

有资料介绍，当腹筋用量 $\rho_{sv}f_{sv}$ 在一定的范围内时，梁的抗剪能力与腹筋用量 $\rho_{sv}f_{sv}$ 之间的关系接近于直线变化。弯起钢筋与主拉应力方向平行，弯起钢筋的强度高、数量多，抵抗主拉应力的效果就较好。不过，人们普遍认为，箍筋抗剪作用比弯起钢筋好，理由是：①弯起钢筋的承载范围较大，对约束斜裂缝的作用较差；②弯起钢筋在混凝土的剪压区不如箍筋能套牢混凝土而提高抗剪强度；③弯起钢筋会使弯起点处的混凝土压碎，或产生水平撕裂裂缝，而箍筋能箍紧纵筋，防止撕裂；④弯起钢筋连接受压区与梁腹共同作用效果不如箍筋好。

第三节　受弯构件斜截面抗剪承载力计算

一、基本公式及适用条件

（一）基本公式

图 6-5 为斜截面发生剪压破坏时的受力情况。此时斜截面上的剪力，由裂缝顶端剪压区混凝土以及与斜裂缝相交的箍筋和弯起钢筋三者共同承担，故梁的斜截面抗剪承载力计算公式可表达为

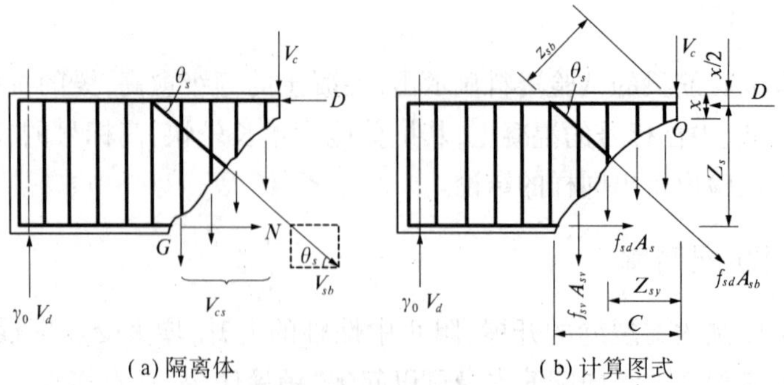

图 6-5　斜截面抗剪承载力计算示意

$$\gamma_0 V_d \leqslant V_u = V_{cs} + V_{sb} \tag{6-3}$$

$$V_{cs} = \alpha_1\alpha_2\alpha_3 0.45\times10^{-3} bh_0\sqrt{(2+0.6p)\sqrt{f_{cu,k}}\rho_{sv} f_{sv}} \tag{6-4}$$

$$V_{sb} = 0.75\times10^{-3} f_{sd}\sum A_{sb}\sin\theta_s \tag{6-5}$$

式中 V_d——斜截面受压端上由作用(或荷载)效应所产生的最大剪力组合设计值,kN;

V_{cs}——斜截面内混凝土和箍筋共同的抗剪承载力设计值,kN;

V_{sb}——与斜截面相交的弯起钢筋的抗剪承载力设计值,kN;

α_1——异号弯矩影响系数,计算简支梁的抗剪承载力时,$\alpha_1 = 1.0$;

α_2——预应力提高系数,对钢筋混凝土受弯构件,$\alpha_2 = 1.0$;

α_3——受压翼缘的影响系数,取 $\alpha_3 = 1.1$;

b——斜截面受压端正截面处矩形截面宽度或 T 形、工字形截面腹板宽度,mm;

h_0——斜截面受压端正截面的有效高度,即自纵向受拉钢筋合力点至受压边缘的距离,mm;

p——斜截面内纵向受拉钢筋的百分率,$p = 100\rho$,$\rho = \dfrac{A_s}{bh_0}$,当 $p > 2.5$ 时,取 $p = 2.5$;

$f_{cu,k}$——边长为 150 mm 的混凝土立方体抗压强度标准值,MPa;

ρ_{sv}——斜截面内箍筋配筋率,$\rho_{sv} = \dfrac{A_{sv}}{S_v b}$;

f_{sv}——箍筋抗拉强啡设计值;

θ_s——普通弯起钢筋的切线与水平线的夹角。

进行斜截面承载能力验算时,斜截面水平投影长度 C(图 6-5)应按下式计算:

$$C = 0.6mh_0 \tag{6-6}$$

式中 m——斜截面受压端正截面处的广义剪跨比,$m = \dfrac{M_d}{V_d h_0}$,当 $m > 3.0$ 时取 $m = 3.0$;

M_d——相应于最大剪力组合值的弯矩组合设计值。

若梁中仅配置箍筋,斜截面抗剪承载力计算公式为:

$$\gamma_0 V_d \leqslant V_{cs} = \alpha_1\alpha_2\alpha_3 0.45\times10^{-3} bh_0\sqrt{(2+0.6p)\sqrt{f_{cu,k}}\rho_{sv} f_{sv}} \tag{6-7}$$

(二)公式的适用条件

斜截面抗剪承载力计算的基本公式(6-3)是建立在剪压破坏的试验基础上的,它有一定的使用条件,对于小剪跨比的斜压破坏,则用斜截面抗剪承载力的上限值来避免;对于大剪跨比的斜拉破坏,则用抗剪承载力的下限值来防止。

1. 斜截面承载力上限值与最小截面尺寸

式(6-4)表明,似乎可以尽量加大腹筋的数量来提高抗剪能力,以抵抗很大的外荷载剪力,但是试验表明,当抗剪钢筋的配筋率达到一定程度后,虽再增加钢筋,梁的抗剪能力不再继续增加,破坏时箍筋的应力也达不到屈服强度。梁的破坏一般是因截面尺寸较小或混凝土强度较低,在外剪力作用下裂缝开展很宽,或是由于支座处压应力的影响使斜裂缝一侧局部受斜向压力,产生类似短柱的破坏,即斜压破坏。为了防止这种破坏或斜裂缝开展过宽,对梁的抗剪承载力要有一个“上限”的规定,以限制外剪力。

《公路钢筋混凝土及预应力混凝土桥涵设计规范》(JTG D62—2004)规定,矩形、T 形和工字形截面的受弯构件,其抗剪截面应符合下列要求:

$$\gamma_0 V_d \leqslant 0.51 \times 10^{-3} \sqrt{f_{cu,k}}\, b h_0 \tag{6-8}$$

式中 V_d——验算截面处由作用(或荷载)产生的剪力组合的设计值,kN;

b——矩形截面宽度或 T 形和工字形截面腹板宽度,mm;

h_0——相应于剪力组合的设计值处的截面有效高度,即自纵向受拉钢筋合力点至受压边缘的距离,mm。

在进行斜截面抗剪承载力计算时,首先必须满足式(6-8)这一重要条件,如不符合,应考虑加大截面尺寸或提高混凝土等级。这就是说,如果外剪力较大,梁的截面尺寸不能做得太小,因此式(6-8)实质上相当于限制了梁的最小截面尺寸。

2. 斜截面承载力下限值与最小配箍率

国内外的试验表明,当混凝土尚未出现斜裂缝以前,梁内的主拉应力主要由混凝土承受,箍筋的应力很小;当斜裂缝出现后,斜裂缝处的主拉应力将全部转由腹筋(特别是箍筋)承受,于是箍筋的拉应力会突然增大,如果箍筋配置过少,一旦斜裂缝出现,箍筋的拉应力就可能立即达到屈服强度,箍筋就不能进一步抑制斜裂缝的开展,甚至由于箍筋被拉断而导致斜拉破坏。这种破坏是一种无预兆的脆性破坏,是极危险的。当然,在梁内若能配置一定数量的箍筋,且间距又不过大时,就可避免发生斜拉破坏。

《公路钢筋混凝土及预应力混凝土桥涵设计规范》(JTG D62—2004)规定:矩形、T 形和工字形截面的受弯构件如符合式(6-9)要求时,则不需进行斜截面抗剪承载能力的验算,而仅按构造要求配置箍筋,《公路钢筋混凝土及预应力混凝土桥涵设计规范》(JTG D62—2004)规定了按构造配置箍筋的最小配箍率:对于光圆钢筋 $\rho_{sv}=0.18\%$;对于螺纹钢筋 $\rho_{sv}=0.12\%$。

$$\gamma_0 V_d \leqslant 0.50 \times 10^{-3} \alpha_2 f_{td} b h_0 \tag{6-9}$$

式中 f_{td}——混凝土抗拉强度设计值,以 MPa 计;

其余符号的意义同前。

对于板式受弯构件,式(6-9)右边计算值可乘以 1.25 提高系数。

在使用上面公式时,要注意下列两点:

(1)上述计算公式仅适用于直接支承的等高度简支梁;

(2)上述基本公式在推导过程中已经考虑过各符号的计量单位,使用时,只需按各公式符号意义说明中所列计量单位相对应的数值代入有关公式计算即可。

二、受弯构件斜截面抗剪配筋设计

受弯构件斜截面抗剪配筋设计,一般是在正截面承载力计算完成后进行的。受弯构件正截面承载力计算包括选用材料、确定截面尺寸、布置纵向主钢筋等,但是,它们并不满足混凝土抗剪上限值的要求,即利用式(6-8)对正截面承载力计算结果已选定的混凝土强度等级与截面尺寸进一步验算。验算通过后,按式(6-9)计算分析受弯构件是否需要配置抗剪腹筋。

本节将介绍在受弯构件的剪力设计值 V_d 大于受弯构件斜截面抗剪承载力下限值

$0.50\times10^{-3}\alpha_2 f_{td}bh_0$条件下进行箍筋和弯起钢筋的设计方法。

(一)计算剪力的取值规定

已知条件是:梁的计算跨径 L、截面尺寸、混凝土强度、纵向受拉钢筋及箍筋抗拉设计强度。

钢筋混凝土受弯构件按抗剪要求,箍筋、弯起钢筋的布置方式为:箍筋垂直于梁纵轴方向布置;弯起钢筋一般与梁纵轴成45°角,简支梁第一排(对支座而言)弯起钢筋的末端弯折点应位于支座中心截面处,如图6-6所示,以后各排弯起钢筋的末端弯折点应落在或超过前一排弯起钢筋弯起点截面。

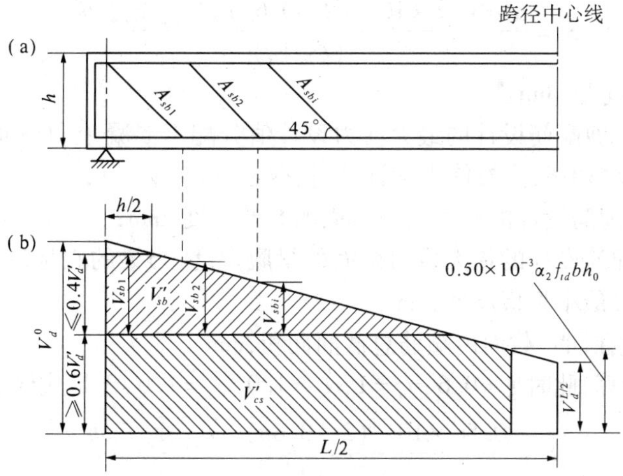

图6-6 斜截面抗剪配筋计算图(简支梁)

图中:V_d^0——由作用(或荷载)引起的最大剪力组合设计值;V_d'——用于配筋设计的最大组合设计值,对简支梁,取距支座中心 $h/2$ 处的量值;$V_d^{\frac{L}{2}}$——跨中截面剪力组合设计值;V_{cs}'——由混凝土和箍筋共同承担的总剪力设计值(图中阴影部分);V_{sb}'——由弯起钢筋承担的总剪力设计值;V_{sb1}、V_{sb2}、V_{sbi}——分别为简支梁第一排、第二排、第 i 排钢筋弯起点处由弯起钢筋承担的剪力设计值;A_{sb1}、A_{sb2}、A_{sbi}——简支梁从支点算起的第一排、第二排、第 i 排弯起钢筋截面面积;h——等高度梁的梁高;L——梁的计算跨径。

在进行受弯构件斜截面抗剪配筋设计计算时,首先根据已知条件计算出受弯构件支座中心和跨中截面的最大剪力组合设计值 V_d^0 及 $V_d^{\frac{L}{2}}$,以这两点之间的剪力设计值,取沿构件跨径按直线规律变化,绘出图6-6所示的剪力包络图。计算剪力的取值按下列规定采用:

(1)最大剪力取距支座中点 $h/2$ 处的剪力设计值 V_d'(如图6-6所示)。V_d'应满足由混凝土和箍筋共同承担不少于60%;弯起钢筋承担不超过40%。

(2)计算第一排(对支座而言)弯起钢筋时,取距支座中心 $h/2$ 由弯起钢筋承担的那部分剪力值。

(3)计算以后的每一排弯起钢筋时,取用前一排弯起钢筋弯起点处由弯起钢筋承担的那部分剪力。

此规定仅适用于等高度简支梁段，其他种类的梁段请参阅《公路桥规》中的相关规定。

(二)箍筋和弯起钢筋的设计计算

1. 箍筋设计计算

根据计算剪力的取值规定及式(6-4)，可得混凝土与箍筋所承担的剪力公式：

$$V_{cs}=\alpha_1\alpha_2\alpha_3 0.45\times10^{-3}bh_0\sqrt{(2+0.6p)\sqrt{f_{cu,k}}\rho_{sv}f_{sv}}=0.6V_d' \tag{6-10}$$

由式(6-10)可求得配箍率 ρ_{sv}，根据 $\rho_{sv}=A_{sv}/(S_v b)$，预先选定箍筋种类和直径，可按下式计算箍筋间距：

$$S_v=\frac{\alpha_1^2\alpha_3^2 0.2\times10^{-6}(2+0.6p)\sqrt{f_{cu,k}}A_{sv}f_{sv}bh_0^2}{(\xi\gamma_0V_d')^2} \tag{6-11}$$

式中 S_v——箍筋间距，mm；

ξ——用于抗剪配筋设计的最大剪力设计值分配于混凝土和箍筋共同承担的分配系数，$\xi\geqslant0.6$，当按简支梁计算时，取 $\xi=0.6$，$\gamma_0=1$；

h_0——抗剪配筋设计的最大剪力截面的有效高度，mm；

b——抗剪配筋设计的最大剪力截面的梁腹宽度，当梁的腹板厚度有变化时，取设计梁段最小腹板厚度，mm；

A_{sv}——配置在同一截面内箍筋总截面面积，mm^2。

若按简支梁计算，此时 $\xi=0.6$，$\gamma_0=1$，$\alpha_1=1.0$，$\alpha_3=1.0$，于是式(6-11)变成：

$$S_v=\frac{0.56\times10^{-6}(2+0.6p)\sqrt{f_{cu,k}}A_{sv}f_{sv}bh_0^2}{(V_d')^2} \tag{6-12}$$

同样，也可以先假设箍筋的间距 S_v，然后求箍筋的截面面积 A_{sv}，最后根据 $A_{sv}=n_{sv}a_{sv}$ 选定箍筋的肢数 n_{sv} 及箍筋的直径 d_{sv} 和每一肢的截面面积 a_{sv}。

箍筋直径不得小于 8 mm 且不得小于主筋直径的 1/4，并应满足斜截面内箍筋的最小配箍率要求(R235(Q235)钢筋不应小于 0.18%)，宜优先选用螺纹钢筋，以避免出现较宽的斜裂缝。

箍筋的间距不大于梁高的 1/2 且不得大于 500 mm。当所箍钢筋为受力需要的纵向受压钢筋时，箍筋间距应不大于受压钢筋直径的 15 倍，以免受压钢筋失稳屈曲，挤碎混凝土保护层，且不应大于 400 mm；在钢筋绑扎搭接接头范围内的箍筋间距：当绑扎搭接钢筋受拉时，不应大于主钢筋直径的 5 倍，且不大于 100 mm，当搭接钢筋受压时，不应大于主钢筋直径的 10 倍，且不大于 200 mm。支座中心向跨径方向长度不小于一倍梁高范围内，箍筋间距不大于 100 mm。

近梁端第一根箍筋应设置在距端面一个混凝土保护层的距离处。梁与梁或梁与柱的交叉范围内，不设箍筋；靠近交接面的箍筋与交接面的距离不宜大于 50 mm。

2. 弯起钢筋的数量及初步的弯起位置

根据式(6-5)及上述计算剪力值的取值原则“弯起钢筋承担计算剪力的 40%”，则某排弯起钢筋的截面面积按下式计算：

$$A_{sbi}=\frac{\gamma_0V_{sbi}}{0.75\times10^{-3}f_{sd}\sin\theta_s} \tag{6-13}$$

式中　V_{sbi}——由某排弯起钢筋承担的剪力设计值，即为图 6-6 中的 V_{sb1}、V_{sb2}、V_{sbi}等，kN；

A_{sbi}——某排弯起钢筋的总截面面积，即为图 6-6 中的 A_{sb1}、A_{sb2}、A_{sbi}等，mm^2。

其中，第一排承担的作用效应为：

$$V_{sb1} = V'_d - 0.6V'_d = 0.4V'_d \tag{6-14}$$

这里需要注意的是 V'_d为距支座中心 $h/2$（梁高一半）处的计算剪力。以后各排弯起钢筋的截面面积 A_{sb}可按照计算剪力的取值规定依次求出，并符合弯起规定。

三、斜截面抗剪承载力复核

已知：构件截面尺寸 b、h_0，弯起钢筋截面面积 $\sum A_{sbi}$，箍筋截面积 A_{sv}及间距 S_v，结构重要性系数 γ_0，混凝土强度等级及钢筋型号，剪力组合效应设计值（计算剪力）V_d。计算截面所能承受的剪力 V_u，并且判断其安全程度。

具体计算步骤如下：

（1）首先必须复核钢筋混凝土梁是否满足式（6-8）这一重要条件，如不符合，应考虑加大截面尺寸或提高混凝土强度等级。

（2）当钢筋混凝土梁中配有箍筋和弯起钢筋作腹筋时，按式（6-3）进行抗剪承载力验算，即应满足 $\gamma_0 V_d \leqslant V_u = V_{cs} + V_{sb}$这一不等式条件。否则应重新设计剪力钢筋或改变截面尺寸。

（3）当钢筋混凝土梁中仅配置箍筋作腹筋时，按式（6-7）进行抗剪承载力验算，即应满足 $\gamma_0 V_d \leqslant V_u = V_{cs}$这一不等式条件。否则应重新设计。

但在进行受弯构件斜截面抗剪承载力复核前，需要确定验算截面的位置，通常选用构件抗剪能力最薄弱或是应力剧变、易于产生斜裂缝的地方作为验算截面。在进行受弯构件斜截面抗剪承载力验算时，验算截面的取用按下列规定办理：

（1）距支座中心 $h/2$（梁高一半）处的截面（见图 6-7 中截面 1—1）。

因为构件愈靠近支座处，直接支承的压力影响也愈大，混凝土固体的抗力也愈高而不致破坏，只有距中心大于 $h/2$ 以后的截面才可能变小。

（2）受拉区弯起钢筋弯起点处的截面（见图 6-7 中截面 2—2、3—3），以及锚于受拉区的纵向主筋开始不受力处的截面（见图 6-7 中截面 4—4）。

因为这些截面纵向主筋减少，应力集中且要发生内力重分配，而在弯起钢筋转折处的局部压力，可能导致混凝土破损。

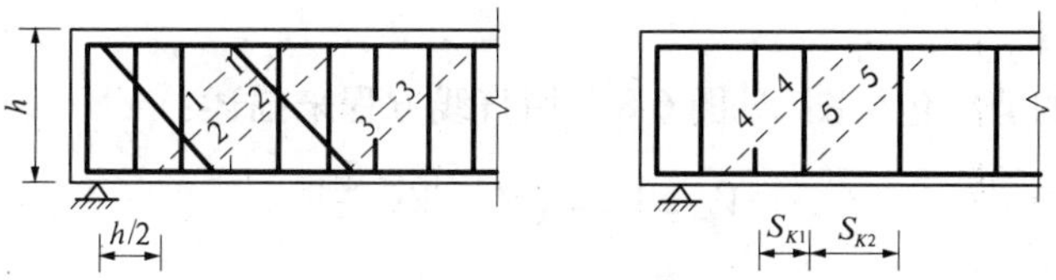

图 6-7　斜截面抗剪承载力验算截面示意

（3）箍筋数量或间距有改变处的截面（见图 6-7 中截面 5—5）。

箍筋数量或间距改变，导致配箍率改变，根据公式（6-7）可以看出相应的抗剪承载力要发生变化，ρ_{sv}减小，相应的 V_{cs} 也减小。

(4)受弯构件腹板宽度改变处的截面。

这里与箍筋间距改变一样，都受到抗剪承载力剧变的影响而形成构件的薄弱环节，会首先出现斜裂缝。

第四节　全梁承载力校核与构造要求

一、全梁承载力校核

(一)校核方法

在钢筋混凝土梁的设计中，必须考虑正截面承载力、斜截面抗剪承载力、斜截面抗弯承载力，以保证梁中任一截面都不会出现正截面和斜截面破坏。

在前一章已解决了简支梁弯矩最大的截面(跨中截面)的正截面承载力问题；在上一节中已讨论箍筋设计和弯起钢筋数量确定，已基本解决了梁段的斜截面承载力问题。还剩下的的问题是弯起钢筋弯起点的位置。尽管在梁斜截面抗剪设计中已初步确定了弯起钢筋的弯起位置，但是纵向钢筋能否在这些位置弯起，显然应同时满足截面的正截面及斜截面抗弯承载力的要求。这个问题一般采用梁的抵抗弯矩图要覆盖设计弯矩图的原则来解决。在具体设计中，可采用作图与计算相结合的方法进行设计。

(二)包络图

1. 弯矩设计图

弯矩包络图是指在永久荷载和各种不利位置的基本可变荷载的作用下，梁沿跨径长度的截面上设计弯矩 M_x 的分布图。简支梁的弯矩包络图一般可近似为一条二次抛物线。若以跨中截面处为横坐标原点，则简支梁弯矩包络图可描述为：

$$M_{jx}=M_{\frac{L}{2}}\left(1-\frac{4x^2}{L^2}\right) \tag{6-15}$$

式中　M_{jx}——距跨中截面为 x 处截面上的计算弯矩；

$M_{\frac{L}{2}}$——跨中截面处的计算弯矩；

L——简支梁的计算跨径；

x——计算截面至跨中截面的距离。

2. 剪力设计图

对于简支梁的剪力包络图(见图 6-8)，用直线方程来描述：

$$V_{jx}=V_{\frac{L}{2}}+(V_0-V_{\frac{L}{2}})\frac{2x}{L} \tag{6-16}$$

式中　V_{jx}——距跨中截面为 x 处截面上的计算剪力；

$V_{\frac{L}{2}}$——跨中截面处的计算剪力；

其余符号意义同前。

求简支梁控制截面上的作用效应(M_j、V_j)的方法，将在《桥梁工程》课程中具体介绍。

3. 抵抗弯矩图

抵抗弯矩图(又称材料图),是指沿梁长各个正截面按实际配置的纵向受拉钢筋面积,能产生的抵抗弯矩的图形,即表示各正截面所具有的抗弯承载力。下面较具体地讨论钢筋混凝土梁的抵抗弯矩图。

设一简支梁计算跨径为 L,跨中截面经设计有 6 根纵向受拉钢筋($2N_1+2N_2+2N_3$),其正截面抗弯承载力为 $M_{um}>M_{jm}$,如图 6-8 所示。

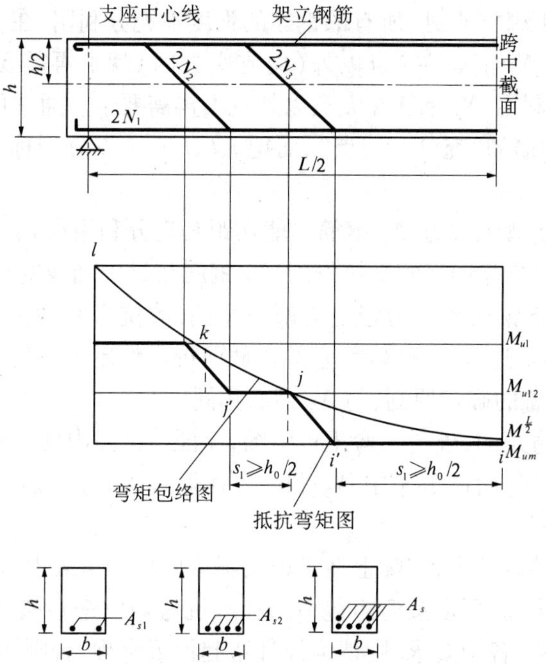

图 6-8　简支梁的弯矩包络图和抵抗弯矩图(对称半跨)

假定 $2N_1$ 钢筋的面积 A_{s1} 大于 20% 的全部纵向受拉钢筋面积 A_s,按照《公路桥规》规定,它们必须伸过支座中心线,不得在梁跨间弯起。而 $2N_2$ 和 $2N_3$ 钢筋可考虑在梁间弯起。

由于部分纵向受拉钢筋弯起,引起正截面抗弯承载力发生变化。在跨中截面,设全部钢筋提供的抗弯承载力为 M_{um};弯起 $2N_3$ 钢筋后,剩余 $2N_1+2N_2$ 钢筋面积为 A_{s12},提供的抗弯承载力为 M_{u12};弯起 $2N_2$ 钢筋后,剩余 $2N_1$ 钢筋面积为 A_{s1},提供的抗弯承载力为 M_{u1}。分别用计算式表达为:

$$M_{um}=f_{sd}A_sZ;\ M_{u12}=f_{sd}A_{s12}Z_{12};\ M_{u1}=f_{sd}A_{s1}Z_1$$

这样可以作出抵抗弯矩图(图 6-8)。抵抗弯矩图中 M_{u12}、M_{u1} 水平线与弯矩包络图的交点,即为理论的弯起点。

综上所述,在同一坐标中,若梁的抵抗弯矩图覆盖了梁的弯矩图,则正截面承载力满足要求,若切入则不满足要求。

二、有关的构造要求

(一)纵向受力钢筋的弯起

钢筋混凝土受弯构件斜截面抗弯承载力一般通过构造措施,即控制弯起点和弯终点的位置来保证。

《公路桥规》规定，在受拉区，弯起钢筋的弯起点可设在按正截面受弯承载力计算不需要该钢筋的截面之前（充分利用点和不需要点之间）；但弯起钢筋与梁中心线的交点，应在不需要该钢筋的截面之外；受拉区弯起钢筋的弯起点应设在根据正截面抗弯承载力计算充分利用该钢筋强度的截面（即充分利用点）以外不小于 $h_0/2$ 处；同时，弯起钢筋与梁纵轴线的交点应位于根据正截面承载力不需要该钢筋的截面（即理论断点）以外。

例如图 6-8 中，在跨中 i 点处，所有的钢筋的强度被充分利用；在 j 点处 N_1 和 N_2 钢筋的强度被充分利用，而 N_3 钢筋在 j 点以外（向支座方向）就不再需要了；同样，在 k 点处 N_1 钢筋的强度被充分利用，N_2 钢筋在 k 点以外就不再需要了。通常可以把 i、j、k 三个点分别称为 N_3、N_2、N_1 钢筋的“充分利用点”，而把 j、k、l 三个点分别称为 N_3、N_2、N_1 钢筋的“不需要点”。

为了保证斜截面抗弯承载力，N_3 钢筋只能在距其充分利用点 i 的距离为 $S_1 \geqslant h_0/2$ 处的 i_1' 点弯起。为了保证弯起钢筋的受拉作用，N_3 钢筋与梁中轴线的交点必须在其不需要点 j 以外，这是由于弯起钢筋的内力臂是逐渐减小的，故抗弯承载力值也逐渐减小，当弯筋 N_3 穿过中轴线基本上进入受压区后，它的正截面抗弯作用才认为完全消失。

N_2 钢筋的弯起位置的确定原则，与 N_3 钢筋相同。

这样获得的抵抗弯矩图，外包了弯矩包络图，保证了梁段内任一截面不会发生正截面破坏和斜截面抗弯破坏，而图 6-8 中 N_2 和 N_3 钢筋的弯起位置就被分别确定在 i_1' 和 j_1' 点处。

在钢筋混凝土梁的设计中，实际上在考虑梁斜截面抗弯承载力时，已初步确定了各弯起钢筋的弯起位置。因而，可以按弯矩包络图和抵抗弯矩图来检查已定的弯起钢筋初步弯起位置，若满足前述的各项要求，则认为设计弯起位置合理，否则要进行调整，必要时可加设斜筋或附加弯起钢筋，最终使得梁中各弯筋（斜筋）的水平投影能相互有重叠部分，至少相接。

应该指出的是，若纵向受拉钢筋较多，除满足所需的弯起钢筋数量外，多余的纵向受拉钢筋可以在梁跨间适当位置截断。纵向受拉钢筋的初步截断位置，一般取理论截断处（类似弯起筋的理论弯起点），但应考虑一个外加的延伸长度（锚固长度）才能确定其截断的设计位置（详见下面内容）。

（二）纵向钢筋在支座处的锚固

在简支梁近支座处出现斜裂缝时，斜裂缝处纵向钢筋应力增大，支座边缘附近纵筋应力的大小与伸入支座纵筋的数量有关。这时，梁的承载力取决于纵向钢筋在支座处的锚固，若锚固长度不足，钢筋与混凝土的相对滑移将导致斜裂缝宽度显著增大（图 6-9(a)），甚至会发生黏结锚固破坏。为了防止钢筋被拔出而破坏，《公路桥规》规定：

（1）在钢筋混凝土梁的支点处，至少应有两根并不少于 20% 的主筋通过。

（2）梁底两侧的受拉主钢筋应伸出端支点截面以外，并弯成直角且顺梁高延伸至顶部。图 6-9(b) 为焊接钢筋骨架常采用的形式。

（3）两侧之间不向上弯曲的受拉主钢筋伸出支点截面的长度：对光圆钢筋应不小于 $10d$（并带半圆钩）；对螺纹钢筋应不小于 $10d$。d 为钢筋直径。图 6-9(c) 为绑扎骨架

R235 钢筋在支座锚固的示意图。

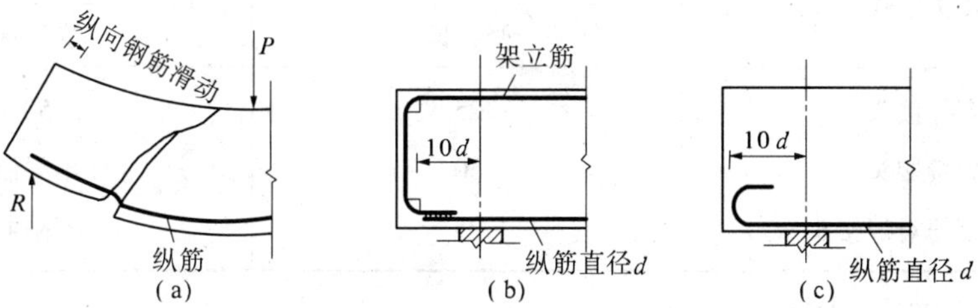

图 6-9 主钢筋在支座处的锚固

(三)纵向钢筋在梁跨间的截断与锚固

1. 纵筋的截断

构件受拉区纵筋截断处钢筋截面积骤减,混凝土拉应力骤增,往往在截面处过早出现弯剪斜裂缝,甚至可能降低构件的承载能力,所以对于承受较大剪力的构件一般不宜在受拉区截断钢筋。如必须截断时,截断点应伸至按计算不需要该钢筋的截面以外一个锚固长度 l_m 的点以满足截面抗弯承载力的要求。

《公路桥规》规定了不同情况下最小钢筋锚固长度,因此截断时必须满足相应的要求。

2. 钢筋的接头

当梁内钢筋需要接长时,可以采用绑扎搭接接头或焊接接头。

受拉钢筋的绑扎搭接接头(见图 6-10),其拉力由一根钢筋通过混凝土的黏结应力,再传递给另一根钢筋。破坏是沿钢筋方向上混凝土被相对剪切而发生劈裂,导致纵筋的滑移甚至被拔出。对于绑扎钢筋的搭接长度,《公路桥规》规定,当钢筋直径不大于 25 mm 时,应不小于相应的规定;受力钢筋直径大于 25 mm 及轴心受拉、小偏心受拉构件不应采用绑扎接头。

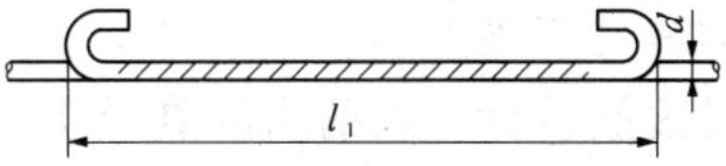

(a) 光面钢筋

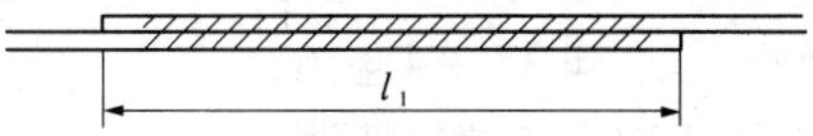

(b) 变形钢筋

图 6-10 钢筋的绑扎搭接接头

同时,《公路桥规》还规定:受力钢筋接头应设置在内力较小处,在任一搭接长度的区段内有接头的受力钢筋截面面积占总截面面积的百分率应符合表 6-1 的要求。

表 6-1　搭接长度区段内有接头的受力钢筋接头面积的最大百分率

接头形式	接头面积的最大百分率(%)	
	受拉区	受压区
主钢筋绑扎接头	25	50
主钢筋焊接接头	50	不限制
预应力钢筋对焊接头	25	不限制

注:1. 在同一根钢筋上应尽量少设接头。

2. 装配式构件连接处的受力钢筋焊接接头和预应力混凝土构件的螺丝端杆接头,可不受本表限制。

当采用焊接接头时,《公路桥规》也有相应的构造要求。例如,采用夹杆式电弧焊接(图 6-11(b))时,夹杆的总面积应不小于被焊钢筋的截面积。夹杆长度:若用双面焊缝时应不小于 $5d$;用单面焊缝时应不小于 $10d$(d 为钢筋的直径)。又例如,采用搭叠式电弧焊(图 6-11(c))时,钢筋端段应预先折向一侧,使两根接长的钢筋轴线一致。搭接时,双面焊缝的长度不小于 $5d$,用单面焊缝时应不小于 $10d$(d 为钢筋的直径)。

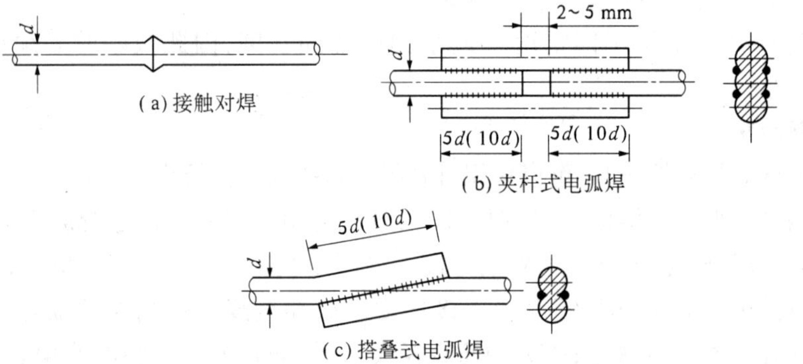

图 6-11　钢筋的焊接接头

梁的箍筋及弯起钢筋的构造见前述内容。

【例 6-1】 装配式简支梁腹筋设计:某钢筋混凝土 T 形截面简支梁,标准跨径 L_b = 1 300 cm,计算跨径 L = 1 260 cm。按正截面承载能力计算所确定的跨中截面尺寸与钢筋布置见图 6-12。主筋为 HRB335 级钢筋,4Φ32 + 4Φ16,A_s = 4 021 mm²,架立钢筋为 HRB335 级钢筋,2Φ22,焊接成多层钢筋骨架,混凝土等级为 C25。该梁承受支点剪力 $V_d^0 = 310$ kN,跨中剪力 $V_d^{\frac{L}{2}} = 65$ kN,支点弯矩 $M_d^0 = 0$,跨中弯矩 $M_d^{\frac{L}{2}} = 1\ 000$ kN·m,$\gamma_0 = 1.0$,试按梁斜截面抗剪配筋设计方法配置该梁的箍筋和弯起钢筋。

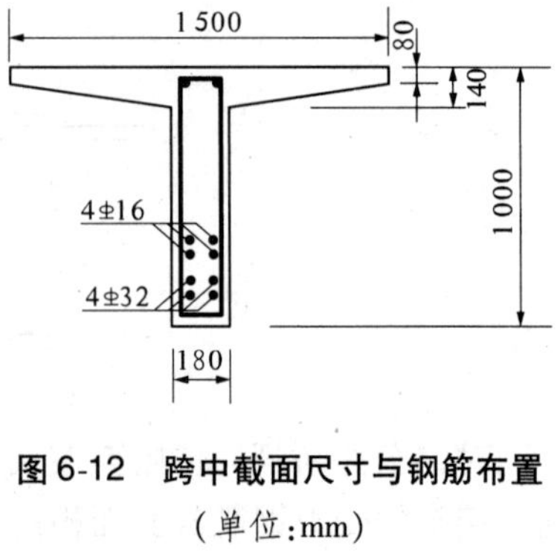

图 6-12　跨中截面尺寸与钢筋布置

(单位:mm)

解:1. 计算各截面的有效高度

FG 截面:主筋为 4 Φ32 +4 Φ16,主筋合力作用点至梁截面下边缘的距离为:

$$a_s=\frac{(30+34.5)\times 3\ 217+(30+34.5\times 2+18)\times 804}{3\ 217+804}=75(\mathrm{mm})$$

截面有效高度:

$$h_0=h-a_s=1\ 000-75=925(\mathrm{mm})$$

EF 截面:主筋为 4 Φ32 +2 Φ16 主筋合力作用点至梁截面下边缘的距离为:

$$a_s=\frac{(30+34.5)\times 3\ 217+(30+34.5\times 2+9)\times 402}{3\ 217+402}=69(\mathrm{mm})$$

截面有效高度:

$$h_0=h-a_s=1\ 000-69=931(\mathrm{mm})$$

CE 截面:主筋为 4 Φ32 主筋合力作用点至梁截面下边缘的距离为

$$a_s=30+34.5=64.5(\mathrm{mm})$$

截面有效高度:

$$h_0=h-a_s=1\ 000-65=935(\mathrm{mm})$$

AC 截面:主筋为 2 Φ32 主筋合力作用点至梁截面下边缘的距离为

$$a_s=30+\frac{34.5}{2}=47.3(\mathrm{mm})\approx 47\ \mathrm{mm}$$

截面有效高度:

$$h_0=h-a_s=1\ 000-47=953(\mathrm{mm})$$

2. 核算梁的截面尺寸

支点截面:

$$\begin{aligned}0.51\times 10^{-3}\sqrt{f_{cu,k}}bh_0&=0.51\times 10^{-3}\times\sqrt{25}\times 180\times 953\\&=437.4(\mathrm{kN})>\gamma_0 V_d^0=310\ \mathrm{kN}\end{aligned}$$

跨中截面

$$\begin{aligned}0.51\times 10^{-3}\sqrt{f_{cu,k}}bh_0&=0.51\times 10^{-3}\times\sqrt{25}\times 180\times 925\\&=424.5(\mathrm{kN})>\gamma_0 V_d^{\frac{L}{2}}=65\ \mathrm{kN}\end{aligned}$$

故按正截面承载能力计算所确定的截面尺寸满足抗剪方面的构造要求。

3. 分析梁内是否需要配置剪力钢筋

$$\begin{aligned}0.50\times 10^{-3}\alpha_2 f_{td}bh_0&=0.5\times 10^{-3}\times 1.23\times 180\times 953\\&=105.5(\mathrm{kN})<\gamma_0 V_d^0=310\ \mathrm{kN}\end{aligned}$$

故梁内需要按计算配置剪力钢筋。

4. 确定计算剪力

(1)绘制此梁半跨剪力包络图(图 6-13),并计算不需要设置剪力钢筋的区段长度。

对丁跨中截面:

$$\begin{aligned}0.50\times 10^{-3}\alpha_2 f_{td}bh_0&=0.5\times 10^{-3}\times 1.23\times 180\times 925\\&=102.4(\mathrm{kN})>\gamma_0 V_d^{\frac{L}{2}}=65\ \mathrm{kN}\end{aligned}$$

不需要设置剪力钢筋的区段长度:

$$x_h = \frac{(102.4 - 65) \times 6\,300}{310 - 65} = 962(\text{mm})$$

(2)按比例关系，依剪力包络图求距支座中心 $h/2$ 处截面的最大剪力值：

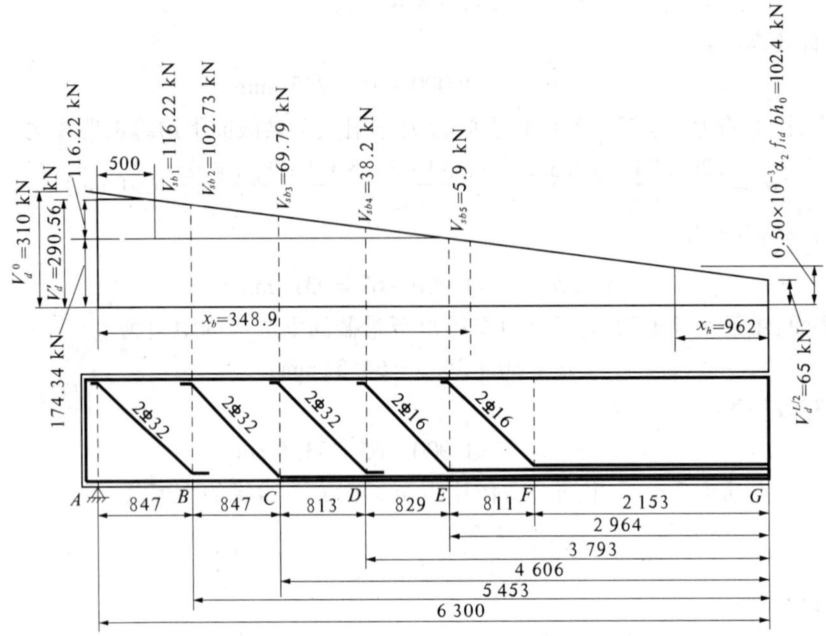

图 6-13　按抗剪承载力要求计算各排弯起钢筋的用量　（单位：mm）

$$V_d' = 65 + \frac{(310 - 65) \times (6\,300 - 500)}{6\,300} = 290.56(\text{kN})$$

(3)最大剪力的分配。

由混凝土与箍筋共同承担最大剪力 V_d' 的不少于 60%，即

$$V_{cs}' = 0.6V_d' = 0.6 \times 290.56 = 174.34(\text{kN})$$

由弯起钢筋承担最大剪力 V_d' 的 40%，即

$$V_{sb}' = 0.4V_d' = 0.4 \times 290.56 = 116.22(\text{kN})$$

5. 配置弯起钢筋

1)计算弯起钢筋的区段长度

按比例关系，依剪力包络图计算需设置弯起钢筋的区段长度：

$$x_b = \frac{(310 - 174.34) \times 50}{310 - 290.56} = 348.9(\text{cm})$$

2)计算各排弯起钢筋截面积 A_{sbi}

(1)计算第一排(对支座而言)弯起钢筋截面面积。

第一排弯起钢筋处承担的剪力为

$$V_{sb1} = V_{sb}' = 116.22(\text{kN})$$

梁内第一排弯起钢筋拟用补充斜筋 2 ⌀32，$f_{sd} = 280$ MPa，该排弯起钢筋截面面积需要量为：

$$A_{sb1}=\frac{\gamma_0 V_{sb1}}{0.75\times10^{-3}f_{sd}\sin\theta_s}=\frac{1.0\times116.22}{0.75\times10^{-3}\times280\times\sin45^\circ}=782.5(\text{mm}^2)$$

而2 ⏀32 钢筋实际截面面积 $A'_{sb1}=1\ 609\ \text{mm}^2>A_{sb1}=782.5\ \text{mm}^2$，满足抗剪要求。其弯起点为 B，弯终点落在支座中心 A 截面处，弯起钢筋与主钢筋的夹角 $\theta_s=45^\circ$，弯起点 B 至点 A 的距离为：

$$AB=100-\left(3.0+2.4+\frac{3.45}{2}+3+3.45+\frac{3.45}{2}\right)=84.7(\text{cm})$$

(2)计算第二排弯起钢筋截面面积 A_{sb2}。

按比例关系，依剪力包络图计算第一排弯起钢筋弯起点 B 处由第二排弯起钢筋承担的剪力值：

$$V_{sb2}=\frac{(348.9-84.7)\times116.22}{348.9-50}=102.73(\text{kN})$$

第二排弯起钢筋拟由主筋 2 ⏀32 弯起，$f_{sd}=280$ MPa，该排弯起钢筋截面面积需要量为：

$$A_{sb2}=\frac{\gamma_0 V_{sb2}}{0.75\times10^{-3}f_{sd}\sin\theta_s}=\frac{1.0\times102.73}{0.75\times10^{-3}\times280\times\sin45^\circ}=691.8(\text{mm}^2)$$

而2 ⏀32 钢筋实际截面面积 $A'_{sb2}=1\ 609\ \text{mm}^2>A_{sb2}=691.8\ \text{mm}^2$，满足抗剪要求。其弯起点为 C，弯终点落在第一排弯起钢筋弯起点 B 截面处，弯起钢筋与主钢筋的夹角 $\theta_s=45^\circ$，弯起点 C 至点 B 的距离为：

$$BC=AB=84.7\ \text{cm}$$

(3)计算第三排弯起钢筋截面面积 A_{sb3}。

按比例关系，依剪力包络图计算第二排弯起钢筋弯起点 C 处由第三排弯起钢筋承担的剪力值：

$$V_{sb3}=\frac{(348.9-84.7-84.7)\times116.22}{348.9-50}=69.79(\text{kN})$$

第三排弯起钢筋拟用补充斜筋 2 ⏀32($f_{sd}=280$ MPa)，该排弯起钢筋截面面积需要量为：

$$A_{sb3}=\frac{\gamma_0 V_{sb3}}{0.75\times10^{-3}f_{sd}\sin\theta_s}=\frac{1.0\times69.79}{0.75\times10^{-3}\times280\times\sin45^\circ}=469.99(\text{mm}^2)$$

而2 ⏀32 钢筋实际截面面积 $A'_{sb3}=1\ 609\ \text{mm}^2>A_{sb3}=469.99\ \text{mm}^2$，满足抗剪要求。其弯起点为 D，弯终点落在第二排弯起钢筋弯起点 C 截面处，弯起钢筋与主钢筋的夹角 $\theta_s=45^\circ$，弯起点 D 至点 C 的距离为：

$$CD=100-\left(3.0+2.4+\frac{3.45}{2}+3+3.45+3.45+\frac{3.45}{2}\right)=81.3(\text{cm})$$

(4)计算第四排弯起钢筋截面面积 A_{sb4}。

按比例关系，依剪力包络图计算第三排弯起钢筋弯起点 D 处由第四排弯起钢筋承担的剪力值：

$$V_{sb4}=\frac{(348.9-84.7-84.7-81.3)\times116.22}{348.9-50}=38.2(\text{kN})$$

第四排弯起钢筋拟用主筋 2Φ16(f_{sd} = 280 MPa)弯起,该排弯起钢筋截面面积需要量为:

$$A_{sb4}=\frac{\gamma_0 V_{sb4}}{0.75\times10^{-3}f_{sd}\sin\theta_s}=\frac{1.0\times38.2}{0.75\times10^{-3}\times280\times\sin45^\circ}=257.2(\mathrm{mm}^2)$$

而 2Φ16 钢筋实际截面面积 $A'_{sb4}=402\ \mathrm{mm}^2>A_{sb4}=257.2\ \mathrm{mm}^2$,满足抗剪要求。其弯起点为 E,弯终点落在第三排弯起钢筋弯起点 D 截面处,弯起钢筋与主钢筋的夹角 $\theta_s=45^\circ$,弯起点 E 至点 D 的距离为:

$$DE=100-\left(3.0+2.4+\frac{1.8}{2}+3+3.45+3.45+\frac{1.8}{2}\right)=82.9(\mathrm{cm})$$

(5)计算第五排弯起钢筋截面面积 A_{sb5}。

按比例关系,依剪力包络图计算第四排弯起钢筋弯起点 E 处由第五排弯起钢筋承担的剪力值:

$$V_{sb5}=\frac{(348.9-84.7-84.7-81.3-82.9)\times116.22}{348.9-50}=5.9(\mathrm{kN})$$

第五排弯起钢筋拟用主筋 2Φ16(f_{sd} = 280 MPa)弯起,该排弯起钢筋截面面积需要量为:

$$A_{sb5}=\frac{\gamma_0 V_{sb5}}{0.75\times10^{-3}f_{sd}\sin\theta_s}=\frac{1.0\times5.9}{0.75\times10^{-3}\times280\times\sin45^\circ}=39.7(\mathrm{mm}^2)$$

而 2Φ16 钢筋实际截面面积 $A'_{sb5}=402\ \mathrm{mm}^2>A_{sb5}=39.7\ \mathrm{mm}^2$,满足抗剪要求。其弯起点为 F,弯终点落在第三排弯起钢筋弯起点 E 截面处,弯起钢筋与主钢筋的夹角 $\theta_s=45^\circ$,弯起点 F 至点 E 的距离为:

$$EF=100-\left(3.0+2.4+\frac{1.8}{2}+3+3.45+3.45+1.8+\frac{1.8}{2}\right)=81.1(\mathrm{cm})$$

第五排弯起钢筋弯起点 F 至支座中心 A 的距离为:

$$\begin{aligned}AF&=AB+BC+CD+DE+EF=84.7+84.7+81.3+82.9+81.1\\&=414.7(\mathrm{cm})>x_b=348.9\ \mathrm{cm}\end{aligned}$$

这说明第五排弯起钢筋弯起点 F 已超过需设置弯起钢筋的区段长 x_b 以外 414.7 − 348.9 = 65.8(cm)。弯起钢筋数量已满足抗剪强度要求。

各排弯起钢筋弯起点至跨中截面 G 的距离见图 6-13。

$$x_B=BG=L/2-AB=630-84.7=545.3(\mathrm{cm})$$

$$x_C=CG=BG-BC=545.3-84.7=460.6(\mathrm{cm})$$

$$x_D=DG=CG-CD=460.6-81.3=379.3(\mathrm{cm})$$

$$x_E=EG=DG-DE=379.3-82.9=296.4(\mathrm{cm})$$

$$x_F=FG=EG-EF=296.4-81.1=215.3(\mathrm{cm})$$

6. 检验各排弯起钢筋的弯起点是否符合构造要求

1)保证斜截面抗剪强度方面

从图 6-13 可以看出,对支座而言,梁内第一排弯起钢筋的弯终点已落在支座中心截面处,以后各排弯起钢筋的弯终点均落在前一排弯起钢筋的弯起点截面上,这些都符合

《公路桥规》的有关规定，即能满足斜截面抗剪承载力方面的构造要求。

2）保证正截面抗弯承载力方面

（1）支点弯矩 $M_d^0=0$，跨中弯矩 $M_d^{\frac{L}{2}}=1\ 000\ \text{kN}\cdot\text{m}$，其他截面的设计弯矩可按二次抛物线公式 $M_x=M_d^{\frac{L}{2}}\left(1-\dfrac{4x^2}{L^2}\right)$ 计算，如表 6-2 所示。

表 6-2　各排弯起钢筋弯起点的设计弯矩计算

弯起钢筋序号	弯起点符号	弯起点至跨中截面距离 x_i(cm)	各弯起点的设计弯矩(kN·m) $M_x=M_d^{\frac{L}{2}}\left(1-\dfrac{4x^2}{L^2}\right)$
跨中截面			$M_G=M_d^{\frac{L}{2}}=1\ 000$
5	F	$x_F=215.3$	$M_F=1\ 000\times\left(1-\dfrac{4\times215.3^2}{1\ 260^2}\right)=883.2$
4	E	$x_E=296.4$	$M_E=1\ 000\times\left(1-\dfrac{4\times296.4^2}{1\ 260^2}\right)=778.7$
3	D	$x_D=379.3$	$M_D=1\ 000\times\left(1-\dfrac{4\times379.3^2}{1\ 260^2}\right)=637.5$
2	C	$x_C=460.6$	$M_C=1\ 000\times\left(1-\dfrac{4\times460.6^2}{1\ 260^2}\right)=465.5$
1	B	$x_B=545.3$	$M_B=1\ 000\times\left(1-\dfrac{4\times545.3^2}{1\ 260^2}\right)=250.8$

（2）根据 M_x 值绘制设计弯矩图，见图 6-14。

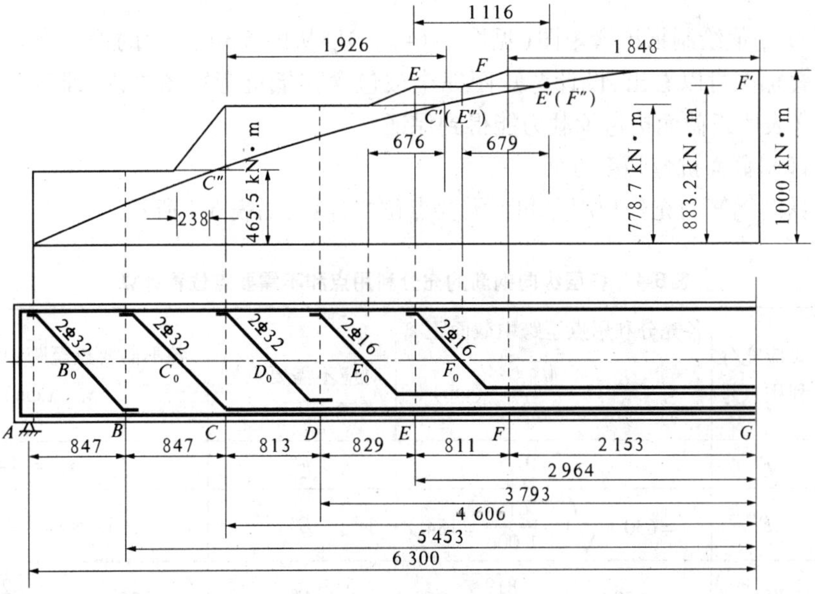

图 6-14　按抗弯承载力要求检查各排弯起钢筋弯起点的位置　（单位:mm）

(3)计算各排弯起钢筋弯起点和跨中截面的抵抗弯矩。

首先判别T形截面类型：

$$f_{sd}A_s = 280 \times 4\ 021 = 1\ 125\ 880(\text{N})$$

$$f_{cd}b_f'h_f' = 11.5 \times 1\ 500 \times 110 = 1\ 897\ 500(\text{N})$$

$f_{cd}b_f'h_f' > f_{sd}A_s$，说明跨中截面中性轴在翼缘内，属于第一类T形截面，即可按单筋矩形截面 $b_f' \times h$ 计算。

其他截面的主筋截面面积均小于跨中截面的主筋截面面积，故各截面均属第一类T形截面，均可按单筋矩形截面 $b_f' \times h$ 计算。

随后计算各梁段抵抗弯矩，如表6-3中所列。

表6-3　各梁段抵抗弯矩

梁段符号	主筋截面积 $A_s(\text{mm}^2)$	截面有效高度 $h_0(\text{mm})$	混凝土受压区高度 x $x=\frac{f_{sd}A_s}{f_{cd}b_f'}$	各梁段抵抗弯矩 $M_{u(i)} = A_s f_{sd}(h_0 - 0.5x)$ (kN·m)
FG	4⌀32+4⌀16 $A_s\left(\frac{L}{2}\right)=4\ 021$	925	$x=\frac{280\times 4\ 021}{11.5\times 1\ 500}=65.3$	$M_{u(i)}=4\ 021\times 280\times(925-0.5\times 65.3)\times 10^{-6}=1\ 005$
EF	4⌀32+2⌀16 $A_{s(EF)}=3\ 619$	931	$x=\frac{280\times 3\ 619}{11.5\times 1\ 500}=58.7$	$M_{u(i)}=3\ 619\times 280\times(931-0.5\times 58.7)\times 10^{-6}=914$
CE	4⌀32 $A_{s(CE)}=3\ 217$	935	$x=\frac{280\times 3\ 217}{11.5\times 1\ 500}=52.2$	$M_{u(i)}=3\ 217\times 280\times(935-0.5\times 52.2)\times 10^{-6}=819$
AC	2⌀32 $A_{s(AC)}=1\ 609$	953	$x=\frac{280\times 1\ 609}{11.5\times 1\ 500}=26.1$	$M_{u(i)}=1\ 609\times 280\times(953-0.5\times 26.1)\times 10^{-6}=423$

根据 $M_{u(i)}$ 值绘制抵抗弯矩图(见图6-14)。M_d 从图6-14所示的设计弯矩图与抵抗弯矩图的叠加图可以看出，设计弯矩图完全被包含在抵抗弯矩图之内，即每一截面满足 $M_d < M_u$，这表明正截面抗弯承载力能得到保证。

3)保证斜截面抗弯强度方面

各层纵向钢筋的充分利用点和不需要点位置计算，如表6-4所示。

表6-4　各层纵向钢筋的充分利用点和不需要点位置计算

各层纵向钢筋序号	对应充分利用点号	各充分利用点至跨中截面距离 $x_i'=\frac{L}{2}\sqrt{1-\frac{M_{u(i)}}{M_d^{\frac{L}{2}}}}$ (cm)	对应不需要点号	各不需要点至跨中截面距离 x_i (cm)
4	F'	$x_{F'}=0$	F''	$x_{F''}=x_{E'}=184.8$
3	E'	$x_{E'}=630\times\sqrt{1-\frac{914}{1\ 000}}=184.8$	E''	$x_{E''}=x_{C'}=268$
2	C'	$x_{C'}=630\times\sqrt{1-\frac{819}{1\ 000}}=268$	C''	$x_{C''}=630\times\sqrt{1-\frac{423}{1\ 000}}=478.6$

计算各排弯起钢筋与梁中心线的交点 C_0、E_0、F_0 的位置：

$$x_{C0}=460.6+[50-(3+3.45+3.45/2)]=502.4(\text{cm})$$

$$x_{E0}=296.4+[50-(3+2\times3.45+1.8/2)]=335.6(\text{cm})$$

$$x_{F0}=215.3+[50-(3+2\times3.45+1.8+1.8/2)]=252.7(\text{cm})$$

计算各排弯起钢筋弯起点至对应的充分利用点的距离、各排弯起钢筋与梁中心线交点至对应不需要点的距离，如表 6-5 所示。

表 6-5 各排弯起钢筋弯起点至对应的充分利用点的距离

各排纵向钢筋序号	弯起点至充分利用点距离(cm) x_i-x_i'	$\frac{h_0}{2}$(cm)	$(x_i-x_i')-\frac{h_0}{2}$ (cm)	弯起钢筋与梁中心线交点至不需要点距离(cm) $x_{i0}-x_i''$
4	$x_F-x_{F'}=215.3-0=215.3$	$\frac{92.5}{2}=46.25$	169.05	$x_{F0}-x_{F''}=252.7-184.8=67.9$
3	$x_E-x_{E'}=296.4-184.8=111.6$	$\frac{93.1}{2}=46.55$	65.05	$x_{E0}-x_{E''}=335.6-268=67.6$
2	$x_C-x_{C'}=460.6-268=192.6$	$\frac{93.5}{2}=46.75$	145.85	$x_{C0}-x_{C''}=502.4-478.6=23.8$

从表 6-5 可以看出，除第四排钢筋外，其他各排弯起钢筋弯起点均在该层钢筋充分利用点以外不小于 $h_0/2$ 处，而且各排弯起钢筋与梁中心线的交点均在该层钢筋不需要点以外，因此需要将第四排钢筋向支点方向移动 67.6 − 65.05 = 2.55(cm)，才能保证全梁的斜截面抗弯承载力符合要求。

另外，如图 6-14 所示，在梁底，两侧有 2 根⌀32 主筋不弯起，通过支座中心 A，这两根主筋截面面积 $A_s=16.09\ \text{cm}^2$，与主筋 4 ⌀32 + 4 ⌀16 总截面面积 $A_s=40.21\ \text{cm}^2$ 之比为 0.4，大于 20%，符合构造要求。

7. 配置箍筋

根据《公路钢筋混凝土及预应力混凝土桥涵设计规范》(JTG D62—2004)关于“钢筋混凝土梁应设置直径不小于 8 mm 及 1/4 主筋直径的箍筋”的规定，本设计采用封闭式双肢箍筋，R235 钢筋($f_{sv}=195$ MPa)，选用直径为 8 mm，则 $A_{sv}=2\times0.503=1.06\ (\text{cm}^2)$。

《公路钢筋混凝土及预应力混凝土桥涵设计规范》(JTG D62—2004)中又规定：“支承截面处，支座中心两侧各相当梁高 1/2(即 $h/2$)的长度范围内，箍筋间距不应大于 10 cm，直径不小于 8 mm”。本设计按照这些规定，各梁段箍筋最大间距不超过计算结果(见表 6-6)。对梁端而言，第 1 ~ 9 组箍筋间距取 10 cm，其他箍筋间距均取 20 cm。相应的最小配箍率：$\rho_{sv}=A_{sv}/(S_v)b=1.06/(20\times18)=0.0029>0.0018$，这也符合《公路钢筋混凝土及预应力混凝土桥涵设计规范》(JTG D62—2004)的构造要求。

表 6-6 箍筋间距计算

梁段符号	主筋截面积 $A_s(cm^2)$	截面有效高度 $h_0(cm)$	主筋配筋率 $p=100\times\frac{A_s}{bh_0}$	箍筋最大间距(mm) $S_v=\frac{\alpha_1^2\alpha_3^2 0.2\times10^{-6}(2+0.6\times p)\sqrt{f_{cu,k}}A_{sv}f_{sv}bh_0^2}{(\xi\gamma_0 V_d)^2}$
FG	4 ⏀32 + 4 ⏀16 $A_s\left(\frac{L}{2}\right)=40.21$	92.5	$p=\frac{100\times40.21}{150\times92.5}$ $=0.289$	$S_v=\frac{1^2\times1.3^2\times0.2\times10^{-6}\times(2+0.6\times0.289)\times\sqrt{25}\times106\times195\times180\times925^2}{(0.6\times1\times290.56)^2}$ $=385(mm)$
EF	4 ⏀32 + 2 ⏀16 $A_{s(EF)}=36.19$	93.1	$p=\frac{100\times36.19}{150\times93.1}$ $=0.259$	$S_v=\frac{1^2\times1.3^2\times0.2\times10^{-6}\times(2+0.6\times0.259)\times\sqrt{25}\times106\times195\times180\times931^2}{(0.6\times1\times290.56)^2}$ $=386(mm)$
CE	4 ⏀32 $A_{s(CE)}=32.17$	93.5	$p=\frac{100\times32.17}{150\times93.5}$ $=0.229$	$S_v=\frac{1^2\times1.3^2\times0.2\times10^{-6}\times(2+0.6\times0.229)\times\sqrt{25}\times106\times195\times180\times935^2}{(0.6\times1\times290.56)^2}$ $=386(mm)$
AC	2 ⏀32 $A_{s(AC)}=16.09$	95.3	$p=\frac{100\times16.09}{150\times95.3}$ $=0.113$	$S_v=\frac{1^2\times1.3^2\times0.2\times10^{-6}\times(2+0.6\times0.113)\times\sqrt{25}\times106\times195\times180\times953^2}{(0.6\times1\times290.56)^2}$ $=388(mm)$

复习思考题

6-1 简述钢筋混凝土简支梁的斜截面破坏形态及发生原因。

6-2 受弯构件沿斜截面破坏的形态有几种？在什么情况下发生？应如何防止？

6-3 斜截面抗剪承载力计算公式的适用范围是什么？其意义何在？

6-4 影响梁斜截面承载力的主要因素是什么？

6-5 斜截面抗剪承载力计算用的剪力如何取用？

6-6 箍筋的设计计算如何进行？

6-7 如何进行弯起钢筋的设计？

6-8 何谓设计弯矩图？何谓抵抗弯矩图？

6-9 钢筋的接头类型有几种？钢筋的接头应满足哪些要求？

6-10 承受均布荷载的简支梁，净跨为 4.8 m，截面尺寸 $b=200$ mm，$h=500$ mm，混凝土强度等级为 C20，箍筋为 R235 级钢筋，已知沿梁长配有双肢φ8 箍筋，箍筋间距为 150 mm，计算该斜截面受剪承载力（已知结构重要性系数 $\gamma_0=1$）。

6-11 某简支梁，计算跨径为 6 m，截面尺寸 $b=250$ mm，$h=550$ mm，混凝土强度等级为 C25，箍筋为 R235 级钢筋，纵向受拉钢筋为 HRB335 级，梁受到沿桥跨均布荷载 $q=6.5$ kN/m 及跨中集中荷载 $P=200$ kN 的作用。请进行下列两种情况的设计计算（已知结构重要性系数 $\gamma_0=1$）：

(1)若全梁仅配置箍筋，试选定箍筋直径和间距；

(2)若箍筋按双肢φ8，间距为 200 mm 配置，试计算弯起钢筋用量，并绘制腹筋配置草图。

第七章　钢筋混凝土受弯构件的应力、裂缝和变形计算

学习目标

1. 掌握换算截面的概念及其几何特征量的计算。
2. 掌握钢筋混凝土受弯构件在施工阶段的应力验算。
3. 掌握钢筋混凝土受弯构件裂缝产生的原因及裂缝宽度的验算。
4. 掌握预拱度的概念及设置方法。

第一节　概　述

在前面几章里，根据承载能力极限状态原则，已详细介绍了钢筋混凝土构件的承载力计算及设计方法。但是，钢筋混凝土构件除了可能由于承载力破坏或是失稳等达到承载能力极限状态以外，还可能由于构件变形或裂缝过大影响了构件的适用性及耐久性，而达不到结构正常使用要求。因此，对于所有的钢筋混凝土构件都要求进行承载力计算，而对于某些构件，例如钢筋混凝土受弯构件，还要根据使用条件进行正常使用阶段的计算。

对于钢筋混凝土受弯构件，《公路桥规》规定必须进行使用阶段的变形和弯曲裂缝最大裂缝宽度验算，除此之外，还应进行受弯构件在施工阶段的混凝土和钢筋应力的验算。

与承载能力极限状态计算相比，钢筋混凝土受弯构件在使用阶段的计算有如下特点：

(1)钢筋混凝土受弯构件的承载能力极限状态是取构件的破坏阶段，而使用阶段是取梁的带裂缝工作阶段。

(2)在钢筋混凝土受弯构件的设计中，其承载能力决定了构件设计尺寸、材料、配筋量及钢筋布置，以保证截面承载力要大于作用效应；计算方法分截面设计和截面复核两种方法。使用阶段计算是按照构件使用条件对已设计的构件进行计算，以保证在使用情况下的应力、裂缝和变形小于正常使用极限状态的限值，这种计算称为"验算"。当构件验算不满足要求时，必须按承载能力极限状态要求对已设计好的构件进行修正、调整，直至满足两种极限状态的设计要求。

在钢筋混凝土受弯构件正常使用阶段的计算(例如，应力验算和变形验算)中，要用到"换算截面"的概念，因此本章将先介绍受弯构件的换算截面，然后依次介绍正常使用阶段各项验算的方法。

第二节　换算截面

钢筋混凝土受弯构件受力进入第Ⅱ工作阶段，其特征是弯曲竖向裂缝已形成并开展，

中性轴以下部分混凝土已退出工作，由钢筋承受拉力，钢筋中的应力还远小于钢筋的屈服强度。受压区混凝土的压应力图形大致是抛物线，而受弯构件的荷载—挠度(跨中)关系曲线是一条接近于直线的曲线，因此钢筋混凝土受弯构件的第Ⅱ工作阶段又可称为开裂后弹性阶段。

由于钢筋混凝土是由钢筋和混凝土两种受力性能完全不同的材料组成的，因此钢筋混凝土受弯构件的应力计算就不能直接采用材料力学的方法。而需要通过换算截面的计算手段，把钢筋混凝土转换成均质弹性材料，即可以借助材料力学的方法进行计算。

一、基本假定

根据钢筋混凝土受弯构件在施工阶段及正常使用荷载作用下的主要特征，可作如下的假定：

(1)平截面假定。即假定梁在发生变形时，各截面仍保持平面。

(2)弹性体假定。钢筋混凝土受弯构件在第Ⅱ工作阶段时，混凝土受压区的应力图形是曲线，但此时曲线并不丰满，与直线形相差不大，可以近似地看做直线分布，即受压区的应力与平均应变成正比。

(3)受拉区出现裂缝后，受拉区的混凝土不参加工作，拉应力全部由钢筋承担。

(4)每一种等级的混凝土，其拉、压弹性模量视为同一常数，不随应力大小而变，从而钢筋的弹性模量 E_s 和混凝土弹性模量 E_c 之比为一常数值 a_{Es}，即 $a_{Es}=\dfrac{E_s}{E_c}$。

二、截面变换

根据上述基本假定，可得到钢筋混凝土受弯构件在第Ⅱ工作阶段的应力计算图式，如图 7-1 所示。

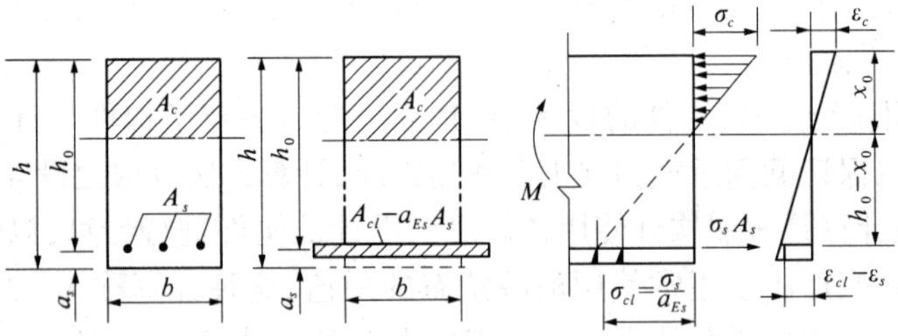

图 7-1　单筋矩形截面应力计算简图

钢筋混凝土受弯构件的正截面是由钢筋和混凝土组成的组合截面。在工程结构中，计算组合截面最常用的办法为"换算截面法"。即把两种或两种以上材料组成的组合截面，通过"换算截面法"换算成相当于单一材料组成的截面，然后按材料力学的方法进行应力分析。换算截面的概念如下所述。

如图 7-1 所示的钢筋混凝土受弯构件，在荷载作用下若钢筋与混凝土间的黏结力没有破坏，那么钢筋的应变和其同一水平处混凝土的应变相同。即 $\varepsilon_s=\varepsilon_{cl}$。

综上所述,由虎克定律得:

$$\varepsilon_s = \sigma_s/E_s,\ \varepsilon_{cl} = \sigma_{cl}/E_c$$

根据 $\varepsilon_s = \varepsilon_{cl}$ 得:

$$\sigma_s/E_s = \sigma_{cl}/E_c$$

由此得:

$$\sigma_s = \frac{E_s}{E_c}\sigma_{cl}$$

根据 $\sigma_s A_s = \sigma_{cl} A_{cl}$ 得:

$$A_{cl} = \frac{\sigma_s}{\sigma_{cl}} A_s = a_{Es} A_s \tag{7-1}$$

式中 ε_{cl}——等效混凝土块的应变;

ε_s——钢筋的应变;

σ_s、A_s——钢筋的应力及截面面积;

σ_{cl}、A_{cl}——等效混凝土块的应力及面积。

可见,在钢筋与混凝土具有相同应变时,钢筋的应力为同位置混凝土应力的 a_{Es} 倍,单位面积受拉钢筋的作用相当于 a_{Es} 倍与钢筋同位置的受拉混凝土面积的作用,即如果受拉钢筋的面积为 A_s,则换算成相当的混凝土面积为 a_{Es}/A_s。一般计算时,常将钢筋的截面积换算成混凝土的面积,如图 7-1 所示,即为换算成混凝土的换算面积,此时整个钢筋混凝土构件截面就成为全混凝土的换算截面,换算面积 A_0 公式为:

$$A_0 = A_C + a_{Es} A_s \tag{7-2}$$

三、开裂截面的几何特征表达式

(一)单筋矩形截面

单筋矩形截面如图 7-1 所示。

1. 开裂截面换算面积 A_{cr}

$$A_{cr} = A_C + a_{Es} A_s = b x_0 + a_{Es} A_s \tag{7-3}$$

式中 A_{cr}——开裂截面换算面积;

A_C——受压区混凝土面积;

b——矩形截面宽度;

x_0——受压区高度。

2. 开裂截面对中性轴的换算静矩 S_{cr}

受压区:

$$S_{cra} = \frac{1}{2} b x_0^2 \tag{7-4}$$

受拉区:

$$S_{crl} = a_{Es} A_s (h_0 - x_0) \tag{7-5}$$

式中 S_{cra}——受压区混凝土面积对中性轴的换算静矩;

S_{crl}——受拉区混凝土面积对中性轴的换算静矩;

h_0——截面的有效高度,$h_0 = h - a_s$;

a_s——钢筋重心至截面下边缘的距离。

3. 开裂截面对中性轴的换算截面惯性矩 I_{cr}

$$I_{cr}=\frac{1}{3}bx_0^3+a_{Es}A_s(h_0-x_0)^2 \tag{7-6}$$

4. 开裂截面对中性轴的换算截面抵抗矩 W_{cr}

对混凝土受压边缘：$W_{cra}=I_{cr}/x_0$ (7-7)

对受拉钢筋重心处：$W_{crl}=I_{cr}/(h_0-x_0)$ (7-8)

5. 受压区高度 x_0

材料力学指出，承受平面弯曲的受弯构件，其截面的中性轴通过它的重心，而任意平面图形对其重心的静矩总和等于零。因此，受压区对中性轴的静矩与受拉区对中性轴的静矩之代数总和等于零，即：

$$S_{cra}-S_{crl}=0$$

$$\frac{1}{2}bx_0^2-a_{Es}A_s(h_0-x_0)=0 \tag{7-9}$$

解得：

$$x_0=\frac{a_{Es}A_s}{b}\left(\sqrt{1+\frac{2bh_0}{a_{Es}A_s}}-1\right) \tag{7-10}$$

（二）双筋矩形截面

对于双筋矩形截面，截面变换的方法是将受拉钢筋的截面 A_s 和受压钢筋截面 A_s' 分别用两个假想的混凝土块代替，形成换算截面。它跟单筋矩形截面的不同之处，仅仅是受压区配置有受压钢筋，因此双筋矩形截面的换算截面几何特性值的表达式可在单筋矩形截面的基础上，计入受压区钢筋换算截面 $a_{Es}A_s'$ 就可以了。

（三）单筋 T 形截面

单筋 T 形截面如图 7-2 所示。

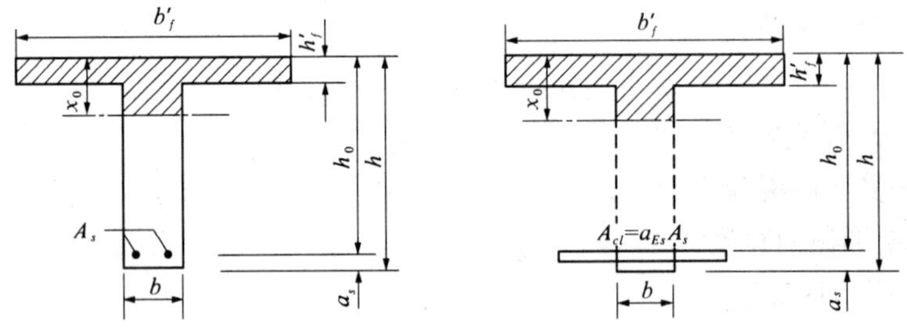

图 7-2　单筋 T 形截面

1. 中性轴位于翼缘内

如果 $x_0 \leqslant h_f'$，表明中性轴位于翼缘内，此时，单筋 T 形截面可以按受压区宽度为 b_f' 的单筋矩形截面的有关公式进行计算。

2. 中性轴位于翼缘之外的梁肋内

如果 $x_0 > h_f'$，表明中性轴位于翼缘之外的梁肋内，此时，梁肋有一部分在受压区，计算公式如下。

(1)开裂截面换算面积 A_{cr}：

$$A_{cr}=bx_0+(b_f'-b)h_f'+a_{Es}A_s \tag{7-11}$$

式中　b——T 形截面腹板宽度；

b_f'——T 形截面受压区翼缘计算宽度；

h_f'——T 形截面受压区翼缘厚度。

(2)开裂截面对中性轴的换算静矩 S_{cr}：

受压区：
$$S_{cra}=\frac{1}{2}bx_0^2+(b_f'-b)h_f'\times\left(x_0-\frac{1}{2}h_f'\right) \tag{7-12}$$

受拉区：
$$S_{crl}=a_{Es}A_s(h_0-x_0) \tag{7-13}$$

(3)开裂截面对中性轴的换算截面惯性矩 I_{cr}：

$$I_{cr}=\frac{1}{3}b_f'x_0^3-\frac{1}{3}(b_f'-b)(x_0-h_f')^3+a_{Es}A_s(h_0-x_0)^2 \tag{7-14}$$

(4)开裂截面对中性轴的换算截面抵抗矩 W_{cr}：

对混凝土受压边缘：
$$W_{cra}=I_{cr}/x_0 \tag{7-15}$$

对受拉钢筋重心处：
$$W_{crl}=I_{cr}/(h_0-x_0) \tag{7-16}$$

(5)受压区高度 x_0：

由

$$S_{cra}-S_{crl}=0$$

即
$$\frac{1}{2}b_f'x_0^2+(b_f'-b)h_f'\left(x_0-\frac{1}{2}h_f'\right)=a_{Es}A_s(h_0-x_0) \tag{7-17}$$

解出 x_0，即可求出其他的截面几何特性。

在钢筋混凝土受弯构件的使用阶段和施工阶段的计算中，有时会遇到全截面换算截面的概念，即《公路桥规》中提到的换算截面。

换算截面是混凝土全截面面积和钢筋换算面积所组成的截面。对于图 7-1 所示的矩形截面，换算截面的几何特性计算式如下。

换算截面面积 A_0：

$$A_0=bh+(a_{Es}-1)A_s \tag{7-18}$$

受压区高度 x_0：

$$x_0=\frac{\frac{1}{2}bh^2+(a_{Es}-1)A_sh_0}{A_0} \tag{7-19}$$

换算截面对中性轴的惯性矩 I_0：

$$I_0=\frac{1}{12}bh^3+bh\left(\frac{1}{2}h-x_0\right)^2+(a_{Es}-1)A_s(h_0-x_0)^2 \tag{7-20}$$

第三节　受弯构件施工阶段应力计算

对于钢筋混凝土受弯构件，《公路桥规》要求进行短暂状况(施工阶段)的应力计算。桥梁构件按短暂状况设计时，应计算其在制作、运输及安装等施工阶段，由自重、施工荷载等引起的正截面和斜截面应力,并不应超过规定的限值。施工荷载除有特别规定外均采用标准值,当有组合时不考虑荷载组合系数。

当用吊机(车)行驶于桥梁进行安装时,应对已安装就位的构件进行验算,吊机(车)应乘以 1.15 的荷载系数,但当由吊机(车)产生的效应设计计算值小于按持久状况承载能力极限状态计算的荷载效应组合设计值时,则可不必验算。

钢筋混凝土受弯构件,在施工阶段,可以利用前述方法把构件正截面变换成换算截面,也就变成了材料力学所研究的均质弹性材料,即可用材料力学的方法进行计算。

需要注意的是,进行施工阶段的应力计算时,其支承条件可能与使用阶段不同。如图 7-3(a)所示简支梁,当采用双吊点时,其支承情况如图 7-3(b)所示。

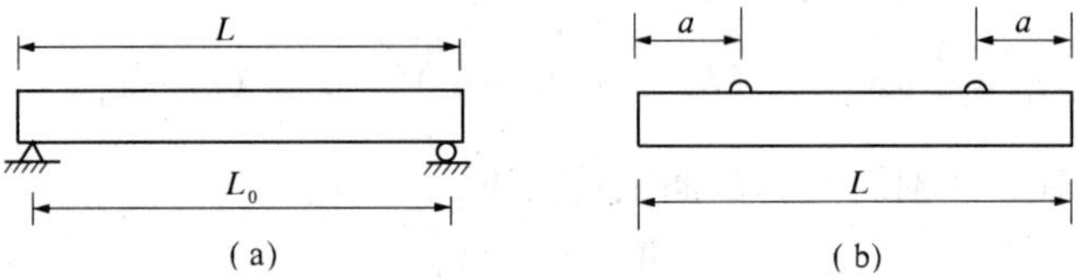

图 7-3　构件吊装

一、正应力计算

钢筋混凝土受弯构件正截面应力按以下公式计算,并应符合下列规定。

(一)受压区混凝土边缘的压应力

受压区混凝土边缘的压应力:

$$\sigma'_{cc}=\frac{M'_K x_0}{I_{cr}}\leqslant 0.80 f'_{ck} \tag{7-21}$$

(二)受拉钢筋的应力

受拉钢筋的应力:

$$\sigma'_{si}=a_{Es}\frac{M'_K(h_{0i}-x_0)}{I_{cr}}\leqslant 0.75 f_{sk} \tag{7-22}$$

式中　M'_K——由临时的施工荷载标准值产生的弯矩值;

x_0——换算截面的受压区高度,按换算截面受压区和受拉区对中性轴面积矩相等的原则求得;

I_{cr}——开裂截面换算截面的惯性矩,根据已求得的受压区高度 x_0,按开裂截面换算截面对中性轴惯性矩之和求得;

σ'_{si}——短暂状况计算时受拉区第 i 层钢筋的应力;

h_{0i}——受压区边缘至受拉区第 i 层钢筋截面重心的距离;

f'_{ck}——施工阶段相应于混凝土立方体抗压强度 f'_{cu} 的混凝土轴心抗压强度标准值,按规范以直线内插取用;

f_{sk}——普通钢筋抗拉强度标准值。

由于多层钢筋布置时最外一层钢筋的应力最大,工程中一般仅需验算最外一层受拉钢筋的应力。

二、主应力计算

钢筋混凝土受弯构件中性轴处的主应力（剪应力）σ'_{tp}应符合以下规定。

$$\sigma'_{tp}=\frac{V'_K}{bZ_0}\leqslant f'_{tk} \tag{7-23}$$

式中　V'_K——由施工荷载标准值产生的剪力值；

b——矩形截面宽度、T形或工字形截面腹板宽度；

Z_0——受压区合力点至受拉钢筋合力点的距离，按受压区应力图形为三角形确定；

f'_{tk}——施工阶段混凝土轴心抗拉强度标准值。

当钢筋混凝土受弯构件中性轴处的主拉应力符合下式条件时，该区段的主拉应力全部由混凝土承受，此时抗剪钢筋按构造要求配置。

$$\sigma'_{tp}\leqslant 0.25f'_{tk} \tag{7-24}$$

中性轴处的主拉应力不符合式(7-24)的区段，则主拉应力（剪应力）全部由箍筋和弯起钢筋承受。箍筋、弯起钢筋可按剪应力图配置（见图7-4），并按下列公式计算：

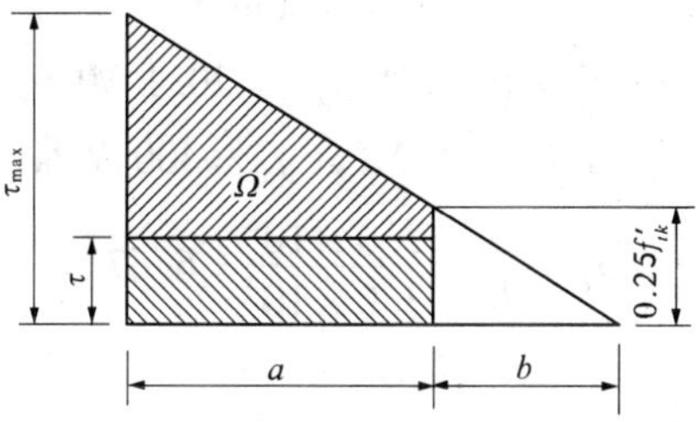

图7-4　钢筋混凝土受弯构件剪应力图分配

a—箍筋、弯起钢筋承受剪切应力的区段；b—混凝土承受剪切应力的区段

箍筋：

$$\tau'_v=\frac{nA_{sv1}[\sigma'_s]}{bS_v} \tag{7-25}$$

弯起钢筋：

$$A_{sb}\geqslant\frac{b\Omega}{[\sigma'_s]\sqrt{2}} \tag{7-26}$$

式中　τ'_v——由箍筋承受的主拉应力（剪应力）值；

n——同一截面内箍筋的肢数；

$[\sigma'_s]$——短暂状况时钢筋应力的限值，取用$0.75f_{sk}$；

A_{sv1}——一肢箍筋的截面面积；

S_v——箍筋的间距；

A_{sb}——弯起钢筋的总截面面积；

Ω——相应于由弯起钢筋承受的剪应力图的面积。

【例7-1】　某装配式钢筋混凝土简支T形梁，截面及配筋如图7-5所示。在构件重力作用下所产生的弯矩 $M_{1Gd}=600\ \text{kN}\cdot\text{m}$，采用 C30 混凝土、HRB400 钢筋，焊接钢筋骨架，试校核此梁截面在施工阶段的强度。

解：如图 7-5 所示：

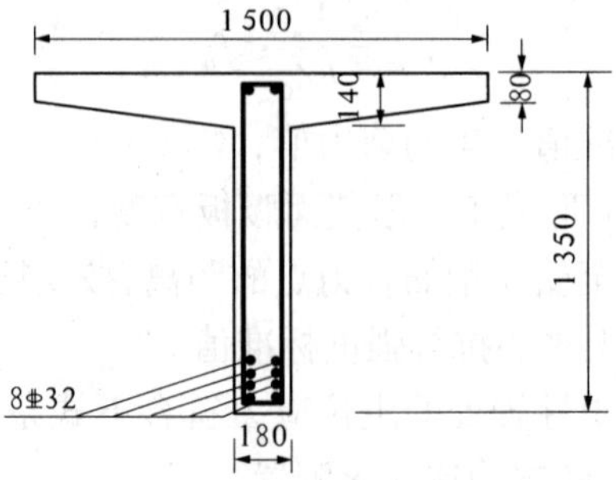

图 7-5　T 形梁截面　（单位：mm）

$$h_0=h-a_s=1\ 350-(30+2\times34.5)=1\ 251(\text{mm})$$

$$h_f'=(140+80)/2=110(\text{mm})$$

钢筋面积：　　$A_s=6\ 434\ \text{mm}^2$

C30 混凝土：　　$E_c=3\times10^4\ \text{MPa},\ f_{ck}'=20.1\ \text{MPa}$

HRB400 钢筋：　　$E_s=2.0\times10^5\ \text{MPa},\ f_{sk}=400\ \text{MPa}$

$$a_{Es}=\frac{E_s}{E_c}=\frac{2.0\times10^5}{3.0\times10^4}=6.67$$

（1）截面几何量的计算。

开裂截面的换算截面面积：

$$\begin{aligned}A_{cr}&=bx_0+(b_f'-b)h_f'+a_{Es}A_s\\&=180x_0+(1\ 500-180)\times110+6.67\times6\ 434\\&=188\ 115+180x_0\end{aligned}$$

（2）解 x_0，计算截面对中性轴的开裂惯性矩 I_{cr}。

由于　　$S_{cra}-S_{crl}=0$

即　　$$\frac{1}{2}bx_0^2+(b_f'-b)h_f'\times\left(x_0-\frac{1}{2}h_f'\right)=a_{Es}A_s(h_0-x_0)$$

$$\frac{1}{2}\times180x_0^2+(1\ 500-180)\times110\times\left(x_0-\frac{1}{2}\times110\right)=6.67\times6\ 434\times(1\ 251-x_0)$$

解此一元二次方程，可得 $x_0=288\ \text{mm}$。

$x_0=288\ \text{mm}>h_f'=110\ \text{mm}$，说明截面中性轴位于 T 形截面的翼缘之外，梁肋之内，此 T 形截面属于第二类 T 形截面。

$$\begin{aligned}I_{cr}&=\frac{1}{3}b_f'x_0^3-\frac{1}{3}(b_f'-b)(x_0-h_f')^3+a_{Es}A_s(h_0-x_0)^2\\&=\frac{1}{3}\times1\ 500\times288^3-\frac{1}{3}\times(1\ 500-180)\times(288-110)^3+6.67\times6\ 434\times(1\ 251-288)^2\\&=492.6\times10^8(\text{mm}^4)\end{aligned}$$

(3)施工阶段构件截面应力验算。

受压区混凝土边缘的压应力：

$$\sigma'_{cc}=\frac{M'_K x_0}{I_{cr}}=\frac{600\times10^6\times288}{492.6\times10^8}=3.51(\text{MPa})<0.80f'_{ck}=0.80\times20.1=16.08(\text{MPa})$$

最外一层受拉钢筋的应力：

$$\sigma'_{si}=a_{Es}\frac{M'_K(h_0-x_0)}{I_{cr}}=6.67\times\frac{600\times10^6\times\left(1\,251-288+34.5+\dfrac{34.5}{2}\right)}{492.6\times10^8}$$

$$=82.4(\text{MPa})<0.75f_{sk}=0.75\times400=300(\text{MPa})$$

混凝土与钢筋应力均小于限值,构件符合安全要求。

第四节　受弯构件变形(挠度)验算

在荷载作用下的受弯构件,如果变形过大,将会影响结构的正常使用。例如,桥梁上部结构的挠度过大,梁端的转角亦大,车辆通过时,不仅要发生冲击,而且要破坏伸缩缝两侧的桥面,影响结构的耐久性。桥面铺装的过大变形将会引起车辆的颠簸和冲击,起着对桥梁结构不利的加载作用。所以,在设计这些构件时,必须根据不同要求,把它们的弯曲变形控制在规范规定的容许值以内。

钢筋混凝土受弯构件的刚度按以下方法计算。

对于普通的匀质弹性梁,在不同荷载作用下的变形(挠度)计算,可用材料力学中的相应公式求解。例如,在均布荷载作用下,简支梁的最大挠度为：

$$f=\frac{5}{384}\frac{ql^4}{EI}\tag{7-27}$$

当集中荷载作用在简支梁跨中时,梁的最大挠度为：

$$f=\frac{1}{48}\frac{Pl^3}{EI}\tag{7-28}$$

由式(7-27)和式(7-28)可以看出,不论荷载形式和大小如何,梁的挠度 f 总是与 EI 值成反比。EI 值愈大,挠度 f 就愈小;反之,EI 值愈小,挠度 f 就愈大。EI 值反映了梁抵抗弯曲变形的能力,故 EI 又称为受弯构件的抗弯刚度。

钢筋混凝土受弯构件在使用荷载作用下的变形(挠度)计算,可按式(7-27)、式(7-28)进行。但是,在应用时,还需要认真考虑和正确反映钢筋混凝土材料的特殊本质,即钢筋混凝土是由两种不同性质的材料所组成。混凝土是一种非匀质弹塑性体,受力后除弹性变形外,还有塑性变形。钢筋混凝土受弯构件在使用荷载作用下会产生裂缝,其受拉区成为非连续体,这就决定了钢筋混凝土受弯构件的变形(挠度)计算中涉及的抗弯刚度不能直接采用匀质弹性梁的抗弯刚度 EI。

钢筋混凝土受弯构件的抗弯刚度通常用 B 表示。计算公式如下：

$$B=\frac{B_0}{\left(\frac{M_{cr}}{M_s}\right)^2+\left[1-\left(\frac{M_{cr}}{M_s}\right)^2\right]\frac{B_0}{B_{cr}}} \tag{7-29}$$

$$M_{cr}=\gamma f_{tk}W_0 \tag{7-30}$$

式中 B——开裂构件等效截面的抗弯刚度；

B_0——全截面的抗弯刚度，$B_0=0.95E_cI_0$；

B_{cr}——开裂截面的抗弯刚度，$B_{cr}=E_cI_{cr}$；

M_{cr}——开裂弯矩；

γ——构件受拉区混凝土塑性影响系数，按下式计算：$\gamma=\frac{2S_0}{W_0}$，其中 S_0 为全截面换算截面重心轴以上（或以下）部分面积对重心轴的面积矩，W_0 为换算截面抗裂边缘的弹性抵抗矩；

I_0——全截面换算截面惯性矩；

I_{cr}——开裂截面换算惯性矩；

f_{tk}——混凝土轴心抗拉强度标准值；

M_s——短期最不利效应弯矩组合值。

应用材料力学公式，钢筋混凝土受弯构件的变形（挠度）计算公式可写成下列两式：

$$f=\frac{5}{384}\frac{ql^4}{B} \tag{7-31}$$

$$f=\frac{1}{48}\frac{Pl^3}{B} \tag{7-32}$$

在使用荷载作用下，受弯构件的变形（挠度）是由两部分组成的：一部分是由长期效应产生的挠度，另一部分是由短期效应所产生的挠度。长期效应产生的挠度，可以认为是在长期荷载作用下所引起的构件变形，它可以通过在施工时设置预拱度的办法来消除；而短期荷载所产生的挠度，则需要通过验算来分析是否符合要求。

受弯构件在使用阶段的挠度应考虑荷载长期效应的影响，即按荷载短期效应组合计算的挠度值，乘以挠度长期增长系数 η_θ。挠度长期增长系数可按下列规定取用：当采用 C40 以下混凝土时，$\eta_\theta=1.60$；当采用 C40 ~ C80 混凝土时，$\eta_\theta=1.45\sim1.35$，中间强度等级可按直线内插取用。

钢筋混凝土和预应力混凝土受弯构件按上述计算的长期挠度值，在消除结构自重产生的长期挠度后，梁式主梁的最大挠度不应超过计算跨径的 1/600；梁式桥主梁的悬臂端不应超过悬臂长度的 1/300。

当由荷载短期效应组合并考虑荷载长期效应影响产生的长期挠度不超过计算跨径的 1/1 600 时，可不设预拱度，反之，则要设预拱度。预拱度的值按结构自重和半个可变荷载频遇值计算的长期挠度值之和采用，并做成平顺曲线。

【例 7-2】 装配式钢筋混凝土简支 T 梁，其计算跨径为 19.5 m，截面尺寸为 $b=180$ mm，$h=1\ 350$ mm，$b_f'=1\ 500$ mm，$h_f'=110$ mm，采用 C30 混凝土（$f_{tk}=2.01$ MPa）、HRB400 钢筋（8 Φ32，$A_s=6\ 434\ \text{mm}^2$，$f_{sd}=400$ MPa），焊接钢筋骨架，恒载弯矩标准值 $M_{G1k}=766$ kN · m，汽车荷载弯矩标准值 $M_{Q1k}=660.8$ kN · m，人群荷载弯矩标准值 $M_{Q2k}=85.5$

kN · m。试计算在使用荷载作用下此 T 梁的跨中挠度。

解:(1)确定相关参数。

C30 混凝土弹性模量: $E_c = 3.0 \times 10^4$ MPa, $f_{tk} = 2.01$ MPa

HRB400 钢筋弹性模量: $E_s = 2.0 \times 10^5$ MPa

钢筋与混凝土的弹性模量比: $a_{Es} = 6.67$

翼缘平均厚度: $h'_f = 110$ mm

截面有效高度: $h_0 = h - a_s = 1\ 350 - (30 + 2 \times 34.5) = 1\ 251(\text{mm})$

(2)开裂截面换算截面的惯性矩。

详见例 7-1: $I_{cr} = 492.6 \times 10^8\ \text{mm}^4$

(3)全截面的几何特性计算。

全截面的换算截面面积:

$$\begin{aligned} A_0 &= bh + (b'_f - b)h'_f + (a_{Es} - 1)A_s \\ &= 180 \times 1\ 350 + (1\ 500 - 180) \times 110 + (6.67 - 1) \times 6\ 434 \\ &= 424\ 680.8(\text{mm}^2) \end{aligned}$$

全截面对上边缘的静矩 S_{0a}:

$$\begin{aligned} S_{0a} &= \frac{1}{2}bh^2 + \frac{1}{2} \times (b'_f - b)h'^2_f + (a_{Es} - 1)A_s h_0 \\ &= \frac{1}{2} \times 180 \times 1\ 350^2 + \frac{1}{2} \times (1\ 500 - 180) \times 110^2 + (6.67 - 1) \times 6\ 434 \times 1\ 251 \\ &= 217\ 648\ 455.8(\text{mm}^3) \end{aligned}$$

换算截面重心至受压边缘的距离 $x_0 = \dfrac{S_{0a}}{A_0} = \dfrac{217\ 648\ 455.8}{424\ 680.8} = 512(\text{mm}) > h'_f = 110$ mm,中性轴位于梁肋内,属于第二类 T 形截面。

全截面换算截面对中性轴的惯性矩 I_0:

$$\begin{aligned} I_0 &= \frac{1}{12}bh^3 + bh\left(\frac{h}{2} - x_0\right)^2 + \frac{1}{12}(b'_f - b)h'^3_f + (b'_f - b)h'_f\left(x_0 - \frac{1}{2}h'_f\right)^2 + (a_{Es} - 1)A_s(h_0 - x_0)^2 \\ &= \frac{1}{12} \times 180 \times 1\ 350^3 + 180 \times 1\ 350 \times \left(\frac{1\ 350}{2} - 512\right)^2 + \frac{1}{12} \times (1\ 500 - 180) \times 110^3 + \\ &\quad (1\ 500 - 180) \times 110 \times \left(512 - \frac{110}{2}\right)^2 + (6.67 - 1) \times 6\ 434 \times (1\ 251 - 512)^2 \\ &= (369.05 + 64.56 + 1.46 + 303.25 + 199.23) \times 10^8 \\ &= 937.5 \times 10^8(\text{mm}^4) \end{aligned}$$

受拉边缘的弹性抵抗矩 W_0:

$$W_0 = I_0/(h - x_0) = 937.5 \times 10^8/(1\ 350 - 512) = 1.12 \times 10^8(\text{mm}^3)$$

(4)计算刚度的取用。

对于简支梁:

$$\gamma = \frac{2S_{0a}}{W_0} = \frac{2 \times 217\ 648\ 455.8}{1.12 \times 10^8} = 3.89$$

$$M_{cr} = \gamma f_{tk} W_0 = 3.89 \times 2.01 \times 1.12 \times 10^8 = 8.75 \times 10^8(\text{N} \cdot \text{mm}) = 875(\text{kN} \cdot \text{m})$$

全截面的抗弯刚度:

$$B_0 = 0.95E_cI_0 = 0.95 \times 3.0 \times 10^4 \times 937.5 \times 10^8 = 26.72 \times 10^{14}(\text{N} \cdot \text{mm}^2)$$

开裂截面的抗弯刚度：

$$B_{cr} = E_cI_{cr} = 3.0 \times 10^4 \times 492.6 \times 10^8 = 14.78 \times 10^{14}(\text{N} \cdot \text{mm}^2)$$

正常使用极限状态的作用短期效应组合 M_s：

$$M_s = M_{G1k} + 0.7 \times M_{Q1k} + M_{Q2k} = 766 + 0.7 \times 660.8 + 85.5 = 1\ 314(\text{kN} \cdot \text{m})$$

$$B = \frac{B_0}{\left(\frac{M_{cr}}{M_s}\right)^2 + \left[1 - \left(\frac{M_{cr}}{M_s}\right)^2\right]\frac{B_0}{B_{cr}}}$$

$$= \frac{26.72 \times 10^{14}}{\left(\frac{875}{1\ 314}\right)^2 + \left[1 - \left(\frac{875}{1\ 314}\right)^2\right] \times \frac{26.72 \times 10^{14}}{14.78 \times 10^{14}}} = 18.47 \times 10^{14}(\text{N} \cdot \text{mm}^2)$$

(5)跨中挠度的计算。

短期荷载效应组合引起的跨中挠度：

$$f_s = \frac{5}{48} \times M_s \times \frac{L^2}{B} = \frac{5}{48} \times 1\ 314 \times 10^6 \times \frac{19\ 500^2}{18.47 \times 10^{14}} = 28.17(\text{mm}) < \frac{L}{600} = \frac{19\ 500}{600} = 325(\text{mm})$$

C40 以下混凝土时，$\eta_\theta = 1.60$

长期荷载效应组合引起的跨中挠度：

$$f_l = \eta_\theta f_s = 1.6 \times 28.17 = 45.1(\text{mm}) > \frac{L}{1\ 600} = \frac{19\ 500}{1\ 600} = 12.2(\text{mm})$$

故跨中应设置预拱度。

$$f_{汽} = \frac{5}{48}M_{汽}\frac{L^2}{B} = \frac{5}{48} \times 660.8 \times 10^6 \times \frac{19\ 500^2}{18.47 \times 10^{14}} = 14.2(\text{mm})$$

跨中应设置预拱度：

$$f = f_l + \frac{1}{2}f_{汽} = 45.1 + \frac{1}{2} \times 14.2 = 52.2(\text{mm})$$

第五节　受弯构件裂缝宽度验算

混凝土的抗拉强度很低，在不大的拉应力作用下就可能出现裂缝。如果桥梁结构出现过大的裂缝，不但会引起人们心理上的不安全感，而且也会导致钢筋锈蚀，从而带来重大的工程事故。

一、裂缝产生的原因及裂缝的种类

钢筋混凝土结构的裂缝按其产生的原因可分为以下几类。

（一）由荷载效应（如弯矩、剪力等）引起的裂缝

由荷载效应（如弯矩、剪力等）引起的裂缝是由于构件下缘拉应力早已超过混凝土抗拉强度而使受拉区混凝土产生的裂缝。这类裂缝总是要产生，不可以克服，因此在设计中应限制裂缝出现的宽度。

（二）由外加变形或约束变形引起的裂缝

外加变形或约束变形引起的裂缝一般有地基的不均匀沉降、混凝土的收缩及温度差等。约束变形越大，裂缝宽度越大。

（三）钢筋锈蚀裂缝

由于保护层混凝土碳化或冬季施工中掺氯盐过多导致钢筋锈蚀，锈蚀产物的体积比钢筋被侵蚀的体积大 2 ~ 3 倍，这种体积膨胀使外围混凝土产生相当大的拉应力，引起混凝土的开裂，甚至使混凝土保护层剥落。

第一种裂缝总是要产生的，习惯上称为正常裂缝；后两种称为非正常裂缝。过多的裂缝或过大的裂缝宽度会影响结构的外观，造成使用者的不安。同时，某些裂缝的发生或发展，将会影响结构的使用寿命。为了保证钢筋混凝土构件的耐久性，必须在设计、施工等方面控制非正常裂缝的产生，而正常裂缝则要限制裂缝的宽度。

二、钢筋混凝土裂缝宽度的计算公式

《公路钢筋混凝土及预应力混凝土桥涵设计规范》(JTG D62—2004)中规定，对矩形、T 形和工字形截面钢筋混凝土受弯构件，其最大裂缝宽度 W_{tk}(mm)可按下列公式计算：

$$W_{tk} = C_1 C_2 C_3 \frac{\sigma_{ss}}{E_s}\left(\frac{30 + d}{0.28 + 10\rho}\right) \tag{7-33}$$

$$\rho = \frac{A_s + A_p}{bh_0 + (b_f - b)h_f} \tag{7-34}$$

式中 C_1——钢筋表面形状系数，对光面钢筋，$C_1 = 1.4$，对带肋钢筋，$C_1 = 1.0$；

C_2——作用(或荷载)长期效应影响系数，$C_2 = 1 + 0.5\frac{N_l}{N_s}$，其中 N_l 和 N_s 分别为按作用(或荷载)长期效应组合和短期效应组合计算的内力值(弯矩)；

C_3——与构件受力性质有关的系数，当为钢筋混凝土板式受弯构件时，$C_3 = 1.15$，其他受弯构件 $C_3 = 1.0$；

d——纵向受拉钢筋直径，mm，当用不同直径的钢筋时，d 改用换算直径 d_e，$d_e = \frac{\sum n_i d_i^2}{\sum n_i d_i}$，其中，$n_i$ 为受拉区第 i 种普通钢筋的根数，d_i 为受拉区第 i 种普通钢筋的公称直径；

ρ——纵向受拉钢筋配筋率，当 $\rho > 0.02$ 时，取 $\rho = 0.02$，当 $\rho < 0.006$ 时，取 $\rho = 0.006$；

b_f——构件受拉翼缘宽度；

h_f——构件受拉翼缘厚度；

σ_{ss}——钢筋应力，$\sigma_{ss} = \frac{M_s}{0.87A_s h_0}$，其中 M_s 为按作用短期效应组合计算的弯矩值。

《公路钢筋混凝土及预应力混凝土桥涵设计规范》(JTG D62—2004)规定：钢筋混凝受弯构件，在正常使用极限状态下的裂缝宽度应按作用(或荷载)短期效应组合并考虑长期效应影响进行验算。其计算的最大裂缝宽度不应超过下列规定的限值：Ⅰ类和Ⅱ类环境,0.20 mm；Ⅲ类和Ⅳ环境,0.15 mm。

【例 7-3】 某装配式钢筋混凝土简支 T 形梁桥,其跨中截面设计如图 7-5 所示。截面尺寸 $b=180$ mm,$h=1\ 350$ mm,$b_f'=1\ 500$ mm,$h_f'=110$ mm,配置 HRB400 钢筋,$A_s=6\ 434\ mm^2$(8 ⌀32),$a_s=99$ mm；主梁在自重作用下引起的跨中截面的的弯矩标准值 $M_{G1k}=766$ kN·m,由汽车荷载弯矩标准值 $M_{Q1k}=660.8$ kN·m,人群荷载弯矩标准值 $M_{Q2k}=85.5$ kN·m。试验算该 T 形梁跨中截面裂缝宽度。主梁处于一般Ⅱ类使用环境中,其容许裂缝宽度$[\sigma]=0.2$ mm。

解:根据题意得:

HRB400 钢筋弹性模量: $E_s=2.0\times10^5$ MPa

$$h_0=1\ 350-99=1\ 251(\text{mm})$$

$$C_1=1.0$$

$$C_3=1.0$$

短期效应组合: $M_s=1\ 314$ kN·m

长期效应组合:

$$M_l=M_{G1k}+0.4\times(M_{Q1k}+M_{Q2k})=766+0.4\times(660.8+85.5)=1\ 064.5(\text{kN}\cdot\text{m})$$

$$C_2=1+0.5\frac{M_l}{M_s}=1+0.5\times\frac{1\ 064.5}{1\ 314}=1.405$$

钢筋重心处拉应力 σ_{ss}:

$$\sigma_{ss}=\frac{M_s}{0.87A_sh_0}=\frac{1\ 314\times10^6}{0.87\times6\ 434\times1\ 251}=187.6(\text{MPa})$$

配筋率 ρ:

$$\rho=\frac{A_s}{bh_0+(b_f-b)h_f}=\frac{6\ 434}{180\times1\ 251}=0.028\ 6>0.02$$

取 $\rho=0.02$。

跨中截面最大裂缝宽度 W_{tk}:

$$W_{tk}=C_1C_2C_3\frac{\sigma_{ss}}{E_s}\left(\frac{30+d}{0.28+10\rho}\right)$$

$$=1\times1.405\times1\times\frac{187.6}{2.0\times10^5}\times\left(\frac{30+32}{0.28+10\times0.02}\right)$$

$$=0.17(\text{mm})<0.2\ \text{mm}$$

故裂缝宽度满足要求。

复习思考题

7-1 什么是换算截面?

7-2 什么是混凝土的施工强度?

7-3 什么是预拱度?预拱度如何设置?

7-4 钢筋混凝土受弯构件产生裂缝的原因有哪些？

7-5 什么是正常裂缝？什么是非正常裂缝？克服裂缝产生的措施有哪些？

7-6 钢筋混凝土受弯构件的裂缝对结构有哪些不利的影响？

7-7 某装配式钢筋混凝土简支T形梁桥，其截面尺寸为：$b=180$ mm，$h=1\ 350$ mm，$b_f'=1\ 600$ mm，$h_f'=110$ mm，$h_0=1\ 300$ mm，配置HRB335纵向钢筋10 Φ28；主梁在自重作用下引起跨中截面的的弯矩标准值$M_{G1k}=700$ kN · m，汽车荷载弯矩标准值$M_{Q1k}=600$ kN · m，人群荷载弯矩标准值$M_{Q2k}=60$ kN · m。试计算该T形梁跨中最大裂缝宽度及跨中挠度。主梁处于一般Ⅱ类使用环境中，其容许裂缝宽度$[\sigma]=0.2$ mm。

第八章 钢筋混凝土轴心受压构件承载力

学习目标

1. 重点掌握矩形截面轴心受压构件承载力计算方法。
2. 掌握轴心受压构件主要构造要求和螺旋箍筋柱承载力计算方法。
3. 理解钢筋混凝土长柱的破坏特征。

第一节 构造要求

一、概述

受压构件是以承受轴向压力为主的构件,当纵向外压力作用线与受压构件轴线相重合时,此受压构件为轴心受压构件。在实际结构中,真正意义上的轴心受压构件是不存在的。通常由于荷载位置的偏差、混凝土组成结构的非均匀性、纵向钢筋的非对称布置以及施工中的误差等原因,受压构件都或多或少承受弯矩的作用。但是,如果偏心距很小,在实际的工程设计中容许忽略不计时,即可按轴心受压构件计算。

钢筋混凝土轴心受压构件根据箍筋的功能和配置方式的不同可分为两种:①配有纵向钢筋和普通箍筋的轴心受压构件(普通箍筋柱),如图 8-1(a)所示;②配有纵向钢筋和螺旋箍筋的轴心受压构件(螺旋箍筋柱),如图 8-1(b)所示。

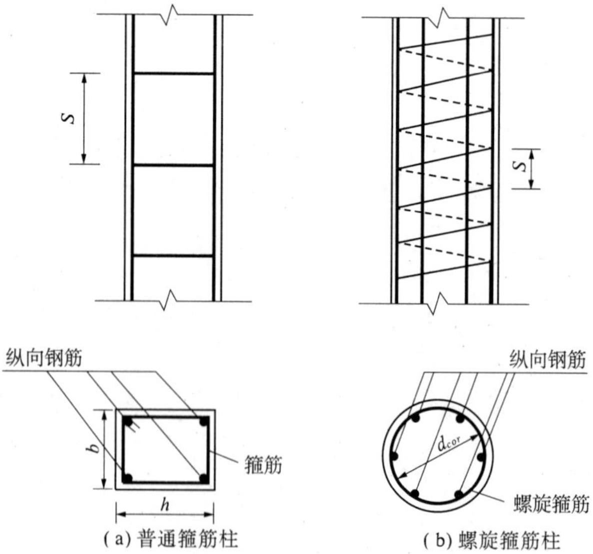

图 8-1 两种钢筋混凝土轴心受压构件

二、普通箍筋柱

（一）受力分析及破坏特征

根据构件的长细比（构件的计算长度 l_0 与构件的截面最小回转半径 i 之比）的不同，轴心受压构件可分为短构件（对一般截面，$l_0/i \leqslant 28$；对矩形截面，$l_0/b \leqslant 8$，b 为矩形截面短边尺寸；对圆形截面，$l_0/d \leqslant 7$，d 为圆形截面直径）和中长构件。习惯上将前者称为短柱，后者称为长柱。

钢筋混凝土轴心受压短柱的试验表明：在整个加载过程中，可能的初始偏心对构件承载力无明显影响；由于钢筋和混凝土之间存在着黏结力，两者压应变相等。当达到极限荷载时，钢筋混凝土短柱的极限压应变大致与混凝土棱柱体受压破坏时的压应变相同；混凝土的应力达到棱柱体抗压强度。若钢筋的屈服压应变小于混凝土破坏时的压应变，则钢筋将首先达到抗压屈服强度，随后钢筋承担的压力维持不变，而继续增加的荷载全部由混凝土承担，直至混凝土被压碎。在这类构件中，钢筋和混凝土的抗压强度都得到充分利用。

对于高强度钢筋，在构件破坏时可能达不到屈服，当混凝土的强度等级不大于 C50 时，钢筋应力为 $\sigma_s' = 0.002E_s = 0.002 \times 2 \times 10^5 = 400\ (\text{N/mm}^2)$，钢筋的强度不能被充分利用。总之，在轴心受压短柱中，不论受压钢筋在构件破坏时是否屈服，构件的最终承载力都是由混凝土压碎来控制的。在临近破坏时，短柱四周出现明显的纵向裂缝，箍筋间的纵向钢筋发生压曲外鼓，呈灯笼状，如图 8-2 所示，以混凝土压碎而告破坏。

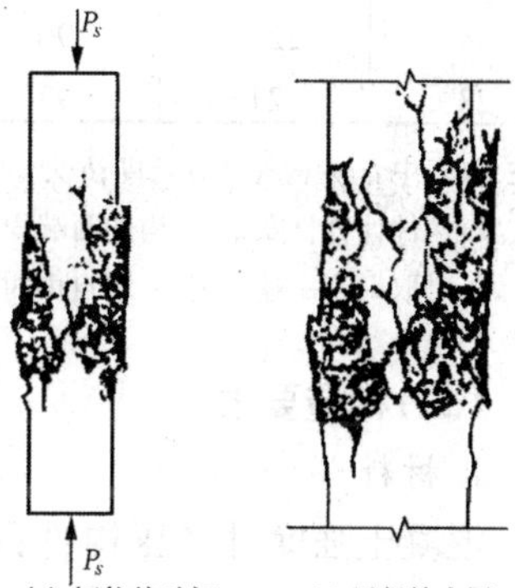

(a) 短柱的破坏　　(b) 局部放大图

图 8-2　轴心受压短柱的破坏形态

对于钢筋混凝土轴心受压长柱，试验表明，加荷时由于种种因素形成的初始偏心矩对试验结果影响较大。它将使构件产生附加弯矩和弯曲变形，如图 8-3 所示。对长细比很大的构件来说，则有可能在材料强度尚未达到以前即由于构件丧失稳定而引起破坏，如图 8-4 所示。

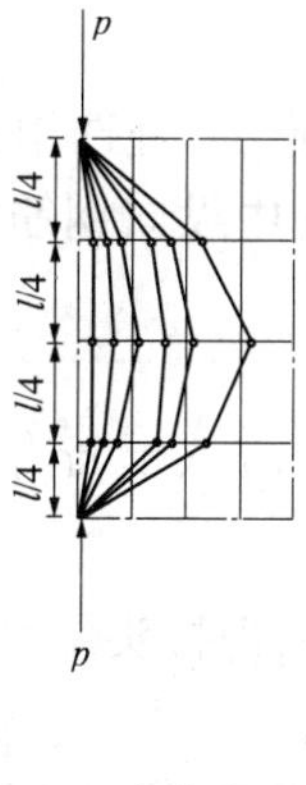

图 8-3　弯曲变形

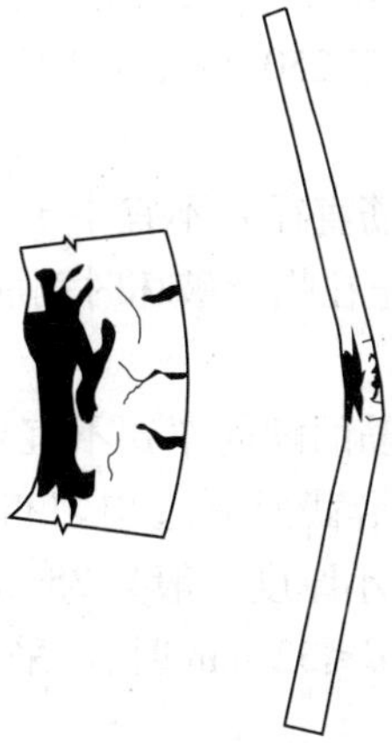

图 8-4　细长轴心受压构件的破坏

试验结果表明，长柱的承载力低于相同条件短柱的承载力。目前，采用引入稳定系数 φ 的方式来考虑长柱纵向挠曲的不利影响，φ 值小于 1.0 且随着长细比的增大而减小，具体可查阅表 8-1。

表 8-1　钢筋混凝土轴心受压构件的稳定系数 φ

l_0/b	l_0/d	l_0/i	φ	l_0/b	l_0/d	l_0/i	φ
≤8	≤7	≤28	1.0	30	26	104	0.52
10	8.5	35	0.98	32	28	111	0.48
12	10.5	42	0.95	34	29.5	118	0.44
14	12	48	0.92	36	31	125	0.40
16	14	55	0.87	38	33	132	0.36
18	15.5	62	0.81	40	34.5	139	0.32
20	17	69	0.75	42	36.5	146	0.29
22	19	76	0.70	44	38	153	0.26
24	21	83	0.65	46	40	160	0.23
26	22.5	90	0.60	48	41.5	167	0.21
28	24	97	0.56	50	43	174	0.19

注：1. 表中 l_0 为构件计算长度；b 为矩形截面的短边尺寸；d 为圆形截面直径；i 为截面回转半径。

2. 构件计算长度 l_0，当构件两端固定时取 $0.5l$；当一端固定、一端为不动铰支座时取 $0.7l$；当两端为不动铰支座时取 l；当一端固定、一端自由时取 $2l$。l 为构件支座间长度。

（二）构造要求

1. 材料

混凝土强度对受压构件的承载力影响较大，故宜采用强度等级较高的混凝土，如 C25、C30、C40 等。在高层建筑和重要结构中，尚应选择强度等级更高的混凝土。

钢筋与混凝土共同受压时，若钢筋强度过高（如高于 $0.002E_s$），则不能充分发挥其作用，故不宜用高强度钢筋作为受压钢筋。同时，也不得用冷拉钢筋作为受压钢筋。

2. 截面形式

轴心受压构件以方形为主，根据需要也可采用矩形截面、圆形截面或正多边形截面；截面最小边长不宜小于 250 mm，构件长细比 l_0/b 一般为 15 左右，不宜大于 30。

3. 纵向钢筋

（1）纵向受力钢筋直径 d 不宜小于 12 mm，为便于施工，宜选用较大直径的钢筋，以减少纵向弯曲，并防止在临近破坏时钢筋过早压屈，圆柱中纵向钢筋根数不宜少于 8 根，且不应少于 6 根。

（2）全部纵向钢筋的配筋率 ρ' 不宜超过 5%。

（3）纵向钢筋应沿截面周边均匀布置，钢筋净距不应小于 50 mm，亦不应大于 350 mm，混凝土保护层最小厚度一般为 25 mm。

（4）当钢筋直径 $d \leqslant 32$ mm 时，可采用绑扎搭接接头，但接头位置应设在受力较小处。

4. 箍筋

（1）应当采用封闭式箍筋，以保证钢筋骨架的整体刚度，并保证箍筋在构件破坏阶段对混凝土和纵向钢筋有侧向约束作用。

(2)箍筋的间距 S 不应大于横截面短边尺寸,且不大于 400 mm,同时不应大于 $15d$(d 为纵向钢筋的直径)。

(3)箍筋采用热轧钢筋时,其直径不应小于 6 mm,且不应小于 $d/4$;采用冷拔低碳钢丝时不应小于 5 mm,且不应小于 $d/5$(d 为纵向钢筋的最大直径)。

(4)当柱每边的纵向受力钢筋不多于 3 根(或当柱短边尺寸 $b \leqslant 400$ mm 而纵筋不多于 4 根)时,可采用单个箍筋;否则应设置复合箍筋,如图 8-5 所示。

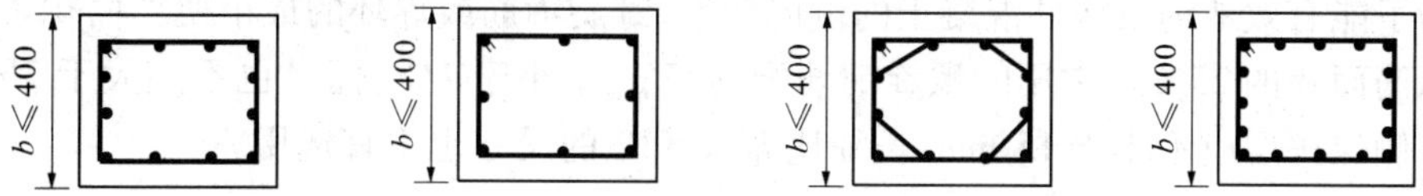

图 8-5　轴心受压柱的箍筋　(单位:mm)

(5)当柱中全部纵向受力钢筋配筋率超过 3% 时,箍筋直径不宜小于 8 mm,且应焊成封闭环式,其间距不应大于 $10d$(d 为纵向钢筋的最小直径),且不应大于 200 mm。

(6)在受压纵向钢筋搭接长度范围内的箍筋直径不应小于搭接钢筋较大直径的 0.25 倍,间距不应小于 $10d$,且不应大于 200 mm(d 为受力钢筋最小直径)。

三、螺旋箍筋柱

(一)受力分析及破坏特征

混凝土三向受压强度试验表明,侧向压应力的作用能有效地阻止混凝土在轴向压力作用下所产生的侧向变形和内部微裂缝的发展,从而使混凝土的抗压强度有较大的提高。配置螺旋箍筋(或焊接环箍)就能起到这种作用。

试验表明,当混凝土的轴向压力较大($0.7f_{cd}$左右)时,混凝土纵向微裂缝开始迅速发展,导致混凝土侧向变形明显增大,而配置足量的螺旋箍筋或焊接圆环箍筋就能约束其侧向变形,对混凝土产生间接的被动侧向压力,箍筋则产生环向拉力。当荷载逐步加大到混凝土压应变超过无约束时的极限压应变后,箍筋外部的混凝土将被压坏开始剥落,而箍筋以内即核心部分的混凝土仍能继续承载,只有当箍筋达到抗拉屈服强度而失去约束混凝土侧向变形的能力时,核心混凝土才会被压碎而导致整个构件破坏。

(二)构造要求

1. 截面形式

螺旋箍筋柱截面形式一般多做成圆形或多边形,仅在特殊情况下才采用矩形或方形。

2. 纵向钢筋

(1)螺旋箍筋柱的纵向受力钢筋为了能抵抗偶然出现的弯矩,其配筋率 ρ' 应不小于箍筋圈内核心混凝土截面面积的 0.5%,构件核心截面面积不小于构件整个截面面积的 2/3。但配筋率 ρ' 也不宜大于 3%,一般为核心面积的 0.8%~3.2%。

(2)纵向受力钢筋的直径要求同普通箍筋柱,但为了构成圆形截面,纵筋至少要采用 6 根,实用根数经常为 6~8 根,并沿圆周做等距离布置。

3. 箍筋

箍筋太细有可能引起混凝土承压时的局部损坏，箍筋太粗则又会增加钢筋弯制的困难，螺旋箍筋的直径不应小于纵向钢筋直径的 1/4，且不小于 8 mm。

螺旋箍筋或环形钢筋的螺距 S(或间距)应不大于混凝土核心直径 d_{cor} 的 1/5，且不大于 80 mm。为了保证混凝土的浇筑质量，其间距也不宜小于 40 mm。

纵向受力钢筋及配置的螺旋式或焊接式间接钢筋，应伸入与受压构件连接的上下构件内，其长度不应小于受压构件的直径且不大于纵向受力钢筋的锚固长度。

为了能有效地约束构件混凝土的侧向变形，螺旋箍筋或焊环的最小换算面积 A_{s0} 应不小于纵筋面积的 25%。常用的螺旋钢筋配筋率 ρ_{sv} 不小于 1%，而且也不宜大于 3%。螺旋筋外侧保护层应不小于 15 mm，长细比 $l_0/d>12$ 的尺寸也不宜选用。

第二节　普通箍筋柱计算

一、正截面承载力计算公式

普通箍筋柱配有纵向受力钢筋协同混凝土承压，而横向箍筋只起维持纵筋稳定的作用，并不增加构件的承载能力。

根据图 8-6，由平衡条件即可得出普通箍筋柱的正截面抗压承载力计算公式：

$$\gamma_0 N_d \leqslant 0.9\varphi(f_{cd}A + f'_{sd}A'_s) \tag{8-1}$$

式中　N_d——轴向压力组合设计值；

φ——轴压构件稳定系数，按表 8-1 采用；

f_{cd}——混凝土轴心抗压强度设计值；

f'_{sd}——钢筋抗压强度设计值；

A'_s——全部纵向钢筋截面面积；

γ_0——结构的重要性系数；

A——构件截面面积。

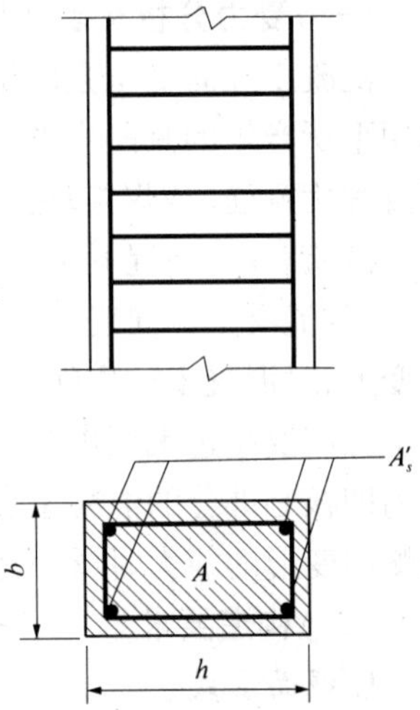

图 8-6　普通箍筋柱计算简图

二、正截面承载力计算

轴心受压构件承载力计算，分为截面设计和承载力复核两种情况。

(一)截面设计

截面尺寸已知时，可由式(8-1)计算所需钢筋截面面积：

$$A'_s = \frac{\gamma_0 N_d - 0.9\varphi f_{cd}A}{0.9\varphi f'_{sd}} \tag{8-2}$$

截面尺寸未知时，则可在适宜配筋率($\rho' = 0.5\% \sim 1.5\%$)范围内选取一个 ρ' 值，并暂设 $\varphi = 1$，这时，式(8-1)可写成：

$$\gamma_0 N_d \leqslant 0.9A(f_{cd} + f'_{sd}\rho')$$

则 $$A \geqslant \frac{\gamma_0 N_d}{0.9(f_{cd}+f'_{sd}\rho')} \tag{8-3}$$

式中 ρ'——配筋率，$\rho' = \frac{A'_s}{A}$。

若柱为正方形，边长 $b=\sqrt{A}$，求出的边长 b，根据构造要求调整为整数，然后按实际的 l_0/b 查出 φ，再由式(8-2)计算所需的钢筋截面面积。

(二)承载力复核

对已设计好的截面进行承载力复核时，首先应检查纵向钢筋及箍筋布置构造是否符合要求，根据 l_0/b 查出 φ 值，由式(8-1)求得截面所能承受的纵向力：

$$N_u = 0.9\varphi(f_{cd}A + f'_{sd}A'_s)$$

所求得的截面承载能力 N_u 应大于轴向力组合设计值 $\gamma_0 N_d$。

【例 8-1】 某现浇钢筋混凝土轴心受压柱，底端固结，上端铰接，柱高 6.5 m，承受轴向力组合设计值为 828 kN，采用 C20 混凝土，R235 级钢筋，结构重要性系数 $\gamma_0=1.0$。试设计该轴心受压柱。

解：查得 $f_{cd}=9.2$ MPa，$f'_{sd}=195$ MPa。

由式(8-1)可看出，在设计时有 3 个未知量 φ、A'_s、A_s，现设 $\rho'=1\%$，取 $\varphi=1$，由式(8-3)有

$$A \geqslant \frac{\gamma_0 N_d}{0.9(f_{cd}+f'_{sd}\rho')} = \frac{828\times10^3\times1.0}{0.9\times(9.2+0.01\times195)} = 82\ 511(\text{mm}^2)$$

选取正方形截面 $b=\sqrt{A}=\sqrt{82\ 511}=287$ mm，取

$$b=300\ \text{mm}, A=b^2=90\ 000\ \text{mm}^2$$

一端固结，一端铰接的柱：

$$l_0=0.7l=0.7\times6\ 500=4\ 550(\text{mm})$$

$l_0/b=4\ 550/300=15.17$，查表 8-1 得 $\varphi=0.89$，由式(8-2)可求得所需受压钢筋的截面面积 A'_s 为：

$$A'_s=\frac{\gamma_0 N_d-0.9\varphi f_{cd}A}{0.9\varphi f'_{sd}}=\frac{1.0\times828\times10^3-0.9\times0.89\times9.2\times90\ 000}{0.9\times0.89\times195}=1\ 055(\text{mm}^2)$$

选用 4 Φ 20 的纵向钢筋，$A'_s=1\ 256\ \text{mm}^2>1\ 055\ \text{mm}^2$，箍筋按构造要求布置，根据《公路桥规》规定，箍筋间距 S 应满足：

$S\leqslant15d=300$ mm，$S\leqslant b=300$ mm，$S\leqslant400$ mm 的要求，故取 $S=250$ mm，箍筋直径为 8 mm。

核算实际配筋率 $\rho'=\frac{A'_s}{A}=\frac{1\ 256}{90\ 000}=0.014\ 0=1.40\%$，符合适宜配筋率范围，故上述设计合理，符合要求。

第三节 螺旋箍筋柱计算

计算配有螺旋式或焊接环式间接钢筋的轴心受压构件承载力时，假定混凝土应力达

到考虑横向约束的混凝土轴心抗压强度 f_{cc}，纵向钢筋应力均达到钢筋抗压强度设计值 f'_{sd}，箍筋外围混凝土不起作用。其计算简图如图 8-7 所示。

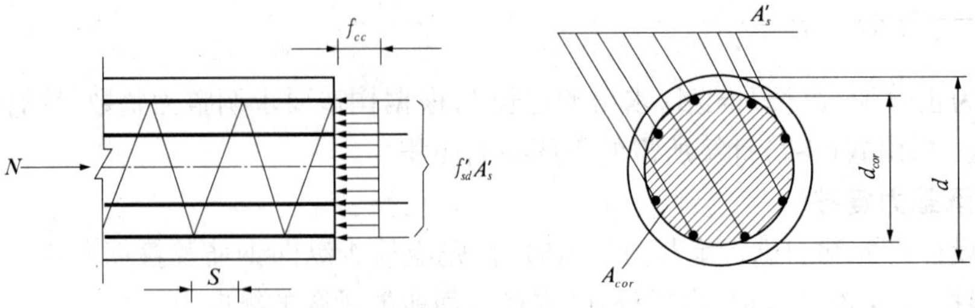

图 8-7　螺旋箍筋柱计算简图

于是可得长细比 $l_0/d \leqslant 12$ 时的螺旋箍筋柱的正截面抗压承载力计算公式：

$$N_u = f_{cc}A_{cor} + f'_{sd}A'_s \tag{8-4}$$

式中　f_{cc}——处于三向压应力作用下核心混凝土的抗压强度；

A_{cor}——构件核心截面面积；

f'_{sd}——纵向受压钢筋的抗压强度设计值；

A'_s——纵向受压钢筋的全部截面面积。

根据圆柱体三向受压试验结果，可得到下述近似表达式：

$$f_{cc} = f_{cd} + k\sigma_2 \tag{8-5}$$

式中　σ_2——作用于核心混凝土的径向压应力值。

k——间接钢筋影响系数，混凝土强度等级在 C50 以下时，取 $k = 2.0$，为 C55，C60，C65，C70 时，分别取 $k = 1.95, 1.90, 1.85, 1.80$。

螺旋箍筋柱破坏，螺旋箍筋达到了屈服强度，它对核心混凝土提供了最后的侧压应力 σ_2。现取螺旋箍筋间距 S 范围内，沿螺旋箍筋的直径切开成脱离体，如图 8-8 所示，由隔离体的平衡条件可得到：$\sigma_2 d_{cor} S = 2f_s A_{s01}$，整理后得：

$$\sigma_2 = \frac{2f_s A_{s01}}{d_{cor}S} \tag{8-6}$$

式中　A_{s01}——单根螺旋箍筋的截面面积；

f_s——螺旋箍筋的抗拉强度；

S——螺旋箍筋的间距（见图 8-7）；

d_{cor}——截面核心混凝土的直径，$d_{cor} = d - 2c$，c 为纵向钢筋至柱截面边缘的径向混凝土保护层厚度。

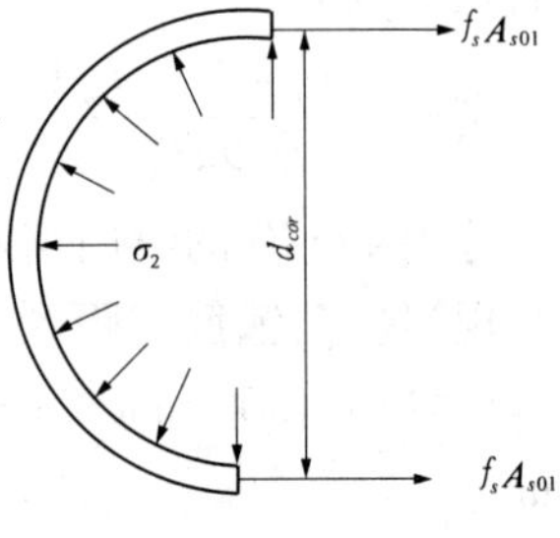

图 8-8　螺旋箍筋受力状态

现将间距为 S 的螺旋箍筋，按钢筋体积相等的原则换算成纵向钢筋的面积，称为螺旋箍筋柱的间接钢筋换算截面积 A_{s0}，即

$$\pi d_{cor}A_{s01} = A_{s0}S \qquad A_{s0} = \frac{\pi d_{cor}A_{s01}}{S} \tag{8-7}$$

将式(8-7)代入式(8-6)得：$\sigma_2 = \dfrac{f_s A_{s0}}{2A_{cor}}$，将其代入式(8-5)可得：

$$f_{cc}=f_{cd}+\frac{kf_sA_{s0}}{2A_{cor}} \tag{8-8}$$

将式(8-8)代入式(8-4)得：

$$\gamma_0N_d\leqslant 0.9(f_{cd}A_{cor}+kf_sA_{s0}+f'_{sd}A'_s) \tag{8-9}$$

式中 γ_0——结构重要性系数；

N_d——轴向力组合设计值；

f_{cd}——混凝土抗压强度设计值；

f'_{sd}——纵向钢筋抗压强度设计值；

f_s——间接钢筋抗拉强度设计值；

A_{s0}——螺旋式或焊接环式间接钢筋的换算截面面积；

d_{cor}——构件截面核心直径；

A_{s01}——单根间接钢筋的截面面积；

其他符号意义同前。

对于式(8-9)的使用,《公路桥规》有如下规定条件：

(1)《公路桥规》规定,按式(8-9)计算的螺旋箍筋柱抗压承载力设计值不应大于由式(8-1)计算的普通箍筋柱抗压承载能力设计值的1.5倍,用以保证混凝土保护层在使用荷载作用下不致过早剥落,即

$$0.9(f_{cd}A_{cor}+f'_{sd}A'_s+kf_sA_{s0})\leqslant 1.5[0.9\varphi(f_{cd}A+f'_{sd}A'_s)] \tag{8-10}$$

(2)当遇到下列任意一种情况时,不考虑螺旋箍筋的作用,而按式(8-1)计算构件的承载力:①构件长细比 $\lambda=\frac{l_0}{d}\geqslant 12$($d$ 为圆形截面直径)。②当按式(8-9)计算承载力小于按式(8-1)计算的承载力时,因为式(8-9)只考虑了混凝土核心面积,混凝土核心面积不能太小,否则计算承载能力反而小了。这种情况通常发生在外围的混凝土面积较大时。③当$A_{s0}<0.25A'_s$时,螺旋箍筋配置的太少,不能起显著作用。

【例8-2】 圆形截面轴心受压构件直径 $d=400$ mm,计算长度 $l_0=2.75$ m;混凝土强度等级C25,纵向钢筋采用HRB335钢筋,箍筋采用R235级钢筋,轴心压力组合设计值 $N_d=1\ 640$ kN;Ⅰ类环境条件,桥梁结构重要性系数 $\gamma_0=1.0$,试按照螺旋箍筋柱进行设计和截面复核。

解:查表知:$f_{cd}=11.5$ MPa,HRB335钢筋 $f'_{sd}=280$ MPa;R235级钢筋 $f_{sd}=195$ MPa,$\gamma_0N_d=1\ 640$ kN。

(1)截面设计。

由于长细比 $\lambda=l_0/d=2\ 750/400=6.88<12$,故可按照螺旋箍筋柱进行设计。

取 $c=30$ mm,则核心面积直径：

$$d_{cor}=d-2c=400-2\times 30=340(\text{mm})$$

柱截面面积：

$$A=\frac{\pi d^2}{4}=\frac{3.14\times 400^2}{4}=125\ 600(\text{mm}^2)$$

核心面积：

$$A_{cor}=\frac{\pi d_{cor}^2}{4}=\frac{3.14\times340^2}{4}=90\ 746(\text{mm}^2)>\frac{2}{3}A=\frac{2}{3}\times125\ 600=83\ 733(\text{mm}^2)$$

假定纵向钢筋配筋率 $\rho'=0.012$，则可得到：

$$A_s'=\rho' A_{cor}=0.012\times90\ 746=1\ 089(\text{mm}^2)$$

选用 6 ⌀16，$A_s'=1\ 206\ \text{mm}^2$。

由式(8-9)取 $N_u=\gamma_0 N_d=1\ 640\ \text{kN}$，可得螺旋箍筋换算截面面积：

$$A_{s0}=\frac{N_u/0.9-f_{cd}A_{cor}-f_{sd}'A_s'}{kf_s}=\frac{1\ 640\ 000/0.9-11.5\times90\ 746-280\times1\ 206}{2\times195}$$

$$=1\ 131(\text{mm}^2)>0.25A_s'=302\ \text{mm}^2$$

选取ϕ10 单肢箍筋的截面面积 $A_{s01}=78.5\ \text{mm}^2$。这时，有

$$S=\frac{\pi d_{cor}A_{s01}}{A_{s0}}=\frac{3.14\times340\times78.5}{1\ 131}=74(\text{mm})$$

由构造要求，间距 S 应满足 $S\leqslant d_{cor}/5=68$ mm 和 $S\leqslant80$ mm，故取 $S=60\ \text{mm}>40\ \text{mm}$，截面设计如图 8-9 所示。

(2)截面复核。

经检查，图 8-9 构造布置符合设计要求。实际设计截面的：

$$A_{cor}=90\ 746\ \text{mm}^2,\ A_s'=1\ 206\ \text{mm}^2,$$

$$\rho=1\ 206/90\ 746=1.32\%>0.5\%,$$

$$A_{s0}=\frac{\pi d_{cor}A_{s01}}{S}=\frac{3.14\times340\times78.5}{60}=1\ 397(\text{mm}^2)$$

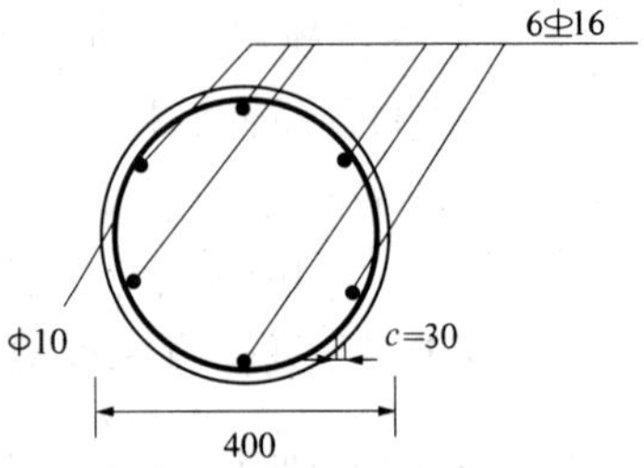

图 8-9　截面设计图　(单位：mm)

由式(8-9)可得到：

$$N_u=0.9(f_{cd}A_{cor}+f_{sd}'A_s'+kf_sA_{s0})$$

$$=0.9\times(11.5\times90\ 746+2\times195\times1\ 397+280\times1\ 206)$$

$$=1\ 733.48\times10^3(\text{N})>N_d=1\ 640\times10^3\text{N}$$

检查混凝土保护层是否会剥落。由式(8-1)可得到：

$$N_u'=0.9\varphi(f_{cd}A+f_{sd}'A_s')=0.9\times1\times(11.5\times125\ 600+280\times1\ 206)$$

$$=1\ 603.87\times10^3(\text{N})=1\ 603.87\ \text{kN}$$

又 $1.5N_u'=1.5\times1\ 603.87=2\ 405.81(\text{kN})>N_u=1\ 733.48\ \text{kN}$，故混凝土保护层不会剥落。

复习思考题

8-1　钢筋混凝土受压柱为何不应采用过大的配筋率？

8-2　如果受压柱高度过大，应采用螺旋柱还是普通箍筋柱？

8-3　轴心受压构件中纵筋的作用是什么？

8-4　普通箍筋柱与螺旋箍筋柱的承载力分别由哪些部分组成？

8-5　螺旋箍筋柱应满足的条件有哪些？

8-6 有一根高度为8.5 m的钢筋混凝土柱，底端固结，顶端铰结，截面为500 mm×500 mm，承受计算轴向力N_d=3 510 kN，混凝土强度等级C25，纵向钢筋采用HRB335级钢筋，箍筋采用R235级钢筋，求所需的钢筋截面面积。

8-7 试设计一个圆形截面的螺旋箍筋柱，柱的计算长度l_0=3 m，承受轴向恒载N_d=630 kN，纵向活载N_q=545 kN，混凝土强度等级C20，纵向受力钢筋选用HRB335级钢筋，螺旋箍筋采用R235级钢筋，试设计该柱，并进行截面复核（设ρ=0.1%，ρ_b=10%，则d=450 mm，A_s'=1 257 mm^2，A_s=1 257 mm^2）。

8-8 有一现浇轴心受压柱，截面面积为250 mm×250 mm，计算长度l_0=6.5 m，承受轴向力为N_d=400 kN，混凝土强度等级C20，纵筋为4 Φ25，求该柱是否安全（设安全N_d'=402.6 kN）。

第九章　钢筋混凝土偏心受压构件承载力

学习目标

1. 重点掌握矩形截面偏心受压构件承载力计算方法。
2. 掌握偏心受压构件主要构造要求。
3. 了解圆形截面偏心受压构件承载力计算方法。

第一节　偏心受压构件正截面受力特征及破坏形态

一、概述

当轴向力的作用线偏离受压构件的轴线时(图 9-1(a)),此受压构件称为偏心受压构件。偏心压力 N 的作用点离构件截面形心的距离 e_0 称为偏心距;截面上同时承受轴心压力和弯矩的构件(图 9-1(b)),称为压弯构件。根据力的平移法则,截面承受偏心距为 e_0 的偏心压力 N 相当于承受轴心压力 N 和弯矩 $M(M=Ne_0)$ 的共同作用,故压弯构件与偏心受压构件的受力特性是基本一致的。

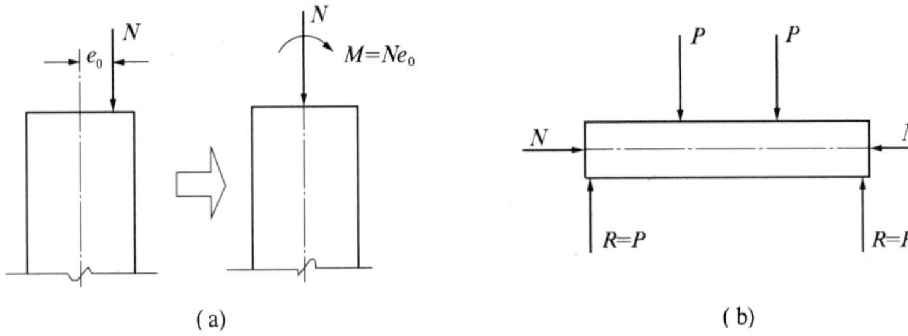

图 9-1　偏心受压构件与压弯构件

钢筋混凝土偏心受压(或压弯)构件是实际工程中应用较广泛的受力构件之一。例如,拱桥的钢筋混凝土拱肋、(上承式)桁架的上弦杆、刚架的立柱、柱式墩(台)的墩(台)柱、桩基础的桩等均属偏心受压构件,即在荷载作用下,构件截面上同时存在着轴心压力和弯矩。

钢筋混凝土偏心受压构件的截面形式如图 9-2 所示。矩形截面为最常用的截面形式;截面高度大于 600 mm 的偏心受压构件多采用工字形或箱形截面;圆形截面多用于柱式墩台及桩基础中。

在钢筋混凝土偏心受压构件中,布置有纵向受力钢筋和箍筋。纵向受力钢筋在矩形截面中常见的配置方式是将纵向钢筋布置在偏心力方向的两侧(图 9-3(a)),其数量通过承载力计算确定;对于圆形截面,则采用沿截面周边均匀配筋的方式(图 9-3(b));箍筋的作用是防止纵向钢筋局部压屈,并与纵向钢筋形成钢筋骨架,便于施工。此外,偏心受压构件中还存在着一定的剪力,可由箍筋承担。但因剪力的数值一般较小,故一般不作计算。箍筋数量及间距按第八章中普通箍筋柱的构造要求确定。

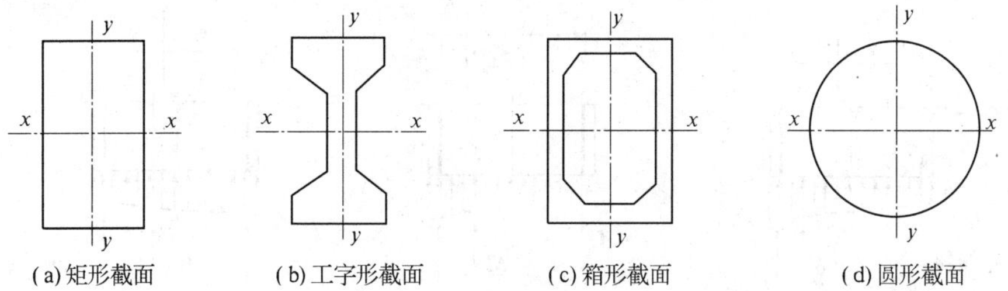

图 9-2　偏心受压构件截面形式

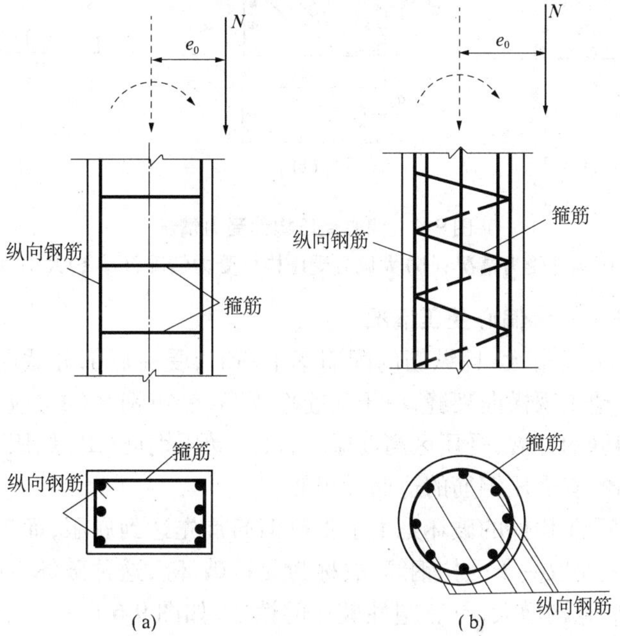

图 9-3　偏心受压构件钢筋布置

二、偏心受压构件的破坏形态

钢筋混凝土偏心受压构件也有长柱和短柱之分。现以工程中常用的截面两侧纵向受力钢筋为对称配置的($A_s = A_s'$)偏心受压短柱为例,说明其破坏形态和破坏特征。随轴向力 N 在截面上的偏心距 e_0 大小的不同和纵向钢筋配筋率($\rho = A_s/bh_0$)的不同,偏心受压构件的破坏特征有两种。

(一)受压破坏——小偏心受压情况

当轴向力 N 的偏心距较小,或当偏心距较大但配筋率很高时,截面可能部分受压、部分受拉,也可能全截面受压(见图 9-4)。它们的特点是:构件的破坏是由于受压区混凝土到达其抗压强度，距轴力较远一侧的钢筋，无论受拉或受压，一般均未到达屈服，其承载力主要取于受压区混凝土及受压钢筋，故称为受压破坏。这种破坏缺乏明显的预兆，具有脆性破坏的性质(如图 9-5 所示)。

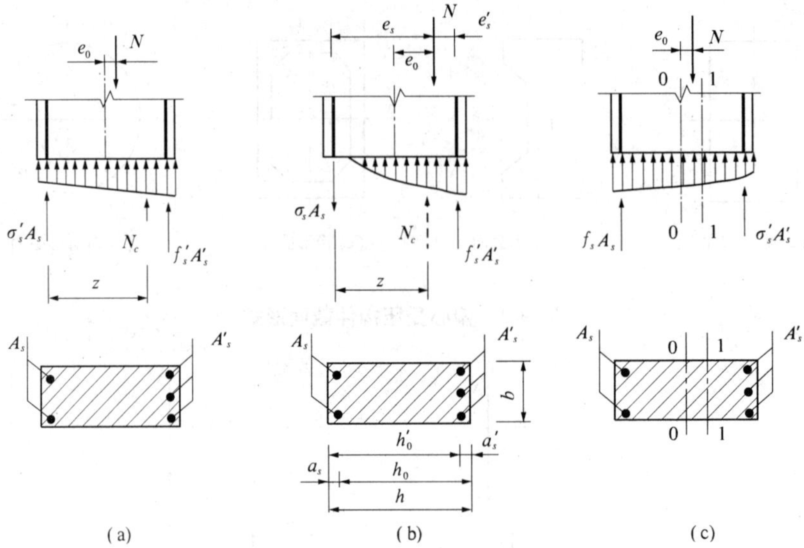

图 9-4　偏心受压构件受力情况

(a)小偏心受压构件受力情况；(b)大偏心受压构件受力情况；(c)A_s 太小时的应力情况

(二)受拉破坏——大偏心受压情况

轴向力 N 的偏心距较大，且纵筋的配筋率不高时，受荷后部分截面受压，部分受拉。受拉区混凝土较早地出现横向裂缝，由于配筋率不高，受拉钢筋(A_s)应力增长较快，首先达到屈服。随着裂缝的开展，受压区高度减小，最后受压钢筋(A'_s)屈服，受压区混凝土压碎。其破坏形态与配有受压钢筋的适筋梁相似。

因为这种偏心受压构件的破坏是由于受拉钢筋首先达到屈服，而导致的受压区混凝土压坏，其承载力主要取决于受拉钢筋，故称为受拉破坏。这种破坏有明显的预兆，横向裂缝显著开展，变形急剧增大，具有塑性破坏的性质，如图 9-6 所示。形成这种破坏的条件是：偏心距 e_0 较大，且纵筋配筋率不高，因此称为大偏心受压情况。

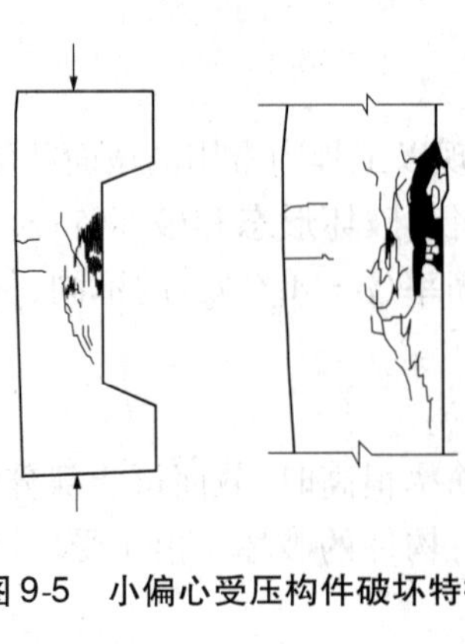

图 9-5　小偏心受压构件破坏特征

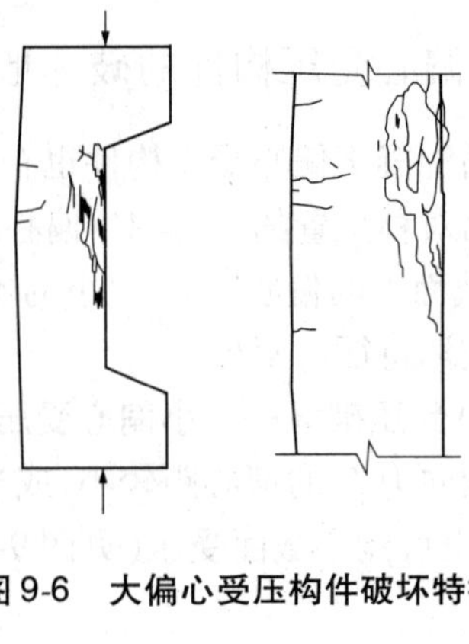

图 9-6　大偏心受压构件破坏特征

三、大、小偏心受压的界限

从以上两类偏心受压破坏的特征可以看出，两类破坏的本质区别在于破坏时受拉钢筋能否达到屈服。若受拉钢筋先屈服，然后是受压区混凝土压碎即为受拉破坏；若受拉钢筋或远离力一侧的钢筋无论受拉还是受压均未屈服，则为受压破坏。那么，两类破坏的界限应该是当受拉钢筋初始屈服的同时，受压区混凝土达到极限压应变。用截面应变表示（见图9-7）这种特性，可以看出其界限与受弯构件中的适筋破坏与超筋破坏的界限完全相同。因此，可用相对界限受压区高度 ξ_b 来判别两种不同偏心受压破坏形态：当 $\xi \leq \xi_b$，受拉钢筋先屈服，然后混凝土压碎，截面为受拉破坏——大偏心受压破坏；当 $\xi > \xi_b$，截面为受压破坏——小偏心受压破坏。

四、偏心受压构件的 $M \sim N$ 相关曲线

对于给定截面、配筋及材料强度的偏心受压构件，到达承载能力极限状态时，截面承受的内力设计值 N、M 并不是独立的，而是相关的。轴力与弯矩对构件的作用效应存在着叠加和制约的关系，也就是说，当给定轴力 N 时，有其唯一对应的弯矩 M，或者说构件可以在不同的 N 和 M 的组合下达到其极限承载力。下面以对称配筋截面为例说明轴向力 N 与弯矩 M 的对应关系。如图9-8所示，ab 段表示大偏心受压时的 $M \sim N$ 相关曲线，为二次抛物线。随着轴向压力 N 的增大，截面能承担的弯矩也相应提高。b 点为受拉钢筋与受压混凝土同时达到其强度值的界限状态。此时，偏心受压构件承受的弯矩 M 最大。bc 段表示小偏心受压时的 $M \sim N$ 曲线，是一条接近于直线的二次函数曲线。由曲线趋向可以看出，在小偏心受压情况下，随着轴向压力的增大，截面所能承担的弯矩反而降低。图中 a 点表示受弯构件的情况，c 点代表轴心受压构件的情况。曲线上任一点的坐标代表截面承载力的一种 M 和 N 的组合。如任意点 e 位于图中曲线的内侧，说明截面在该点坐标给出的内力组合下未达到承载能力极限状态，是安全的；若 e 点位于图中曲线的外侧，则表明截面的承载能力不足。

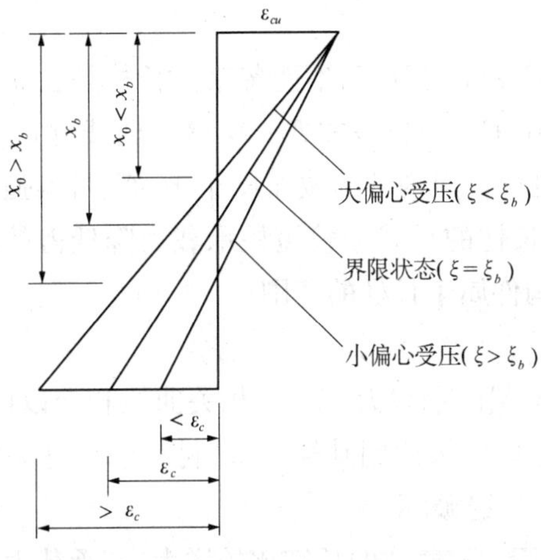

图9-7 偏心受压构件的截面应变分布

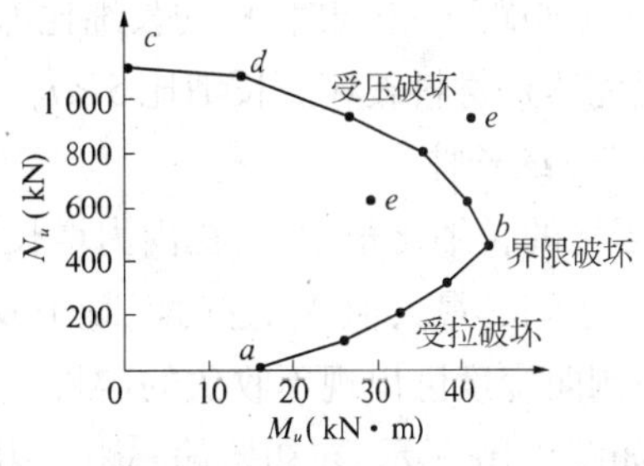

图9-8 偏心受压构件的 $M \sim N$ 相关曲线图

第二节　偏心受压构件的纵向弯曲

钢筋混凝土受压构件在承受偏心荷载后，将产生纵向弯曲变形，即会产生侧向变形。对于长细比小的短柱，侧向挠度小，计算时一般可忽略其影响。而对长细比较大的长柱，由于侧向挠度的影响，各截面所受的弯矩不再是 Ne_0，而变成 $N(e_0+y)$（图 9-9），y 为构件任意点的水平侧向变形。在柱高度中点处，侧向挠度最大为 u，截面上的弯矩为 $N(e_0+u)$。u 随着荷载的增大而不断加大，因而弯矩的增长也越来越快。一般把偏心受压构件截面弯矩中的 Ne_0 称为初始弯矩或一阶弯矩（不考虑构件侧向变形时的弯矩），将 Nu 或 Ny 称为附加弯矩或二阶弯矩。由于二阶弯矩的影响，将造成偏心受压构件不同的破坏类型。

一、偏心受压构件的破坏类型

按长细比的不同，钢筋混凝土偏心受压柱可分为短柱、长柱和细长柱。

（一）短柱

当柱的长细比较小时，侧向变形 u 与初始偏心距 e_0 相比很小，可略去不计，这种柱称为短柱。《公路桥规》规定当构件长细 $l_0/h\leqslant5$ 或 $l_0/d\leqslant5$ 或 $l_0/i\leqslant17.5$ 时（l_0 为构件计算长度，h 为截面高度，d 为圆形截面直径，i 为截面的回转半径），可不考虑挠度对偏心距的影响。短柱的 N 与 M 为线性关系，如图 9-10 中的直线 OB，随荷载增大，直线与 $N\sim M$ 相关曲线交于 B 点，到达承载能力极限状态，属于材料破坏。

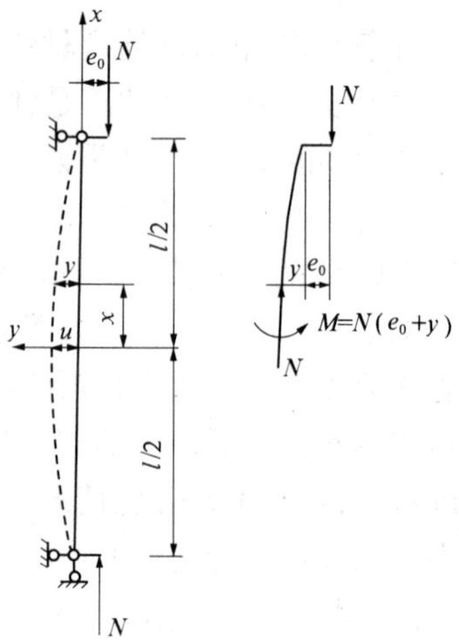

图 9-9　偏心受压构件受力图示

（二）长柱

当柱的长细比较大时，侧向变形 u 与初始偏心距 e_0 相比已不能忽略。长柱是在 u 引起的附加弯矩作用下发生的材料破坏。图 9-10 中 OC 是长柱的 $N\sim M$ 增长曲线，由于 u 随 N 的增大而增大，故 $M=N(u+e_0)$ 较 N 增长更快。当构件的截面尺寸、配筋、材料强度及初始偏心距 e_0 相同时，柱的长细比 l_0/h 越大，长柱的承载力较短柱承载力降低得就越多，但仍然是材料破坏。长细比 $5<l_0/h\leqslant30$ 的构件属于长柱的范围。

（三）细长柱

当柱的长细比很大时，在内力增长曲线 OE 与截面承载力 $M\sim N$ 相关曲线相交以前，轴力已达到其最大值 N_2，这时混凝土及钢筋的应变均未达到其极限值，材料强度并未耗尽，但侧向挠度已出现不收敛的增长，这种破坏为失稳破坏。

如图 9-10 所示，在初始偏心距 e_0 相同的情况下，随着柱的长细比的增大，其承载力依次降低，分别为 $N_2<N_1<N_0$。

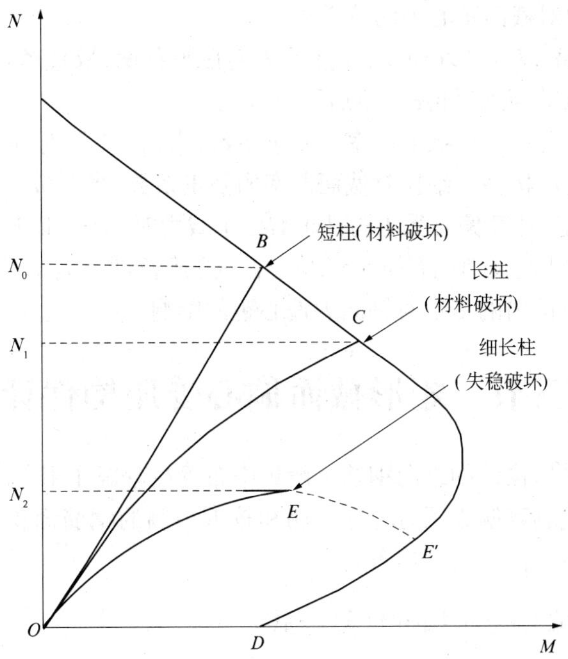

图 9-10　柱长细比对承载力的影响

二、偏心距增大系数

实际结构中最常见的是长柱，其最终破坏属于材料破坏，但在计算中应考虑由于构件的侧向挠度而引起的二阶弯矩的影响。设考虑侧向变形后的偏心距(e_0+u)与初始偏心距的比为：

$$\eta=\frac{e_0+u}{e_0}=1+\frac{u}{e_0} \tag{9-1}$$

式中　η——偏心受压构件考虑纵向挠曲影响的轴向力偏心距增大系数。

引用偏心距增大系数 η 的作用是将短柱($\eta=1$)承载力计算公式中的 e_0 代换为 ηe_0，即可用来进行长柱的承载力计算。

根据大量的理论分析及试验研究，《公路桥规》给出偏心距增大系数 η 的计算公式为：

$$\eta=1+\frac{1}{1\,400\frac{e_0}{h_0}}\left(\frac{l_0}{h}\right)^2\zeta_1\zeta_2 \tag{9-2}$$

$$\zeta_1=0.2+2.7\frac{e_0}{h_0}\leqslant 1.0 \tag{9-3}$$

$$\zeta_2=1.15-0.01\frac{l_0}{h}\leqslant 1.0 \tag{9-4}$$

式中　l_0——构件的计算长度，由表 8-1 中的有关规定或按工程经验确定；

e_0——轴向力对截面重心轴的偏心距；

h——截面高度，对环形截面取外直径 d，对圆形截面，取直径 d；

h_0——截面有效高度(详见本章后面内容)；

ζ_1——小偏心受压构件截面曲率的修正系数，当 $\zeta_1 > 1.0$ 时，取 $\zeta_1 = 1.0$；

ζ_2——偏心受压构件长细比对截面曲率的修正系数，当 $l_0/h < 15$ 时，取 $\zeta_2 = 1.0$。

《公路桥规》规定：计算偏心受压构件正截面承载力时，对长细比 $l_0/i > 17.5$(i 为构件截面回转半径)的构件或长细比 $l_0/h > 5$(矩形截面)或长细比 $l_0/d > 4.4$(圆形截面)，考虑构件在弯矩作用平面内的变形对轴向力偏心距的影响。

第三节　矩形截面偏心受压构件计算

矩形截面偏心受压构件的纵向钢筋一般集中布置在弯矩作用方向的截面两对边位置上，以 A_s 和 A_s'分别代表离偏心压力较远一侧和较近一侧的钢筋面积。当 $A_s \neq A_s'$时，称为非对称布筋；当 $A_s = A_s'$时，称为对称布筋。

一、矩形截面偏心受压构件计算公式

与受弯构件相似，偏心受压构件的正截面承载力计算采用下列基本假定：

(1)截面应变分布符合平截面假定；

(2)不考虑混凝土的抗拉强度；

(3)受压区混凝土的极限压应变 $\varepsilon_{cu} = 0.0033 \sim 0.003$；

(4)混凝土的压应力图形为矩形，应力集度为 f_{cd}。矩形应力图的高度 x 等于平截面确定的中性轴高度 x_c 乘以系数 β，即 $x = \beta x_c$。

偏心受压构件以相对界限受压区高度 ξ_b 作为判别大小偏心受压的条件，ξ_b 的值见表 5-2。当 $\xi \leqslant \xi_b$ 时，为大偏心受压，当 $\xi > \xi_b$ 时，为小偏心受压。

(一)基本计算公式

由截面承载力极限状态(图 9-11)时的力及力矩的平衡条件，可得到偏心受压构件正截面承载力的计算公式：

$$\gamma_0 N_d \leqslant N_u = f_{cd}bx + f_{sd}'A_s' - \sigma_s A_s \tag{9-5}$$

$$\gamma_0 N_d e_s \leqslant M_u = f_{cd}bx\left(h_0 - \frac{x}{2}\right) + f_{sd}'A_s'(h_0 - a_s') \tag{9-6}$$

$$\gamma_0 N_d e_s' \leqslant M_u = -f_{cd}bx\left(\frac{x}{2} - a_s'\right) + \sigma_s A_s(h_0 - a_s') \tag{9-7}$$

$$f_{cd}bx\left(e_s - h_0 + \frac{x}{2}\right) = \sigma_s A_s e_s - f_{sd}'A_s'e_s' \tag{9-8}$$

$$\left.\begin{aligned} e_s &= \eta e_0 + \frac{h}{2} - a_s \\ e_s' &= \eta e_0 - \frac{h}{2} + a_s' \end{aligned}\right\} \tag{9-9}$$

式中　γ_0——桥梁结构的重要性系数；

x——混凝土受压区高度；

e_s、e_s'——偏心压力 $\gamma_0 N_d$ 作用点至钢筋 A_s 合力作用点和钢筋 A_s' 合力作用点的距离；

e_0——轴向力对截面重心轴的偏心距，$e_0=\dfrac{M_d}{N_d}$；

N_d、M_d——轴向力及弯矩组合设计值；

h_0——截面受压较大边边缘至受拉边或受压较小边纵向钢筋合力点的距离，$h_0=h-a_s$；

η——偏心受压构件轴向力偏心距增大系数，与式(9-2)相同。

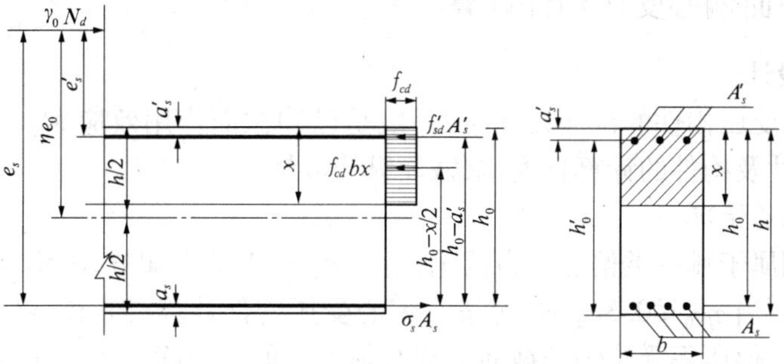

图 9-11　矩形截面偏心受压构件正截面抗压承载力计算

（二）公式适用范围

式(9-5)～式(9-8)中的几点说明：

(1)截面受拉边或受压较小边纵向钢筋的应力 σ_s 的取值。

当 $\xi \leqslant \xi_b$ 时为大偏心受压构件，取 $\sigma_s=f_{sd}$，此处，相对受压区高度 $\xi=x/h_0$。

当 $\xi>\xi_b$ 时为小偏心受压构件，σ_s 按下式计算：

$$\sigma_{si}=0.003\times E_s\left(\frac{\beta h_{0i}}{x}-1\right) \tag{9-10}$$

式中　σ_{si}——第 i 层普通钢筋的应力，按公式计算正值表示拉应力；

E_s——受拉钢筋的弹性模量；

h_{0i}——第 i 层普通钢筋截面重心至受压较大边边缘的距离；

x——截面受压区高度；

β——截面受压区矩形应力图高度与实际受压区高度的比例，按表 9-1 取用。

表 9-1　系数 β 值

混凝土强度等级	C50 及以下	C55	C60	C65	C70	C75	C80
β 值	0.80	0.79	0.78	0.77	0.76	0.75	0.74

(2)为了保证构件破坏时，大偏心受压构件截面上的受拉钢筋达到屈服、受压钢筋能达到抗压强度设计值 f_{sd}'，公式的适用条件为：

$$x \leqslant \xi_b h_0 \text{ 且 } x \geqslant 2a_s'$$

(3) 对小偏心受压构件，若为全截面受压，为防止远离力一侧的钢筋 A_s 太少而先屈服，其抗压承载力尚应按下列公式计算：

$$\gamma_0 N_d e_s' \leqslant M_u = f_{cd} bh\left(h_0' - \frac{h}{2}\right) + f_{sd}' A_s (h_0' - a_s) \tag{9-11}$$

$$e_s' = \frac{h}{2} - e_0 - a_s' \tag{9-12}$$

式中 e_s'——轴向力作用点至受力较大一侧钢筋合力点的距离；

h_0'——截面受压较小边边缘至受压较大边纵向钢筋合力点的距离，$h_0' = h - a_s'$；

其他符号意义同前。

二、矩形截面偏心受压构件计算

（一）截面设计

在进行偏心受压构件的截面设计时，一般是已知截面作用效应 M_d、N_d 或偏心距、材料强度、截面尺寸及构件的计算长度，求截面纵筋数量。

1. 非对称配筋情况

首先要判别属于哪一类偏心受力情况，由于 A_s 及 A_s'是未知数，故不能用 ξ 与 ξ_b 的大小比较作出判断：当 $\eta e_0 \leqslant 0.3h_0$ 时，可按小偏心受压构件计算；当 $\eta e_0 > 0.3h_0$ 时，可先按大偏心受压计算，但所得受拉钢筋截面面积必须大于最小配筋量。否则，按小偏心受压构件计算或钢筋截面面积取最小配筋值。

1) 大偏心受压

此时受拉钢筋的应力 $\sigma_s = f_{sd}$。

情况 1：A_s 及 A_s'均未知。

根据偏心受压基本计算公式(9-5)及式(9-6)，只有两个独立方程，要解 3 个未知数 A_s、A_s'及 x，不能求得唯一的解，为充分发挥混凝土的作用，使用钢量 $A_s + A_s'$最小，引入补充设计条件 $x = \xi_b h_0$。

此时，由式(9-6)得：

$$A_s' = \frac{\gamma_0 N_d e_s - f_{cd} b \xi_b h_0 (h_0 - 0.5\xi_b h_0)}{f_{sd}'(h_0 - a_s')} \geqslant \rho_{\min}' bh \tag{9-13}$$

再将 A_s'代入式(9-5)得：

$$A_s = \frac{f_{cd} b \xi_b h_0 + f_{sd}' A_s' - \gamma_0 N_d}{f_{sd}} \geqslant \rho_{\min} bh \tag{9-14}$$

情况 2：A_s'已知，而 A_s 未知。

根据基本公式求解，两个独立的方程解两个未知数，由式(9-6)求 x：

$$x = h_0 - \sqrt{h_0^2 - \frac{2[\gamma_0 N_d e_s - f_{sd}' A_s' (h_0 - a_s')]}{f_{cd} b}} \tag{9-15}$$

若 $2a_s' \leqslant x \leqslant \xi_b h_0$，则可由式(9-5)求解 A_s，可得：

$$A_s = \frac{f_{cd} bx + f_{sd}' A_s' - \gamma_0 N_d}{f_{sd}} \tag{9-16}$$

若计算的 $x \leqslant \xi_b h_0$，但 $x \leqslant 2a_s'$，说明此时 A_s'可能达不到抗压强度设计值，此时应按情况 3 考虑。

情况 3：A_s'已知，但 $x \leqslant 2a_s'$。

此时按以下两种方法求 A_s。

(1) 令 $x = 2a_s'$，对 A_s'的合力点取矩得 A_{s1}：

$$A_{s1} = \frac{\gamma_0 N_d e_s'}{f_{sd}(h_0 - a_s')} \tag{9-17}$$

(2) 不考虑受压钢筋，取 $A_s' = 0$，由式(9-6)重求 x，再由式(9-6)求 A_{s2}：

$$A_{s2} = \frac{f_{cd}bx - \gamma_0 N_d}{f_{sd}} \tag{9-18}$$

比较 A_{s1} 和 A_{s2}，取其中的较小值作为 A_s，并且 A_s 应大于 $\rho_{\min}bh$。

2) 小偏心受压

情况 1：A_s 及 A_s'均未知。

利用基本计算公式求解，仍然面临两个独立的方程解 3 个未知数 A_s、A_s'及 x 的问题，必须引入一个补充方程。由于小偏心受压中，远离力一侧钢筋无论受拉还是受压均达不到屈服，故可取最小用钢量 $A_s = \rho_{\min}'bh$ 和考虑远离力一侧钢筋太少可能先屈服的情况由式(9-11)所确定的 A_s 两者中的较大值作为 A_s。A_s 已知后，可由式(9-5)和式(9-6)消去 A_s'得到求 x 的一元三次方程，求解的 x 或相对受压区高度 $\xi = x/h_0$ 可能有两种情况：

(1) 若 $\xi_b \leqslant \xi \leqslant h/h_0$，截面为部分受压、部分受拉。将 x 或 ξ 代入式(9-10)求得 σ_s，再将 σ_s、x 及已知的 A_s 代入式(9-5)求出 A_s'，且应满足 $A_s' \geqslant \rho_{\min}'bh$。

(2) $\xi \geqslant h/h_0$，截面为全截面受压，取 $x = h$，则钢筋 A_s'可直接由下式求解：

$$A_s' = \frac{\gamma_0 N_d e_s - f_{cd}bh(h_0 - h/2)}{f_{sd}'(h_0 - a_s')} \tag{9-19}$$

求出 A_s'且应满足 $A_s' \geqslant \rho_{\min}'bh$。

情况 2：A_s'已知，A_s 未知。

两个方程解两个未知数，可由基本公式直接求解。由式(9-6)求出 x 及相对界限受压区高度 $\xi = x/h_0$，可能有两种情况：

(1) 若 $\xi_b < \xi < h/h_0$，截面部分受压，部分受拉。将 ξ 代入式(9-10)求得钢筋应力 σ_s，由 ξ、σ_s 及 A_s'代入式(9-5)求 A_s。

(2) 若 $\xi > h/h_0$，则全截面受压。取 $\xi = h/h_0$，将 ξ 代入式(9-10)求得钢筋应力 σ_s，由 ξ、σ_s 及 A_s'代入式(9-5)求 A_s。另外，为防止远离力一侧钢筋太少而先屈服，A_s 应满足式(9-11)的要求。

2. 对称配筋情况

对称配筋是指截面的两侧用相同钢筋等级和数量的配筋，即 $A_s = A_s'$，$f_{sd} = f_{sd}' = \sigma_s$，$a_s = a_s'$。对称配筋截面设计也要先判别破坏类型，由于对称配筋的上述特点，式(9-5)变为：

$$\gamma_0 N_d = f_{cd}b\xi h_0 \tag{9-20}$$

则可得：

$$\xi = \frac{\gamma_0 N_d}{f_{cd}bh_0} \tag{9-21}$$

当 $\xi \leqslant \xi_b$ 时，按大偏心受压构件设计；当 $\xi > \xi_b$ 时，按小偏心受压构件设计。

1）大偏心受压

当由式(9-21)求得 x，且 $2a_s' \leqslant x \leqslant \xi_b h_0$ 时，可由式(9-6)求 A_s 及 A_s'：

$$A_s = A_s' = \frac{\gamma_0 N_d e_s - f_{cd} b \xi h_0^2 (1-0.5\xi)}{f_{sd}(h_0 - a_s')} \tag{9-22}$$

当 $x \leqslant \xi h_0$，且 $x < 2a_s'$时，受压钢筋达不到抗压强度设计值，应取下列 A_{s1} 及 A_{s2} 中的较小值。

令 $x = 2a_s'$，则：

$$A_{s1} = \frac{\gamma_0 N_d e_s'}{f_{sd}(h_0 - a_s')} \tag{9-23}$$

令 $A_s' = 0$，则：

$$x = h_0 - \sqrt{h_0^2 - \frac{2\gamma_0 N_d e_s}{f_{cd} b}}$$

$$A_{s2} = \frac{f_{cd} b x - \gamma_0 N_d}{f_{sd}} \tag{9-24}$$

2）小偏心受压

由于引入了条件 $A_s = A_s'$，则由式(9-5)、式(9-6)及式(9-10)可求得 ξ 及 σ_s，但在计算过程中碰到解三次方程的问题，可近似简化按下列近似公式计算钢筋截面面积：

$$A_s = A_s' = \frac{\gamma_0 N_d e_s - \xi(1-0.5\xi) f_{cd} b h_0^2}{f_{sd}'(h_0 - a_s')} \tag{9-25}$$

式中相对受压区高度 ξ 可按下列公式计算：

$$\xi = \frac{\gamma_0 N_d - \xi_b f_{cd} b h_0}{\dfrac{\gamma_0 N_d e_s - 0.43 f_{cd} b h_0^2}{(\beta - \xi_b)(h_0 - a_s')} + f_{cd} b h_0} + \xi_b \tag{9-26}$$

（二）截面承载力复核

进行截面承载力的复核是已知截面尺寸、构件计算长度、混凝土及钢筋强度等级、A_s 和 A_s'及其在截面上的布置，同时已知 M_d 和 N_d，复核受压构件截面承载力是否足够。偏心受压构件的截面复核一般应进行两个方向上的承载力计算，即弯矩作用平面内的复核和垂直于弯矩作用平面的复核。

1. 弯矩作用平面内的复核

弯矩作用平面内按偏心受压构件计算，由于 A_s 及 A_s'为已知，一般可先取 $\sigma_s = f_{sd}$代入式(9-8)直接求 x，然后求 ξ。当 $\xi \leqslant \xi_b$ 时，为大偏心受压，按公式(9-5)复核 N_u；当 $\xi > \xi_b$ 时，为小偏心受压，因为 σ_s 为未知，在联立方程式(9-5)、式(9-6)及式(9-10)中消去 N 求 ξ 和 σ_s。当 $\xi_b < \xi < h/h_0$ 时，直接将 ξ 代入式(9-5)复核 N_u；当 $\xi > h/h_0$ 时，取 $\xi = h/h_0$，代入式(9-10)求 σ_s，然后按式(9-5)复核 N_u。

2. 垂直于弯矩作用平面的复核

偏心受压构件，除在弯矩作用平面内可能发生破坏外，还可能在垂直于弯矩作用平面内发生破坏，例如设计轴向压力 N_d 较大而在弯矩作用平面内偏心距较小时。垂直于弯矩作用平面的构件长细比较大时，有可能是垂直于弯矩作用平面的承载力起控制作用。因此，当偏心受压构件两个方向的截面尺寸 b、h 及长细比 λ 值不同时，应对垂直于弯矩作用平面进行承载力复核。《公路桥规》规定，对于偏心受压构件垂直于弯矩作用平面按轴心受压构件考虑纵向弯曲系数 φ，并取截面短边尺寸 b 来计算相应的长细比。

【例 9-1】 已知钢筋混凝土柱的截面 $h\times b=500\ \text{mm}\times400\ \text{mm}$，荷载产生的轴向力组合设计值 $N_d=400\ \text{kN}$，弯矩组合设计值 $M_d=240\ \text{kN}\cdot\text{m}$，混凝土强度等级为 C30，纵向受力钢筋用 HRB335 级钢筋，构件的计算长度 $l_0=2.5\ \text{m}$，$\xi_b=0.56$，$f_{sd}=f'_{sd}=280\ \text{MPa}$，桥梁结构的重要性系数 $\gamma_0=1.1$，试求钢筋截面面积 A'_s 及 A_s。

解：(1) 计算 η，e_0。

$l_0/h=250/50=5$，故 $\eta=1$ 为短柱。

设 $a_s=a'_s=40\ \text{mm}$，则 $h_0=500-40=460(\text{mm})$。

$$\eta e_0=\eta\frac{M_d}{N_d}=\frac{240\ 000}{400}=600(\text{mm})>0.3h_0=0.3\times460=138(\text{mm})$$

故可按大偏心计算：$e_s=\eta e_0+\dfrac{h}{2}-a_s=600+\dfrac{500}{2}-40=810(\text{mm})$。

(2) 计算 A'_s。由式(9-13)得：

$$\begin{aligned}A'_s&=\frac{\gamma_0N_de_s-f_{cd}b\xi_bh_0(h_0-0.5\xi_bh_0)}{f'_{sd}(h_0-a'_s)}\\&=\frac{1.1\times400\times10^3\times810-9.2\times400\times460^2\times0.56\times(1-0.5\times0.56)}{280\times(460-40)}\\&=361(\text{mm})<0.2\%bh_0=0.2\%\times400\times460=368(\text{mm}^2)\end{aligned}$$

故取 $A'_s=368\ \text{mm}^2$，配 2 Φ16，$A'_s=402\ \text{mm}^2$。

(3) 计算 A'_s，由式(9-14)得：

$$\begin{aligned}A_s&=\frac{f_{cd}b\xi_bh_0+f'_{sd}A'_s-\gamma_0N_d}{f_{sd}}\\&=\frac{9.2\times400\times460\times0.56+402\times280-1.1\times400\times10^3}{280}\\&=2\ 216(\text{mm}^2)\end{aligned}$$

故受拉钢筋配置 5 Φ24，$A_s=2\ 262\ \text{mm}^2$。

【例 9-2】 钢筋混凝土偏心受压柱，截面尺寸 $b\times h=300\ \text{mm}\times500\ \text{mm}$，构件的计算长度 $l_0=5.0\ \text{m}$，截面承受的弯矩设计值 $M_d=180\ \text{kN}\cdot\text{m}$，轴向力设计值 $N_d=1\ 200\ \text{kN}$。构件采用 C30 级混凝土，HRB335 级钢筋，桥梁结构重要性系数 $\gamma_0=1.0$，试确定纵向受力钢筋的数量(按对称配筋考虑)，并进行截面复核。

解：查表得，C30 混凝土：$f_{cd}=13.8\ \text{N/mm}^2$；

HRB335 级钢筋：$f_{sd}=f'_{sd}=280\ \text{N/mm}^2$，$\xi_b=0.56$。

设 $a_s=a'_s=40\ \text{mm}$，$h_0=h-40=500-40=460(\text{mm})$

$$e_0=M_d/N_d=180\times10^6/1\ 200\times10^3=150(\text{mm})$$

$l_0/h=5\ 000/500=10$，应考虑偏心距增大系数 η：

$$\zeta_1=0.2+2.7e_0/h_0=0.2+2.7\times\frac{150}{460}=1.08>1.0\text{，取}\zeta_1=1.0$$

$$l_0/h=10<15\text{，故}\zeta_2=1.0$$

$$\eta=1+\frac{1}{1\ 400\dfrac{e_0}{h_0}}\left(\frac{l_0}{h}\right)^2\zeta_1\zeta_2=1+\frac{1}{1\ 400\times\dfrac{150}{460}}\times10^2\times1.0\times1.0=1.219$$

$$\eta e_0=1.219\times150=182.85(\text{mm})>0.3h_0=0.3\times460=138(\text{mm})$$

$$e_s=\eta e_0+h/2-a_s=182.85+500/2-40=392.85(\text{mm})$$

由于是对称配筋，$A_s=A'_s$，$f_{sd}=f'_{sd}$，由式(9-21)求ξ：

$$\xi=\frac{\gamma_0 N_d}{f_{cd}bh_0}=\frac{1.0\times1\,200\times10^3}{13.8\times300\times460}=0.63>\xi_b=0.56$$

此题$\eta e_0>0.3h_0$，但$N>f_{cd}b\xi_b h_0$，应属于小偏心受压。由式(9-26)求ξ：

$$\xi=\frac{\gamma_0 N_d-\xi_b f_{cd}bh_0}{\dfrac{\gamma_0 N_d e_s-0.43f_{cd}bh_0^2}{(\beta-\xi_b)(h_0-a'_s)}+f_{cd}bh_0}+\xi_b$$

$$=\frac{1.0\times1\,200\times10^3-0.56\times13.8\times300\times460}{\dfrac{1.0\times1\,200\times10^3\times392.85-0.43\times13.8\times300\times460^2}{(0.8-0.56)\times(460-40)}+13.8\times300\times460}+0.56$$

$$=0.607$$

代入式(9-25)求A_s及A'_s：

$$A_s=A'_s=\frac{\gamma_0 N_d e_s-\xi(1-0.5\xi)f_{cd}bh_0^2}{f'_{sd}(h_0-a'_s)}$$

$$=\frac{1.0\times1\,200\times10^3\times392.85-0.607(1-0.5\times0.607)\times13.8\times300\times460^2}{280\times(460-40)}$$

$$=859.34(\text{mm}^2)>\rho_{\min}bh=0.002\times300\times500=300(\text{mm}^2)$$

选用A_s为3 ⏀20($A_s=942\ \text{mm}^2$)。

垂直于弯矩作用平面的截面复核。

$l_0/b=5\,000/300=16.67$，查表8-1得：$\varphi=0.85$。

$$N_u=0.9\varphi(f_{cd}A+f'_{sd}A'_s)$$

$$=0.9\times0.85\times[13.8\times300\times500+280\times(942+942)]$$

$$=1\,987.1(\text{kN})>N_b=1\,200\ \text{kN}$$

垂直于弯矩作用平面承载力满足要求。最终截面配筋如图9-12所示，箍筋选用ϕ8@200。

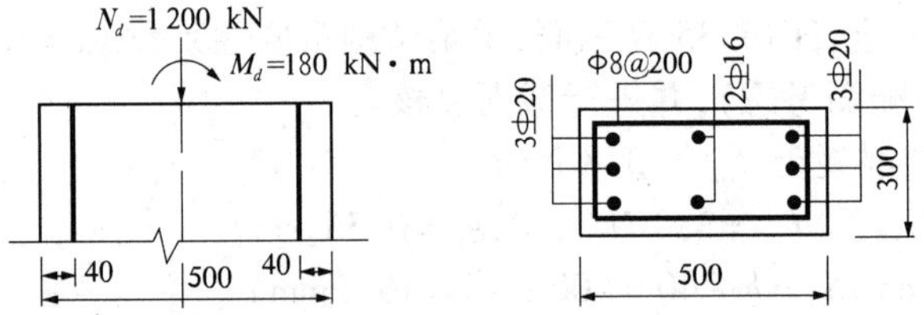

图9-12 截面配筋图 （单位：mm）

第四节 圆形截面偏心受压构件计算简介

在桥梁结构中，钢筋混凝土圆形截面偏心受压构件应用很广，例如圆形式桥墩、钻孔灌注桩基础等。圆形截面构件内的纵向受力钢筋，一般沿周边均匀配置，根数不少于6根。

一、计算简图

均匀配置纵筋的圆形截面偏心受压构件,破坏特性与一般偏心受压构件相似。但由于纵向受力钢筋沿圆周均匀布置,使小偏心受压和大偏心受压的破坏界限不明显,因此计算方法亦可统一进行。

根据圆形截面偏心受压构件的试验研究分析,对于正截面强度作如下假定:

(1)横截面变形符合平面假定,混凝土最大压应变取用 $\varepsilon_{h\max}=0.0033$。

(2)混凝土压应力采用等效矩形应力图,且达到抗压设计强度 f_{cd},换算受压区高度采用 $x_c=\beta x_0$(x_0 为实际受压区高度),换算系数 β 与实际相对受压区高度系数 $\xi=X/d$(d 为圆形截面直径)有关:当 $\xi\leqslant1$ 时,$\beta=0.8$;当 $1<\xi\leqslant1.5$ 时,$\beta=1.067-0.267\xi$;当 $\xi>1.5$ 时,按全截面混凝土均匀受压处理。

(3)沿圆截面周边布置的钢筋应力依应变而定,$\sigma_s=\varepsilon_s E_s$。

(4)不考虑受拉区混凝土参加工作,拉力全部由钢筋承担。

圆形截面承载能力计算简图如图 9-13 所示。

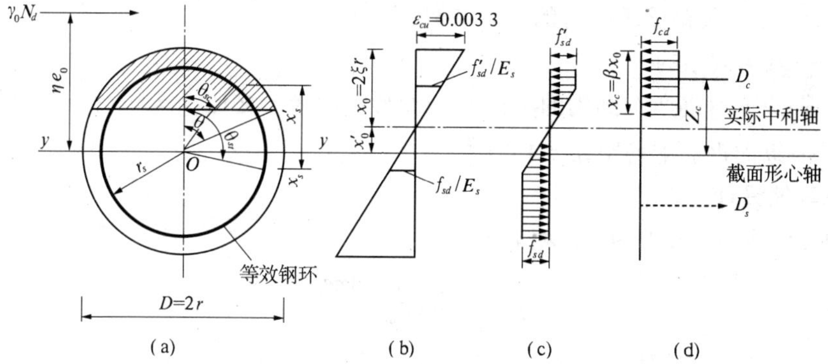

图 9-13 圆形截面计算简图

二、基本方程

由计算简图的静力平衡条件,可写出其基本方程如下:

由 $\sum N=0$,得

$$\gamma_0 N_d \leqslant N_u = A_c f_{cd} + \sum_{i=1}^{n}\sigma_{si}A_{si} \tag{9-27}$$

由 $\sum M=0$,得

$$N_d \eta e_0 \leqslant M_u = A_c f_{cd} Z_c + \sum_{i=1}^{n}\sigma_{si}A_{si}Z_{si} \tag{9-28}$$

式中 A_c——对应于混凝土等效矩形应力图的混凝土受压面积;

Z_c——混凝土合力作用点至截面形心轴的距离;

A_{si}——第 i 根钢筋的截面面积;

σ_{si}——第 i 根钢筋的应力,其值依应变 ε_{si} 而定,当 $\varepsilon_{si}\geqslant f_{sd}$时,取 $\sigma_{si}=f_{sd}$,当 $\varepsilon_{si}\leqslant -f_{sd}/E_s$ 时,取 $\sigma_{si}=-f_{sd}$;当 $-f_{sd}/E_s<\varepsilon_{si}\leqslant f_{sd}/E_s$ 时,取 $\sigma_{si}=\varepsilon_{si}E_s$。

当应用式(9-27)及式(9-28)计算时,须采用试算法求解,在每次试算时都需根据假设的ξ值确定每根钢筋的应变,计算每根钢筋的应力,这是一件很烦琐的工作。为了计算方便,通常把沿同圆周边均匀布置的纵向受力钢筋视做一个沿圆周连续分布的等效薄壁钢管来承受荷载,并采用连续的函数表达式,通过积分导出其实用计算公式。

三、等效钢环法

(一)正截面抗压承载力计算

为了简化计算,《公路桥规》采用了一种简化的计算方法——等效钢环法。混凝土强度等级C50以下的,沿周边均匀配置纵向钢筋的圆形截面钢筋混凝土偏心受压构件,其正截面抗压承载力可按式(9-29)计算:

$$\gamma_0 N_d \leqslant N_u = f_{cd} A r^2 + f'_{sd} C \rho r^2 \tag{9-29}$$

$$\gamma_0 N_d \eta e_0 \leqslant M_u = f_{cd} B r^3 + f'_{sd} D \rho g r^3 \tag{9-30}$$

式中 A、B——有关混凝土承载力的计算系数;

C、D——有关钢筋承载力的计算系数;

r——圆形截面的半径;

g——纵向钢筋所在圆周的半径r_s与圆形截面半径之比,$g = r_s/r$;

ρ——纵向钢筋配筋率,$\rho = A_s/\pi r^2$。

(二)配筋设计

式(9-29)乘ηe_0与式(9-30)相减可得:

$$\rho = \frac{f_{cd}}{f'_{sd}} \times \frac{Br - A\eta e_0}{C\eta e_0 - Dgr} \tag{9-31}$$

构件尺寸已定,只需配筋设计,设计步骤如下:

(1)假定ξ值,查表9-2求出系数A、B、C、D;

(2)将A、B、C、D代入式(9-31)算出初始配筋率ρ;

(3)将ρ值代入式(9-29)进行试算,反复进行,直到满足$\gamma_0 N_d \leqslant f_{cd} A r^2 + f'_{sd} C \rho r^2$条件为止。$\rho$值确定后,求钢筋截面积$A_s = \rho \pi r^2$并配筋。

表9-2 圆形截面钢筋混凝土偏压构件正截面抗压承载力计算系数

ξ	A	B	C	D	ξ	A	B	C	D
0.20	0.324 4	0.262 8	-1.529 6	1.421 6	0.86	2.304 7	0.530 4	1.878 6	0.963 9
0.21	0.348 1	0.278 7	-1.467 6	1.462 3	0.87	2.334 2	0.519 1	1.914 9	0.939 7
0.22	0.372 3	0.294 5	-1.407 4	1.500 4	0.88	2.363 6	0.507 3	1.950 3	0.916 1
0.23	0.396 9	0.310 3	-1.348 6	1.536 1	0.89	2.392 7	0.495 2	1.984 6	0.893 0
0.24	0.421 9	0.325 9	-1.291 1	1.569 7	0.90	2.421 5	0.482 8	2.018 1	0.870 4
0.25	0.447 3	0.341 3	-1.234 8	1.601 2	0.91	2.450 1	0.469 9	2.050 7	0.848 3
0.26	0.473 1	0.356 6	-1.179 6	1.630 7	0.92	2.478 5	0.456 8	2.082 4	0.826 6
0.27	0.499 2	0.371 7	-1.125 4	1.658 4	0.93	2.506 5	0.443 3	2.113 2	0.805 5
0.28	0.525 8	0.386 5	-1.072 0	1.684 3	0.94	2.534 3	0.429 5	2.143 3	0.784 7

续表 9-2

ξ	A	B	C	D	ξ	A	B	C	D
0.29	0.552 6	0.401 1	-1.019 4	1.708 6	0.95	2.561 8	0.415 5	2.172 6	0.764 5
0.30	0.579 8	0.415 5	-0.967 5	1.731 3	0.96	2.589 0	0.401 1	2.201 2	0.744 6
0.31	0.607 3	0.429 5	-0.916 3	1.752 4	0.97	2.615 8	0.386 5	2.229 0	0.725 1
0.32	0.635 1	0.443 3	-0.865 6	1.772 1	0.98	2.642 4	0.371 7	2.256 1	0.706 1
0.33	0.663 1	0.456 8	-0.815 4	1.790 3	0.99	2.668 5	0.356 6	2.282 5	0.687 4
0.34	0.691 5	0.469 9	-0.765 7	1.807 1	1.00	2.694 3	0.341 3	2.308 2	0.669 2
0.35	0.720 1	0.482 8	-0.716 5	1.822 5	1.01	2.711 2	0.331 1	2.333 3	0.651 3
0.36	0.748 9	0.495 2	-0.667 6	1.836 6	1.02	2.727 7	0.320 9	2.357 8	0.633 7
0.37	0.778 0	0.507 3	-0.619 0	1.849 4	1.03	2.744 0	0.310 8	2.381 7	0.616 5
0.38	0.807 4	0.519 1	-0.570 7	1.860 9	1.04	2.759 8	0.300 6	2.404 9	0.599 7
0.39	0.836 9	0.530 4	-0.522 7	1.871 1	1.05	2.775 4	0.290 6	2.427 6	0.583 2
0.40	0.866 7	0.541 4	-0.474 9	1.880 1	1.06	2.790 6	0.280 6	2.449 7	0.567 0
0.41	0.896 6	0.551 9	-0.427 3	1.887 8	1.07	2.805 4	0.270 7	2.471 3	0.551 2
0.42	0.926 8	0.562 0	-0.379 8	1.894 3	1.08	2.820 0	0.260 9	2.492 4	0.535 6
0.43	0.957 1	0.571 7	-0.332 3	1.899 6	1.09	2.834 1	0.251 1	2.512 9	0.520 4
0.44	0.987 6	0.581 0	-0.285 0	1.903 6	1.10	2.848 0	0.241 5	2.533 0	0.505 5
0.45	1.018 2	0.589 8	-0.237 7	1.906 5	1.11	2.861 5	0.231 9	2.552 5	0.490 8
0.46	1.049 0	0.598 2	-0.190 3	1.908 1	1.12	2.874 7	0.222 5	2.571 6	0.476 5
0.47	1.079 9	0.606 1	-0.142 9	1.908 4	1.13	2.887 6	0.213 2	2.590 2	0.462 4
0.48	1.111 0	0.613 6	-0.095 4	1.907 5	1.14	2.900 1	0.204 0	2.608 4	0.448 6
0.49	1.142 2	0.620 6	-0.047 8	1.905 3	1.15	2.912 3	0.194 9	2.626 1	0.435 1
0.50	1.173 5	0.627 1	0.000 0	1.908 1	1.16	2.924 2	0.186 0	2.643 4	0.421 9
0.51	1.204 9	0.633 1	0.048 0	1.897 1	1.17	2.935 7	0.177 2	2.660 3	0.408 9
0.52	1.236 4	0.638 6	0.096 3	1.890 9	1.18	2.946 9	0.168 5	2.676 7	0.396 1
0.53	1.268 0	0.643 7	0.145 0	1.883 4	1.19	2.957 8	0.160 0	2.692 8	0.386 6
0.54	1.299 6	0.648 3	0.194 1	1.874 4	1.20	2.968 4	0.151 7	2.708 5	0.371 4
0.55	1.331 4	0.652 3	0.243 6	1.863 9	1.21	2.978 7	0.143 5	2.723 8	0.359 4
0.56	1.363 2	0.655 9	0.293 7	1.851 9	1.22	2.988 6	0.135 5	2.738 7	0.347 6
0.57	1.395 0	0.658 9	0.344 4	1.838 1	1.23	2.998 2	0.127 7	2.753 2	0.336 1
0.58	1.426 9	0.661 5	0.396 0	1.822 6	1.24	3.007 5	0.120 1	2.767 5	0.324 8
0.59	1.458 9	0.663 5	0.448 5	1.805 2	1.25	3.016 5	0.112 6	2.781 3	0.313 7
0.60	1.490 8	0.665 1	0.502 1	1.785 6	1.26	3.025 2	0.105 3	2.794 8	0.302 8
0.61	1.522 8	0.666 1	0.557 1	1.763 6	1.27	3.033 6	0.098 2	2.808 0	0.292 2
0.62	1.554 8	0.666 6	0.613 9	1.738 7	1.28	3.041 7	0.091 4	2.820 9	0.281 8
0.63	1.586 8	0.666 6	0.673 4	1.710 3	1.29	3.049 5	0.084 7	2.833 5	0.271 5
0.64	1.618 8	0.666 1	0.737 3	1.676 3	1.30	3.056 9	0.078 2	2.845 7	0.261 5
0.65	1.650 8	0.665 1	0.808 0	1.634 3	1.31	3.064 1	0.071 9	2.857 6	0.251 7
0.66	1.682 7	0.663 5	0.876 6	1.593 3	1.32	3.070 9	0.065 9	2.869 3	0.242 1
0.67	1.714 7	0.661 5	0.943 0	1.553 4	1.33	3.077 5	0.060 0	2.880 6	0.232 7
0.68	1.746 6	0.658 9	1.007 1	1.514 6	1.34	3.083 7	0.054 4	2.891 7	0.223 5
0.69	1.778 4	0.655 9	1.069 2	1.476 9	1.35	3.089 7	0.049 0	2.902 4	0.214 5

续表 9-2

ξ	A	B	C	D	ξ	A	B	C	D
0.70	1.810 2	0.652 3	1.129 4	1.440 2	1.36	3.095 4	0.043 9	2.912 9	0.205 7
0.71	1.842 0	0.648 3	1.187 6	1.404 5	1.37	3.100 7	0.038 9	2.923 2	0.197 0
0.72	1.873 6	0.643 7	1.244 0	1.369 7	1.38	3.105 8	0.034 3	2.933 1	0.188 6
0.73	1.905 2	0.638 6	1.298 7	1.335 8	1.39	3.110 6	0.029 8	2.942 8	0.180 3
0.74	1.936 7	0.633 1	1.351 7	1.302 8	1.40	3.115 0	0.025 6	2.952 3	0.172 2
0.75	1.968 1	0.627 1	1.403 0	1.270 6	1.41	3.119 2	0.021 7	2.961 5	0.164 3
0.76	1.999 4	0.620 6	1.452 9	1.239 2	1.42	3.123 1	0.018 0	2.970 4	0.156 6
0.77	2.030 6	0.613 6	1.501 3	1.208 6	1.43	3.126 6	0.014 6	2.979 1	0.149 1
0.78	2.061 7	0.606 1	1.548 2	1.178 7	1.44	3.129 9	0.011 5	2.987 6	0.141 7
0.79	2.092 6	0.598 2	1.593 8	1.149 6	1.45	3.132 8	0.008 6	2.995 8	0.134 5
0.80	2.123 4	0.589 8	1.638 1	1.121 2	1.46	3.135 4	0.006 1	3.003 8	0.127 5
0.81	2.154 0	0.581 0	1.681 1	1.093 4	1.47	3.137 6	0.003 9	3.011 5	0.120 6
0.82	2.184 5	0.571 7	1.722 8	1.066 3	1.48	3.139 5	0.002 1	3.019 1	0.114 0
0.83	2.214 8	0.562 0	1.763 5	1.039 8	1.49	3.140 8	0.000 7	3.026 4	0.107 5
0.84	2.245 0	0.551 9	1.802 9	1.013 9	1.50	3.141 6	0.000 0	3.033 4	0.101 1
0.85	2.274 9	0.541 4	1.841 3	0.988 6	1.51	3.141 6	0.000 0	3.040 3	0.095 0

(三)正截面抗压承载力复核

已知截面尺寸和配筋,进行截面抗压承载力复核时,可利用式(9-29)及式(9-30)求得偏心距 ηe_0 来计算,即将式(9-30)除以式(9-29)得:

$$\eta e_0 = \frac{Bf_{cd}r + D\rho g f'_{sd}r}{Af_{cd} + C\rho f'_{sd}} \tag{9-32}$$

抗压承载力复核计算步骤如下:

(1)设 ξ 值,查表 9-2 求得 A、B、C、D;

(2)将 A、B、C、D 值代入式(9-32)求 ηe_{01},重复步骤(1)~(2)计算直至为 $\eta e_{01} \approx \eta e$ 止;

(3)将相应于 ηe_{01} 的 ξ 值的系数 A、B、C、D 代入式(9-29)进行承载力复核。

【例 9-3】 已知柱式桥墩(图 9-14)的柱直径 $d_1 = 1.2$ m,计算长度 $l_0 = 7.5$ m;柱控制截面的轴向力计算值 $N = 6\ 450$ kN,弯矩计算值为 $M = 1\ 330.6$ kN·m;采用 C20 级混凝土,R235 级钢筋,试进行配筋计算。

解:由已知条件,得到 $f_{cd} = 9.2$ MPa,$f_{sd} = 195$ MPa。

(1)计算偏心距增大系数为:

$$e = \frac{M}{N} = \frac{1\ 330.6 \times 10^6}{6\ 450 \times 10^3} = 206(\text{mm})$$

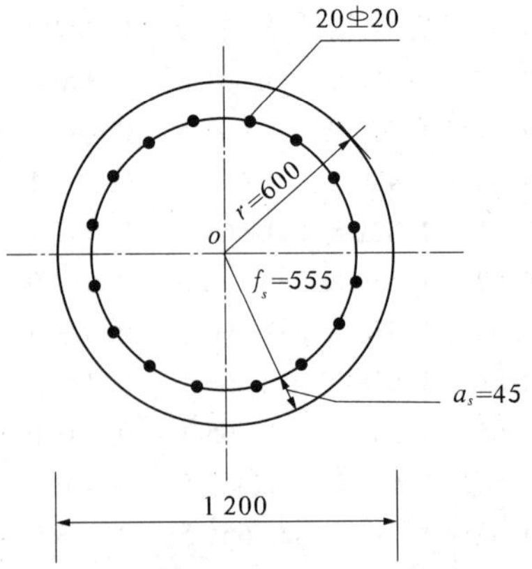

图 9-14 截面配筋图 (单位:mm)

长细比$\frac{l_0}{d_1}=\frac{7\ 500}{1\ 200}=6.25>4.4$,应考虑纵向弯曲对偏心距的影响。取$\eta=1.106$,则$r_s=0.9r=0.9\times600=540(\text{mm})$,截面有效高度$h_0=r+r_s=600+540=1\ 140(\text{mm})$,由式(9-2)求得$\eta=1.106$,则$\eta e_0=1.106\times206=228(\text{mm})$。

(2)计算受压区高度系数。

由式(9-31)可得到:

$$\begin{aligned}\rho&=\frac{f_{cd}}{f_{sd}}\times\frac{Br-A\eta e_0}{C\eta e_0-Dgr}\\&=\frac{9.2}{195}\times\frac{B\times600-A\times228}{C\times228-D\times0.9\times600}\\&=\frac{5\ 520B-2\ 097.6A}{44\ 460C-105\ 300D}\end{aligned}$$

由式(9-29)可得到:

$$\begin{aligned}N_u=f_{cd}Ar^2+f_{sd}C\rho r^2&=A(600)^2\times9.2+C\rho(600)^2\times195\\&=3\ 312\ 000A+70\ 200\ 000C\rho\end{aligned}$$

以下采用试算法列表计算各系数,查表9-2可得出相关计算值,如表9-3所示。

表9-3　例9-3的查表计算

ξ	A	B	C	D	ρ	$N_u(N)$	$N(N)$	N_u/N
0.71	1.842 0	0.648 3	1.187 6	1.404 5	0.003 00	$6\ 351\times10^3$	$6\ 450\times10^3$	0.985
0.72	1.873 6	0.643 7	1.244 0	1.369 7	0.004 20	$6\ 575\times10^3$	$6\ 450\times10^3$	1.019
0.73	1.905 2	0.638 6	1.298 7	1.335 8	0.005 68	$6\ 828\times10^3$	$6\ 450\times10^3$	1.059

由表9-3可见,当$\xi=0.72$时,计算纵向力N_u与设计值N相近。这时得到$\rho=0.004\ 2$。

(3)求所需的纵向钢筋面积。

由于$\rho=0.004\ 2<\rho_{\min}=0.005$,故采用$\rho=0.005$计算。

由$A_s=\rho\pi r^2=0.005\times3.14\times600^2=5\ 652(\text{mm}^2)$,现选用20 ⌀20,$A_s=6\ 282(\text{mm}^2)$,实际配筋率$\rho=4A_s/(\pi d_1^2)=4\times6\ 282/(3.14\times1\ 200^2)=0.55\%>0.5\%$,钢筋布置如图9-14所示,$a_s=45$ mm;纵向钢筋净距为174 mm,满足规定净距不应小于50 mm且不应大于350 mm的要求。

复习思考题

9-1　螺旋箍筋柱应满足的条件有哪些?

9-2　试说明偏心距增大系数η的意义,并简要说明建立η计算公式的途径。

9-3　试从破坏原因、破坏性质及影响承载力的主要因素方面来分析偏心受压构件的两种破坏特征。当构件的截面、配筋及材料强度等级给定时,形成两种破坏特征的条件是什么?

9-4 大偏心受压和小偏心受压的破坏特征有何区别？截面应力状态有何不同？它们的分界条件是什么？

9-5 在截面设计中为什么要以界限偏心距来判断大偏心或小偏心受压情况？

9-6 钢筋混凝土受压构件配置箍筋有何作用？对其直径、间距和附加箍筋有何要求？

9-7 已知矩形截面偏心受压构件，截面尺寸为 $b \times h = 400\ \text{mm} \times 600\ \text{mm}$，纵向力组合设计值 $N_d = 890\ \text{kN}$，计算弯矩组合设计值 $M_d = 356\ \text{kN} \cdot \text{m}$，构件计算长度 $l_0 = 6.6\ \text{m}$，混凝土强度等级 C25，钢筋等级 HRB335，$a_s = a_s' = 40\ \text{mm}$，求纵筋截面面积。

9-8 已知矩形截面柱，截面尺寸 $b = 300\ \text{mm}$，$h = 500\ \text{mm}$，构件计算长度 $l_0 = 3.8\ \text{m}$，$a_s = a_s' = 40\ \text{mm}$，纵向力组合设计值 $N_d = 290\ \text{kN}$，弯矩组合设计值 $M_d = 162.4\ \text{kN} \cdot \text{m}$，混凝土强度等级 C20，钢筋等级 HRB335，在受压区已有受压钢筋 $A_s' = 1\ 100\ \text{mm}^2$，求受拉钢筋的截面面积。

9-9 已知一桥下螺旋箍筋柱，直径为 $d = 500\ \text{mm}$，柱高 5.0 m，计算高度 $l_0 = 6.6\ \text{m}$；$H = 3.5\ \text{m}$，配 HRB400 钢筋 10 ⌀16（$A_s' = 2\ 010\ \text{mm}^2$），C30 混凝土，螺旋箍筋柱采用 R235，直径为 12 mm，螺距为 $S = 50\ \text{mm}$，试确定此柱的承载力。

第二篇　预应力混凝土结构

第十章　预应力混凝土结构的基本概念及其材料

学习目标

1. 掌握预应力混凝土结构的基本概念及其分类。
2. 掌握预加应力的方法及其工艺过程和特点。
3. 熟悉预应力混凝土结构材料的要求。
4. 了解锚具、千斤顶构造及预加应力的其他设备。

第一节　概　述

钢筋混凝土构件由于混凝土的抗拉强度低，而采用钢筋来代替混凝土承受拉力。但是，混凝土的极限拉应变也很小，每米仅能伸长 0.10～0.15 mm，再伸长就要出现裂缝，如果要求构件在使用时混凝土不开裂，则钢筋的拉应力只能达到 20～30 MPa；即使允许开裂，为了保证构件的耐久性，常需将裂缝宽度限制在 0.2～0.25 mm 以内，此时钢筋拉应力也只能达到 150～250 MPa，可见高强度钢筋将无法在钢筋混凝土结构中充分发挥其强度作用。

由上述可知，钢筋混凝土结构在使用中存在如下两个问题：一是需要带裂缝工作，裂缝的存在，不仅使构件刚度下降，而且不能应用于不允许开裂的结构中；二是无法充分利用高强材料的强度。这样，当荷载增加时，就只能靠增加钢筋混凝土构件的截面尺寸或者靠增加钢筋用量的方法来控制构件的裂缝和变形，而这样做是不经济的，因为这必然使构件自重增加，特别对于桥梁结构，随着跨度的增大，自重的比例也增大。因而，钢筋混凝土结构的使用范围受到很大限制。要使钢筋混凝土结构得到进一步的发展，就必须克服混凝土抗拉强度低这一缺点，于是人们在长期的生产实践中，创造出了预应力混凝土结构。

一、预应力混凝土结构的基本原理

所谓预应力混凝土就是指事先人为地在混凝土或钢筋混凝土中引入内部应力，且其

数值和分布恰好能将使用荷载产生的应力抵消到一个合适程度的混凝土。例如,对混凝土或钢筋混凝土梁的受拉区预先施加压应力,使之建立一种人为的应力状态。这种应力的大小和分布规律,有利于抵消使用荷载作用下产生的拉应力,因而使混凝土构件在使用荷载作用下不致开裂,或推迟开裂,或者使裂缝宽度减小。这种预先给混凝土引入内部应力的结构,就称为预应力混凝土结构。

现以图 10-1 所示的简支梁为例,进一步说明预应力混凝土结构的基本原理。

设混凝土梁跨径为 L,截面 $b \times h$,承受均布荷载 q(含自重在内),其跨中最大弯矩为 $M = \frac{qL^2}{8}$,此时跨中截面上、下缘的应力(图 10-1(c))为:

上缘 $\sigma_{hs} = \frac{6M}{bh^2}$(压应力)

下缘 $\sigma_{hx} = -\frac{6M}{bh^2}$(拉应力)

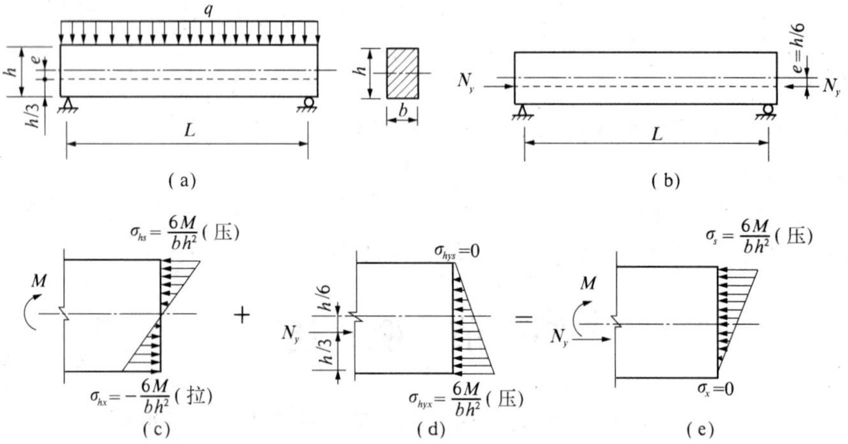

图 10-1 预应力混凝土梁的受力情况

假如预先在离该梁下缘 $h/3$(即偏心距 $e = h/6$)处,设置一高强钢丝束,并在梁的两端对拉锚固(图 10-1(a)),使钢束产生一拉力 N_y,其弹性回缩的压力亦为 N_y,将作用于梁端混凝土截面与钢束同高的水平处(图 10-1(b)),如令 $N_y = 3M/h$,则同样可求得 N_y 作用下,梁上、下缘所产生的应力(图 10-1(d))为:

上缘 $\sigma_{hys} = \frac{N_y}{bh} - \frac{6N_y \times e}{bh^2} = \frac{3M}{bh^2} - \frac{6}{bh^2} \times \frac{3M}{h} \times \frac{h}{6} = 0$

下缘 $\sigma_{hyx} = \frac{N_y}{bh} + \frac{6N_y \times e}{bh^2} = \frac{6M}{bh^2}$(压应力)

现将上述两项应力叠加,即可求得梁在 q 和 N_y 共同作用下,跨中截面上、下缘的总应力(图 10-1(e))为:

$$\sigma_s = \sigma_{hys} + \sigma_{hs} = 0 + \frac{6M}{bh^2} = \frac{6M}{bh^2}\text{(压应力)}$$

$$\sigma_x = \sigma_{hyx} + \sigma_{hx} = \frac{6M}{bh^2} - \frac{6M}{bh^2} = 0$$

由此说明：由于预先给混凝土梁施加了预压应力，使混凝土梁在均布荷载 q 作用下在下边缘所产生的拉应力全部被抵消，因而可避免混凝土出现裂缝，使混凝土梁可以全截面参加工作。这就相当于改善了梁中混凝土的抗拉性能，而且可以达到充分利用高强钢材性能的目的。上述概念就是预应力混凝土结构的基本原理。其实，预应力原理的应用早就有了，而且在日常事物中的例子也很多。例如，在建筑工地用砖钳装卸砖块，被钳住的一叠水平砖块不会掉落；用铁箍紧箍木桶，木桶盛水而不漏等，这些都是运用预应力原理的浅显事例。

国内通常把全预应力混凝土、部分预应力混凝土和钢筋混凝土结构总称为加筋混凝土结构系列。

二、预应力混凝土的分类

（一）预应力度的定义

《公路桥规》将预应力度（λ）定义为由预加应力大小确定的消压弯矩 M_0 与外荷载产生的弯矩 M 的比值，即：

$$\lambda = M_0/M \tag{10-1}$$

式中 M_0——消压弯矩，也就是消除构件控制截面受拉区边缘混凝土的预压应力，使其恰好为零时的弯矩；

M——使用荷载（不包括预加力）作用下控制截面的弯矩；

λ——预应力度。

（二）加筋混凝土结构的分类

（1）全预应力混凝土结构——沿预应力筋方向的正截面不出现拉应力，即 $\lambda \geqslant 1$；

（2）部分预应力混凝土结构——沿预应力筋方向正截面出现拉应力或出现不超过规定宽度的裂缝，即 $1 > \lambda > 0$；

（3）钢筋混凝土结构——不预加应力的混凝土结构，即 $\lambda = 0$。

（三）部分预应力混凝土构件的分类

部分预应力混凝土结构，就是指其预应力度介于以全预应力混凝土结构和钢筋混凝土结构为两个极端的中间广阔领域内的预应力混凝土结构。这一定义是采用了包括 CEB/FIP 规范中的有限预应力和部分预应力这两个部分的广义定义。可以看出，对于部分预应力混凝土构件，如何根据结构使用要求合理地确定构件的预应力度（λ）是一个非常重要的问题。

《公路桥规》按照使用荷载作用下构件正截面混凝土的应力状态，又将部分预应力混凝土构件分为以下两类。

A 类：构件正截面混凝土的法向拉应力不超过下列规定的限值：对于受弯构件，荷载组合Ⅰ时为 $0.8f_{tk}$（f_{tk} 为混凝土抗拉标准强度）；荷载组合Ⅱ或组合Ⅲ时为 $0.9f_{tk}$。

B 类：构件正截面混凝土的拉应力允许超过 A 类构件规定的限值。但当出现裂缝时，其裂缝宽度不得超过允许限值。

三、预应力混凝土结构的优缺点

(一)预应力混凝土结构的主要优点

(1)提高了构件的抗裂度和刚度。对构件施加预应力后,可使构件在使用荷载作用下不出现裂缝,或可大大推迟裂缝的出现,有效地改善了构件的使用性能,提高了构件的刚度,增加了结构的耐久性。

(2)可以节省材料,减少自重。预应力混凝土由于采用高强材料,因而可减小构件截面尺寸,节省钢材与混凝土用量,降低结构物的自重。这对自重比例很大的大跨径桥梁来说,更有着显著的优越性。大跨度和重荷载结构,采用预应力混凝土结构一般是经济合理的。

(3)可以减小混凝土梁的竖向剪力和主拉应力。预应力混凝土梁的曲线钢筋(束),可使梁中支座附近的竖向剪力减小,又由于混凝土截面上预压应力的存在,使荷载作用下的主拉应力也相应减小。这有利于减小梁腹板厚度,使预应力混凝土梁的自重可以进一步减小。

(4)结构质量安全可靠。施加预应力时,钢筋(束)与混凝土同时经受了一次强度检验。如果在张拉钢筋时构件质量表现质量良好,那么在使用时也可以认为是安全可靠的。因此,有人称预应力混凝土结构是经过预先检验的结构。

(5)预应力可作为结构构件连接的手段,且促进了桥梁结构新体系与施工方法的发展。

此外,还可以提高结构的耐疲劳性能。因为具有强度大的预应力的钢筋,在使用阶段由加荷或卸荷所引起的应力变化幅度相对较小,所以引起疲劳破坏的可能性也小。这种结构对承受动荷载的桥梁结构来说是很利的。

(二)预应力混凝土结构的缺点

(1)工艺较复杂,对施工质量要求甚高,因而需要配备一支技术较熟练的专业队伍。

(2)需要有一定的专门设备,如张拉机具、灌浆设备等。先张法需要有张拉台座;后张法还要耗用数量较多、质量可靠的锚具等。

(3)预应力反拱度不易控制。它随混凝土徐变的增加而加大,如存梁时间过久再进行安装,就可能使反拱度很大,造成桥面不平顺。

(4)预应力混凝土结构的开工费用较大,对于跨径小、构件数量少的工程,成本较高。

但是,以上缺点是可以设法克服的。例如,应用于跨径较大的结构,或跨径虽不大但构件数量很多时,采用预应力混凝土结构就比较经济了。总之,只要从实际出发,因地制宜地进行合理设计和妥善安排,预应力混凝土结构就能充分发挥其优越性。所以,它在近数十年来得到了迅猛的发展,尤其对桥梁新体系的发展起到了重要的推动作用。这是一种极有发展前途的工程结构。

第二节　预加应力的方法与设备

一、先张法

先张法,即先张拉钢筋,后浇筑构件混凝土的方法,如图 10-2 所示。先在张拉台座上，按设计规定的拉力张拉筋束，并用锚具临时锚固，再浇筑构件混凝土，待混凝土达到要求强度（一般不低于设计强度的70%）后放张（即将临时锚固松开或将筋束剪断），让筋束的回缩力通过筋束与混凝土间的黏结作用，传递给混凝土，使混凝土获得预压应力。

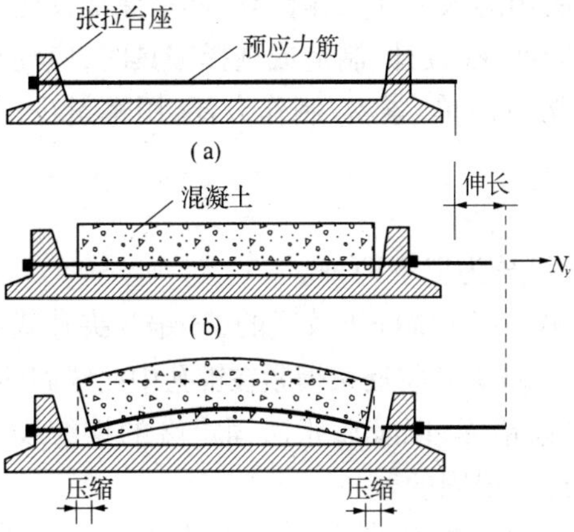

图10-2 先张法工艺流程示意图

先张法所用的预应力筋束，一般可用高强钢丝、钢绞线和直径较小的冷拉钢筋等。该方法不专设永久锚具，而借助与混凝土的黏结力，以获得较好的自锚性能。

先张法施工工序简单，筋束靠黏结力自锚，不必耗费特制的锚具，临时固定所用的锚具，都可以重复使用，一般称为工具式锚具或夹具。在大批量生产时，先张法构件比较经济，质量也比较稳定。但先张法一般仅宜生产直线配筋的中、小型构件，大型构件因需配合弯矩与剪力沿梁长度的分布而采用曲线配筋，这将使施工设备和工艺复杂化，且需配备庞大的张拉台座，同时构件尺寸大，起重、运输也不方便。

二、后张法

后张法，是先浇筑构件混凝土，待混凝土结硬后，再张拉筋束的方法，如图10-3所示。先浇筑构件混凝土，并在其中预留穿束孔道（或设套管），待混凝土达到要求强度后，将筋束穿入预留孔道内，将千斤顶支承于混凝土构件端部，张拉筋束，使构件同时受到反力压缩。待张拉到控制拉力后，即用特制的锚具将筋束锚固于混凝土构件上，使混凝土获得并保持其预压应力。最后，在预留孔道内压注水泥浆，以保护筋束不致锈蚀，并使筋束与混凝土黏结成为整体，故称这种做法的预应力混凝土为有黏结预应力混凝土。

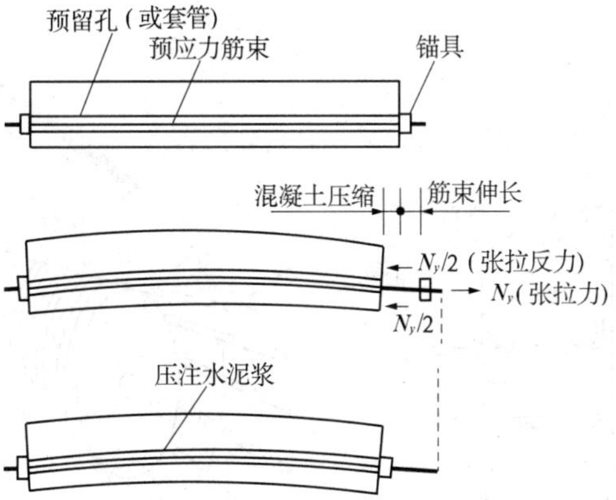

图10-3 后张法工艺流程示意图

由上可知，施工工艺不同，建立预应力的方法也不同，先张法则是靠黏结力来传递并保持预加应力的；后张法是靠工作锚具来传递和保持预加应力的。

三、锚具

（一）对锚具的要求

无论是先张法所用的临时夹具，还是后张法所用的永久性工作锚具，都是保证预应力混凝土施工安全、结构可靠的技术关键性设备。因此，在设计、制造或选择锚具时，应注意满足下列要求：受力安全可靠；预应力损失要小；构造简单、紧凑、制作方便，用钢量少；张拉锚固方便迅速，设备简单。

（二）锚具的分类

锚具的形式繁多，按其传力锚固的受力原理，可分为以下两种。

（1）依靠摩阻力锚固的锚具。如楔形锚、锥形锚和用于锚固钢绞线的 JM 锚与夹片式群锚等，都是借张拉筋束的回缩或千斤顶顶压带动锥销或夹片将筋束楔紧在锥孔中而锚固的。

（2）依靠黏结力锚固的锚具。如先张法的筋束锚固，以及后张法固定端的钢绞线压花锚具等，都是利用筋束与混凝土之间的黏结力进行锚固的。

对于不同形式的锚具，往往需要有专门的张拉设备配套使用。因此，在设计施工中，锚具与张拉设备的选择，应同时考虑。

（三）目前桥梁结构中常用的锚具

夹具和锚具是在制作预应力构件时锚固预应力钢筋的工具。一般在构件制成后能够重复使用的称为夹具；永远锚在构件上，与构件联成一体共同受力，不再取下的称为锚具。为了方便有时也将两者统称为锚具。

1. 锥形锚

锥形锚（又称为弗式锚），主要用于钢丝束的锚固。它由锚圈和锚塞（又称锥销）两个部分组成。

锥形锚是通过张拉钢束时顶压锚塞，把预应力钢丝楔紧在锚圈和锚塞之间，借助摩阻力锚固的（图 10-4），在锚固时，利用钢丝的回缩力带动锚塞向锚圈内滑进，使钢丝被进一步楔紧。

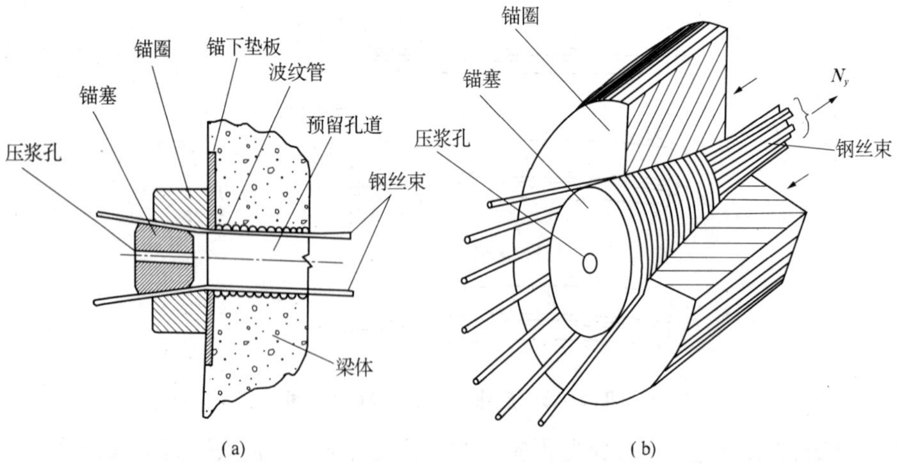

图 10-4　锥形锚

目前,在桥梁中常使用的锥形锚,有锚固 18 $\phi^{s}5$ mm 和锚固 24 $\phi^{s}5$ mm 的钢丝束等两种,并配用 600 kN 双作用的千斤顶或 YZ85 型三作用千斤顶张拉。

锥形锚的优点是锚固方便,锚具面积小,便于在梁体上分散位置。但锚固时钢丝的回缩量较大,同时它不能重复张拉和接长,使筋束设计长度受到千斤顶行程的限制。为了防止受震松动,必须及时给预留孔道压浆。

2. 镦头锚

镦头锚的工作原理如图 10-5 所示。先以钢丝逐一穿过锚杯的蜂窝眼,然后用镦头机将钢丝镦粗如蘑菇形,借镦粗头直接承压锚固于锚杯上。锚杯的外圆车有螺纹,穿束后,在固定端将锚圈(大螺帽)拧上,即可将钢丝束锚固于梁端。在张拉端,先将与千斤顶连接的拉杆旋入锚杯内,用千斤顶支承于梁体上进行张拉,待达到设计张拉力时,将锚圈(螺帽)拧紧,再慢慢放松千斤顶,退出拉杆,于是钢丝束的回缩力就通过锚圈、垫板,传递到梁体混凝土而获得锚固。

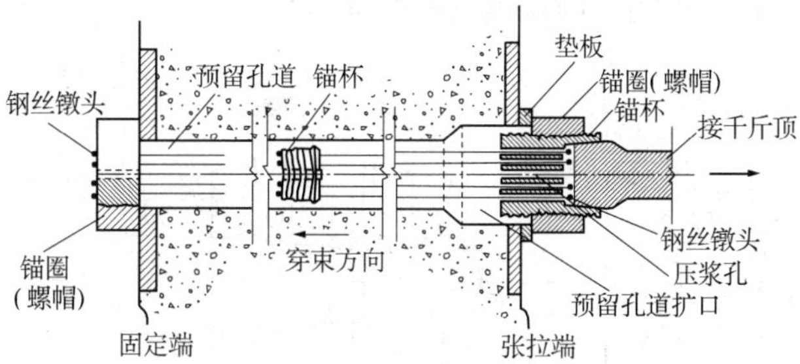

图 10-5　镦头锚工作示意图

镦头锚适于锚固直线式配筋束,对于较缓和的曲线筋束也可采用。目前斜拉桥中锚固斜拉索的高振幅锚具——HiAm 式冷铸镦头锚,因锚杯内填入了环氧树脂、锌粉和钢球的混合料,故具有较好的抗疲劳功能。

3. 钢筋螺纹锚具

当采用高强粗钢筋作为预应力筋束时,可采用螺纹锚具固定。即借粗筋两端的螺纹,在钢筋张拉后直接拧上螺帽进行锚固,钢筋的回缩力由螺帽经支承压传递给梁体而获得预应力,如图 10-6 所示。

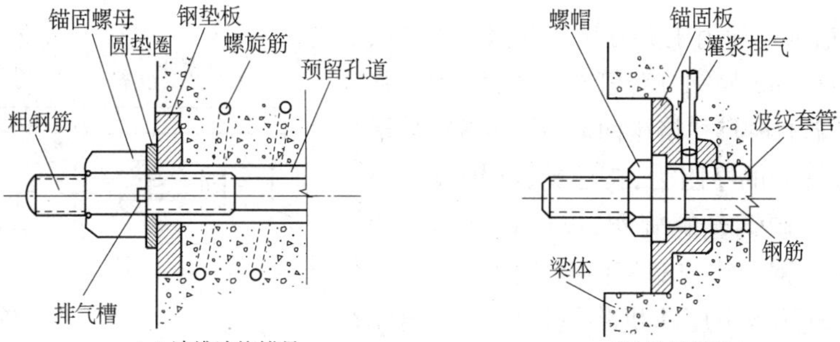

(a) 迪维达格锚具　　(b) 轧丝锚具

图 10-6　钢筋螺纹锚具

近年来,国内外相继采用可以直接拧上螺帽和连接套筒(用于钢筋接长)的高强精轧螺纹钢筋,它沿通长都具有规则,但不连续的凸形螺纹,可在任何位置进行锚固和连接,故可不必再在施工时临时轧丝。国际上采用的迪维达格(dywindag)锚具(图 10-6(a)),就是采用特殊的锥形螺帽和钟式垫板来锚固这种钢筋的螺纹锚具。

螺纹锚具受力明确,锚固可靠;构造简单,施工方便,预应力损失小;在短构件中也可使用,并能重复张拉、放松或拆卸;还可简便地采用套筒接长。

4. 夹片锚具

1)钢绞线夹片锚具

夹片锚具的工作原理如图 10-7 所示。夹片锚由带锥孔的锚板和夹片所组成。张拉时,每个锥孔置 1 根钢绞线,张拉后各自用夹片将孔中的该根钢绞线抱夹锚固,每个锥孔各自成为一个独立的锚固单元。每个夹片锚具一般是由多个独立锚固单元组成,它能锚固 1 ~55 根不等的 15(或 16)mm 与 12(13)mm 钢绞线所组成的筋束,其最大锚固吨位可达 11 000 kN,故夹片锚又称为大吨位钢绞线群锚体系。

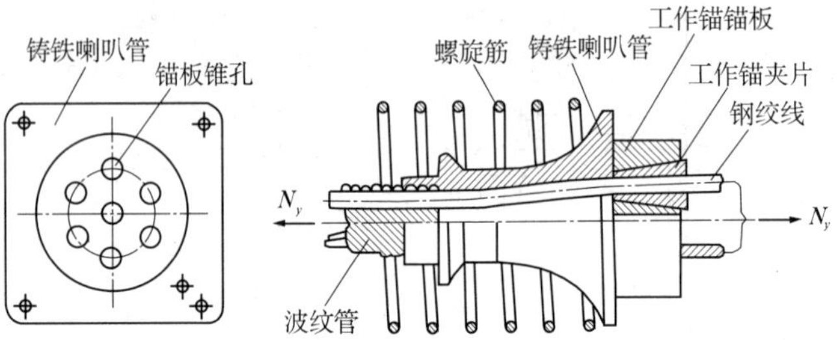

图 10-7　夹片锚具配套示意图

2)扁形夹片锚具

扁形夹片锚具是为适应扁薄截面构件(如空心板等)筋束锚固的需要而研制的,简称扁锚。其工作原理与一般夹片锚具体系相同,只是工作锚锚板、锚下钢垫和喇叭管,以及形成预留孔道的波纹管均为扁形而已。其一般符号为 BM 锚。

3)固定端锚具

采用一端张拉时,其固定端锚具,除可采用与张拉端相同的夹片锚具外,还可采用挤压锚具和压花锚具。

(1)挤压锚具是利用压头机将套在钢绞线端头上的软钢(一般为 45 号钢)套管与钢绞线一起,强行顶压通过规定的模具孔挤压而成(图 10-8),为增加套筒与钢铰线间的摩阻力,挤压前,在钢绞线与套筒之间衬置一硬钢丝螺旋圈,以便在挤压后使硬钢丝分别压入钢绞线与套筒内壁之内。

(2)压花锚具是用压花机将钢绞线端头压制成梨形花头的一种黏结型锚具(图 10-9),张拉前预先埋入构件混凝土中。

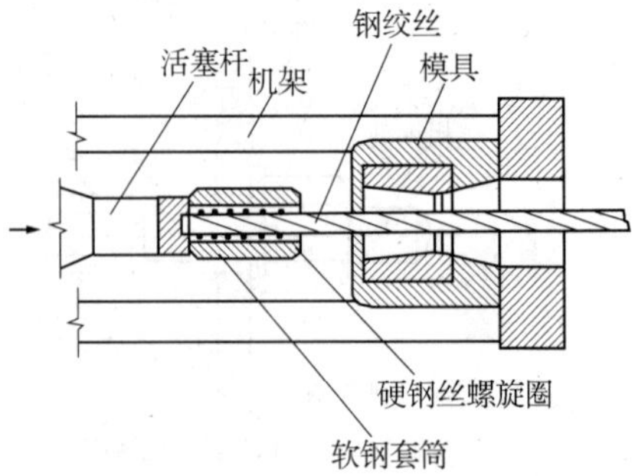

图 10-8　压头机的工作示意图

4)连接器

连接器有两种：钢绞线束 N_1 锚固后，需要再连接钢绞线束 N_2 的，叫锚头连接器(图 10-10(a))；当两段未张拉的钢绞线束 N_1、N_2 需直接接长时，则可采用接长连接器(图 10-10(b))。

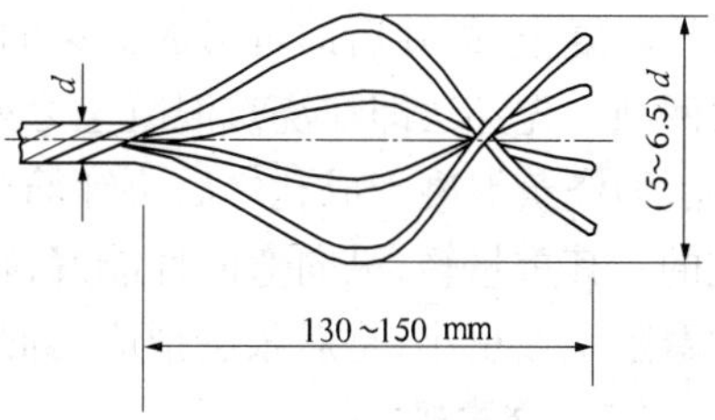

图 10-9 压花锚具

应当特别指出，为保证施工与结构的安全，锚具必须按国家标准《预应力筋用锚具、夹具和连接器》(GB/T14370—93)规定的程序进行试验验收，验收合格者方可使用。工作锚具使用前，必须逐件擦拭干净，表面不得残留铁屑、泥沙、油垢及各种减摩剂，防止锚具回松和降低锚具的锚固效率。

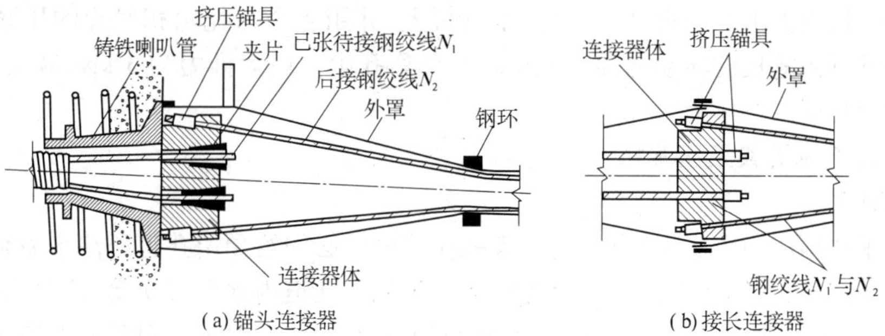

图 10-10 连接器构造

四、千斤顶

各种锚具都必须配置相应的张拉设备，才能顺利地进行张拉、锚固。与夹片锚具配套的张拉设备，是一种大直径的穿心单作用千斤顶(图 10-11)，它常与夹片锚具配套使用。其他各种锚具也都有各自适用的张拉千斤顶。

五、预加应力的其他设备

按照施工工艺的要求，预加应力尚需以下一些设备和配件。

(一)制孔器

预制后张法构件时，需预先留好待混凝土结硬后筋束穿入的孔道。目前，国内桥梁构件预留孔道所用的制孔器主要有两种：抽拔橡胶管与螺旋金属波纹管。

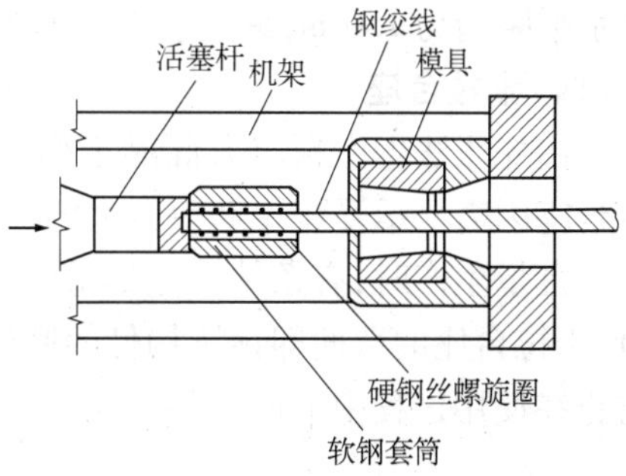

图 10-11 夹片锚具张拉千斤顶安装示意图

1. 抽拔橡胶管

在钢丝网胶管内事先穿入钢筋(称芯棒)，再将胶管(连同芯棒一起)放入模板内，待浇筑混凝土达到一定强度后，抽去芯棒，则预留孔道形成。

2. 螺旋金属波纹管(简称波纹管)

在浇筑混凝土之前，将波纹管按筋束设计位置，绑扎于与箍筋焊连的钢筋托架上，再浇筑混凝土,结硬后即可形成穿束的孔道。使用波纹管制孔的穿束方法,有先穿法与后穿法两种。先穿法即在浇筑混凝土之前将筋束穿入波纹管中,绑扎就位后再浇筑混凝土;后穿法即浇筑混凝土成孔之后再穿筋束。这种金属波纹管,是用薄钢带轻卷管机压波后卷成的。其重量轻,纵向弯曲性能好,径向刚度较大,连接方便,与混凝土黏结良好,与筋束的摩阻系数也小,是后张法预应力混凝土构件一种较理想的制孔器。

(二)穿索机

在桥梁悬臂施工和尺寸较大的构件中,一般都采用后穿法穿束。对于大跨桥梁有的筋束很长,人工穿束十分吃力,应采用穿索(束)机。

穿索(束)机有两种类型:一是液压式;二是电动式。桥梁中多用前者,它一般采用单根钢绞线穿入,穿束时应在钢绞线前端套一子弹形帽子,以减小穿束阻力。穿索机由马达带动用4个托轮支承的链板,钢绞线置于链板上,并用4个与托轮相对应的压紧轮压紧,则钢绞线就可借链板的转动向前穿入构件的预留孔中。最大推力为3 kN,最大水平传送距离可达150 m。

(三)灌孔水泥浆及压浆机

1. 水泥浆

在后张法预应力混凝土构件中,筋束张拉锚固后必须给预留孔道压注水泥浆,以免钢筋锈蚀,并使筋束与梁体混凝土结合为整体。为保证孔道内水泥浆密实,应严格控制水灰比,一般以0.40~0.45为宜,如加入适量的减水剂(如加入占水泥重量0.25%的木质素磺酸钙等),则水灰比可降低0.10~0.15;另外可在水泥浆中加入约占水泥重0.005%的铝粉,可使水泥浆在硬化过程中膨胀,但应控制其膨胀率不大于5%,所用水泥不应低于425号,水泥浆的标号不应低于构件混凝土标号的80%,且应低于30号。

2. 压浆机

压浆机是孔道灌浆的主要设备。它主要由灰浆搅拌桶、贮浆桶和压送灰浆的灰浆泵以及供水系统组成。压浆机的最大工作压力可达约1.50 MPa(15个大气压)。可压送的最大水平距离为150 m,最大竖直高度为40 m。

(四)张拉台座

采用先张法生产预应力混凝土构件时,则需设置张拉和临时锚固筋束的张拉台座。张拉台座因需要承受张拉筋束巨大的回缩力,设计时应保证它具有足够的强度、刚度和稳定性。批量生产时,有条件的应尽量设计成长线式台座,以提高生产效率。为了提高产品质量,张拉台座的台面即预制构件的底模,有的构件厂已采用了预应力混凝土滑动台面,可防止在使用过程中台面开裂。

第三节　预应力混凝土结构的材料

一、混凝土

(一)强度要求

用于预应力结构的混凝土,必须采用高标号混凝土。《公路桥规》规定:预应力混凝土构件所用混凝土不应低于 C40。预应力混凝土结构的混凝土,不仅要求高强度,而且还要求能快硬、早强,以便能及早施加预应力,加快施工进度,提高设备、模板等的利用率。

(二)混凝土的配制要求与措施

为了获得强度高和收缩、徐变小的混凝土,应尽可能地采用高标号水泥,减少水泥用量,降低水灰比,选用优质坚硬的集料,并注意采取以下措施。

(1)严格控制水灰比。高强混凝土的水灰比一般宜在 0.25~0.35 范围之内。为增加和易性,可掺加适量的高效减水剂。

(2)注意选用高标号水泥,并宜控制水泥用量不大于 550 kg/m^3。水泥品种,以硅酸盐水泥为宜,不得已需要采用矿渣水泥时,则应适当掺加早强剂,以改善其早期强度较低的缺点。火山灰水泥因早期强度过低,收缩率又大,故不适于拌制预应力混凝土。

(3)注意选用优质活性掺合料,如硅粉、F 矿粉等,尤其是硅粉混凝土不仅可使收缩减小,而且可使徐变显著减小。

二、预应力钢材

预应力混凝土构件中,有预应力钢筋和非预应力钢筋(即普通钢筋)。普通钢筋已在第一篇中作了介绍,这里主要对预应力钢筋再作一简要介绍。

(一)对预应力钢筋的要求

(1)强度要高。混凝土预应力的建立是通过张拉钢筋来实现的,其大小取决于预应力钢筋张拉应力的大小。考虑到构件在制作和使用过程中,由于种种原因使预应力钢筋的张拉应力产生应力损失,因此需要采用较高的张拉应力,这就要求预应力钢筋具有较高的抗拉强度。

(2)要有较好的塑性和焊接性能。高强度钢材,其塑性性能一般较低,为了保证结构物在破坏之前有较大的变形能力,必须保证预应力钢筋有足够的塑性性能;而良好的焊接性能则是保证钢筋加工质量的重要条件。

(3)要具有良好的黏结性能。

(4)应力松弛损失较低。预应力钢材今后发展的总要求就是高强度、粗直径、低松弛和耐腐蚀。

(二)预应力钢筋的种类

目前,常用的预应力钢筋有以下几种。

1.精轧螺纹钢筋

精轧螺纹钢筋是专用于中、小型构件或作为箱梁的竖向、横向预应力钢筋。其级别有 JL540、JL785、JL930 三种;直径一般为 18 mm、25 mm、32 mm、40 mm。要求 10 h 松弛率不大于1.5%。

2.钢丝

用于预应力混凝土构件中的钢丝有消除应力的三面刻痕钢丝、螺旋肋钢丝和光面钢丝三种。

3.钢绞线

钢绞线是在绞线机上以一根直径较粗的钢丝为芯丝,并用若干根钢丝为边丝围绕其进行螺旋状绞捻而成，常用的钢绞线有 7 φ4 和 7 φ5 两种。

预应力钢筋强度标准值、强度设计值见表 1-2 和表 1-5。

复习思考题

10-1 何谓预应力混凝土？与普通钢筋混凝土构件相比，预应力混凝土构件有何特点？

10-2 为什么预应力混凝土构件必须采用高强钢材？且应尽可能采用高强度等级的混凝土？

10-3 预应力混凝土分为哪几类？各有何特点？

10-4 施加预应力的方法有哪几种？先张法和后张法的区别何在？试述它们的优缺点及适用范围。

10-5 什么是预应力度？我国工程中按预应力度的概念对加筋混凝土是如何分类的？

10-6 预应力混凝土结构有哪些优点和缺点？

10-7 什么是无黏结预应力混凝土？无黏结预应力混凝土结构有哪些优点？

10-8 孔道压浆的目的是什么？

10-9 预应力混凝土结构对预应力钢筋有哪些要求？工程中常用的预应力钢筋有哪些？

10-10 什么是部分预应力混凝土？部分预应力混凝土有何结构特点？

10-11 部分预应力混凝土结构的受力特点是什么？

第十一章　预应力混凝土受弯构件的计算

学习目标

1. 理解各项预应力损失的概念及产生的原因；
2. 掌握预应力损失的计算方法；
3. 掌握有效预应力的计算方法；
4. 掌握在预应力各阶段预应力钢筋、非预应力钢筋和混凝土的应力状况；
5. 熟悉预应力构件的构造要求；
6. 熟悉预应力混凝土受弯构件的设计计算步骤。

第一节　概　述

预应力混凝土受弯构件，从预加应力到受外荷载至最后破坏，主要可分为两个阶段，即施工阶段和使用阶段。

一、施工阶段

预应力混凝土构件在制作、运输和安装的过程中，将承受不同的作用。

本阶段，在预应力作用下，材料一般处于弹性工作阶段，可用材料力学的方法，并根据《公路钢筋混凝土及预应力混凝土桥涵设计规范》(JTG D62—2004)的要求进行设计计算。根据受力条件的不同，该阶段又可分为预加应力阶段和运输安装阶段。

(一)预加应力阶段

此阶段是指从预加应力开始，至预加应力结束为止。它所受的作用主要是偏心预压力 N_P；对于简支梁，由于 N_P 的偏心作用，构件将产生向上的反拱，形成以梁两端为支点的简支梁，因此梁的自重恒载 g_1 也在施加预加力的同时一起参与作用，如图 11-1 所示。

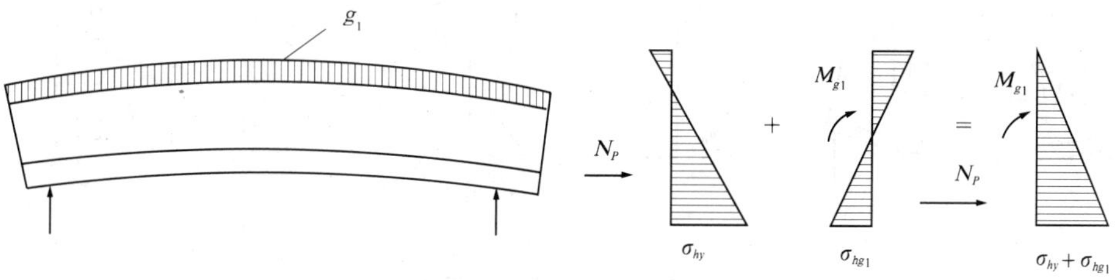

图 11-1　预加应力示意

本阶段的设计计算要求是：①控制受弯构件上、下混凝土的最大拉应力和压应力，以及梁腹的主应力均不超出《公路钢筋混凝土及预应力混凝土桥涵设计规范》(JTG D62—

2004)的规定值;②控制预应力钢筋的最大张拉应力;③保证锚下混凝土局部承压的容许承载力应大于实际所受的压力,并有足够的安全度,以保证梁体不出现水平纵向裂缝。

本阶段,由于各种因素的影响,预应力钢筋中的预加应力将产生部分损失,通常把扣除应力损失后预应力钢筋中存余应力,称为有效预应力。

(二)运输安装阶段

此阶段混凝土梁所承受的作用(荷载)仍是预加力 N_P 和梁的自身恒载。但由于引起预应力损失的因素相继增多,N_P 要比预加应力阶段小;同时梁的自身恒载应根据《公路钢筋混凝土及预应力混凝土桥涵设计规范》(JTG D62—2004)的规定计入 1.20 或 0.85 的动力系数。

二、使用阶段

这一阶段是指桥梁建成通车后的整个使用阶段,构件除承受偏心预加力和梁的自重恒载 g_1 外,还要承受桥面铺装、人行道、栏杆等后加二期恒载 g_2 和车辆、人群等活载 P,如图 11-2 所示。

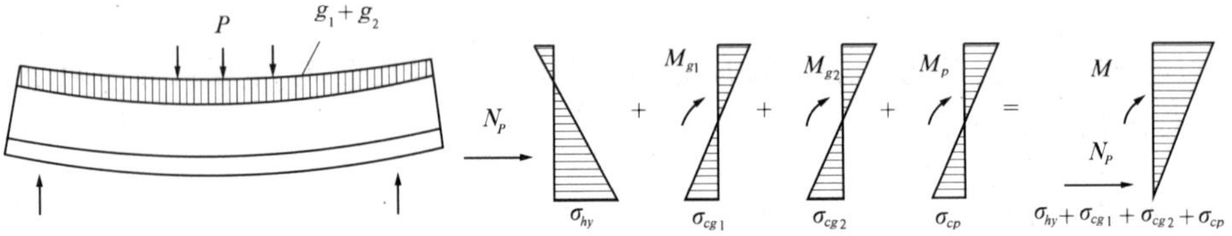

图 11-2 预应力梁应力组合示意

本阶段各项预应力损失将相继全部完成,最后在预应力筋中建立相对不变的预拉应力,并将此称为永存预应力 σ_{pe}。显然,永存预应力值要小于施工阶段的有效预应力值。

本阶段根据构件受力后的特征,又可分为如下几个受力状态。

(一)加载至受拉边缘混凝土预压应力为零

构件在永存预加力 N_{pe}(即永存预应力 σ_{pe}的合力)作用下,其下边缘混凝土的有效预压应力为 σ_{pc}(见图 11-3)。当构件加载至某一特定作用(荷载),其下边缘混凝土的预压应力 σ_{pc}被抵消为零,此时在控制截面上所产生的弯矩 M_0 称为消压弯矩,则有:

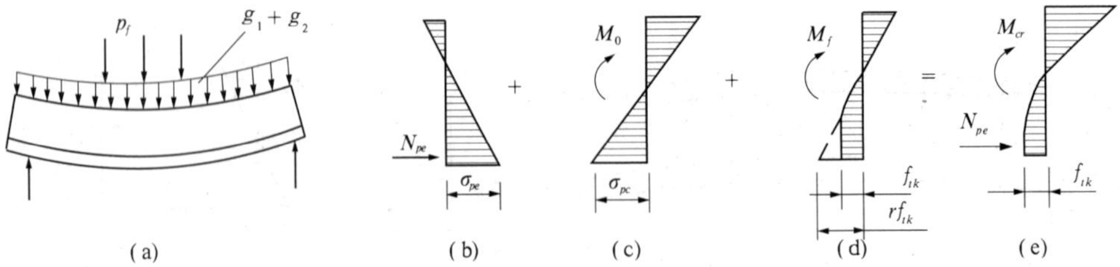

图 11-3 预应力梁第一受力阶段

$$\sigma_{pc} - (M_0/W_0) = 0 \tag{11-1}$$

或

$$M_0 = \sigma_{pc} W_0 \tag{11-2}$$

式中 M_0——由外加作用(恒载和活载)引起、恰好使受拉边缘混凝土应力为零的弯矩

（也称消压弯矩），见图 11-3（c））；

σ_{pc}——由永存预加力 N_{pe} 在梁下边缘产生的混凝土有效预压应力；

W_0——换算截面对受拉边的弹性抵抗矩。

但是，受弯构件在消压弯矩 M_0 和预加力 σ_{pe} 的共同作用下，只有下边缘纤维的混凝土应力为零（消压），而截面上其他点的应力都不为零（不消压）。

（二）加载至受拉区裂缝即将出现

当构件在消压状态后继续加载，并使受拉区混凝土应力达到抗拉强度标准值 f_{tk}，此时就称为裂缝即将出现状态，见图 11-3（c）。而这时作用（荷载）产生的弯矩就称为裂缝弯矩 M_{cr}。

如果把受拉区边缘混凝土应力从零增加到应力为 f_{tk} 所需的外弯矩 M_f（图 11-3（d））表示，则 M_{cr} 为 M_0 与 M_f 之和，即：

$$M_{cr} = M_0 + M_f \tag{11-3}$$

式中　M_{cr}——相当于同截面钢筋混凝土梁的抗裂弯矩。

从上面的分析可以看出：在消压状态出现后，预应力混凝土梁的受力情况就和普通钢筋混凝土梁一样了。但是预应力混凝土梁的抗裂弯矩 M_{cr} 要比同截面、同材料的普通钢筋混凝土梁的抗裂弯矩大一个消压弯矩 M_0，这说明预应力混凝土梁在承受外加作用时可以大大推迟裂缝的出现，提高了梁的抗裂性。

（三）加载至构件破坏

预应力混凝土受弯构件在破坏时预加应力损失殆尽，故其应力状态和普通混凝土构件类似，其计算方法也基本相同。

第二节　预加力的计算与预应力损失的估算

由于施工因素、材料性能和环境条件等的影响，钢筋中的预拉应力将要逐渐减小。这种减小的应力就称为预应力损失。设计中所需的钢筋预应力值，应是扣除相应阶段的应力损失后，钢筋中实际存在的预应力（即有效预应力 σ_{pe}）值。例如，钢筋初始张拉的预应力（一般称为张拉控制应力）记作 σ_{con}，相应的应力损失值为 σ_l，则它们与有效预应力 σ_{pe} 之间的关系为：

$$\sigma_{pe} = \sigma_{con} - \sigma_l \tag{11-4}$$

由此可以看出：要确定张拉控制应力 σ_{con}，除了需要根据承受外加作用（荷载）的情况事先估算有效预应力 σ_{pe} 外，还需要估算出各项预应力损失值。

一、张拉控制应力 σ_{con}

张拉控制应力 σ_{con} 是指张拉钢筋时，张拉设备（如千斤顶）所指示的总张拉力除以预应力钢筋截面面积所求得的钢筋预应力值。

张拉控制应力取值的大小，直接影响预应力混凝土构件优越性的发挥。如果张拉控制应力取值过低，则预应力钢筋在经历各种损失后，对混凝土产生的预压应力过小，不能有效地提高预应力混凝土构件的抗裂性能和刚度。但也不宜取得太高。若张拉控制应力过高，构件出现裂缝时的承载力和破坏时的承载力很接近，这意味着构件出现裂缝后不久就丧失其承载力，且事先没有明显的预兆，这是设计时应当避免的。另外，由于张拉的不准确和工艺上有时要求超张拉，且预应力钢筋的实际屈服强度并非根根相同等因素，如果张拉控制应力 σ_{con} 取得太高，张拉时有可能使钢筋应力达到甚至超过实际屈服点，产生塑性变形而可能断裂，这样就达不到预期的预应力效果。为此，《公路钢筋混凝土及预应力混凝土桥涵设计规范》(JTG D62—2004)指出：构件施加预应力时，预应力钢筋在构件端部(锚下)的控制应力应符合下列规定：

对于钢丝、钢绞线 $\sigma_{con} \leqslant 0.75f_{pk}$ (11-5)

对于精轧螺纹钢筋 $\sigma_{con} \leqslant 0.90f_{pk}$ (11-6)

式中 f_{pk}——预应力钢筋抗拉强度标准值。

当对构件进行超张拉或计入锚圈口摩擦损失时，钢筋中最大控制应力(千斤顶油泵上显示的值)对钢丝、钢绞线不应超过 $0.8f_{pk}$，对精轧螺纹钢筋不应超过 $0.95f_{pk}$。

二、钢筋预应力损失的估算

(一)预应力损失的计算

引起预应力损失的原因与施工工艺、材料性能及环境影响等因素有关，影响因素复杂，一般根据试验数据确定。如无可靠试验资料，则可按《公路钢筋混凝土及预应力混凝土桥涵设计规范》(JTG D62—2004)的规定计算。

一般情况下，可主要考虑以下6项预应力损失值。但对于不同锚具、不同施工方法，可能还存在其他应力损失，应根据具体情况逐项考虑其影响。

(二)预应力钢筋与管道壁之间的摩擦引起的应力损失 σ_{l1}

在后张法中，由于张拉时预应力钢筋与管道壁之间接触而产生摩阻力，此项摩阻力与作用力的方向相反，因此钢筋中的实际应力较张拉端拉力计中的读数要小，即造成预应力钢筋中的应力损失 σ_{l1}。其计算式为：

$$\sigma_{l1} = \sigma_{con}\left[1 - e^{-(\mu\theta + kx)}\right] \tag{11-7}$$

式中 σ_{con}——张拉钢筋时锚下的控制应力；

μ——钢筋与管道壁间的摩阻系数，按表11-1采用；

θ——从张拉端至计算截面曲线管道部分切线的夹角，rad，见图11-4；

k——管道每米局部偏差对摩擦的影响系数，按表11-1采用；

x——从张拉端至计算截面的曲线管道长度，m，可近似地以其在构件纵轴上的投影长度代替，见图11-4。

$1 - e^{-(\mu\theta + kx)}$ 值见表11-2。

一般采用两端张拉，可以减少摩擦损失，但锚具变形损失也相应增加，而且增加了张拉工作量。

表 11-1　系数 k 和 μ 值

管道成型方式	k	μ	
		钢绞线、钢丝束	精轧螺纹钢筋
预埋金属波纹管	0.001 5	0.20～0.25	0.50
预埋塑料波纹管	0.001 5	0.14～0.17	—
预埋铁皮管	0.003 0	0.35	0.40
预埋钢管	0.001 0	0.25	—
抽心成型	0.001 5	0.55	0.60

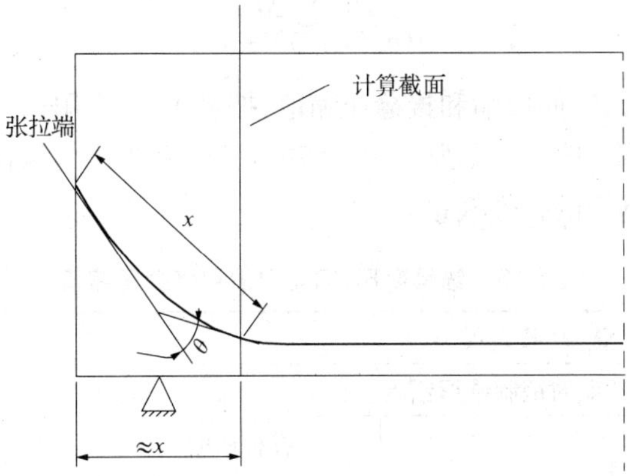

图 11-4　计算 σ_{l1} 时所取的 θ 与 x 值

表 11-2　$1-e^{-(\mu\theta+kx)}$ 值

$\mu\theta$	kx									
	0.00	0.01	0.02	0.03	0.04	0.05	0.06	0.07	0.08	0.09
0	0.000	0.010	0.020	0.030	0.040	0.049	0.058	0.068	0.077	0.086
0.1	0.095	0.104	0.113	0.122	0.131	0.139	0.148	0.156	0.165	0.173
0.2	0.181	0.189	0.197	0.205	0.213	0.221	0.229	0.237	0.244	0.252
0.3	0.259	0.267	0.274	0.281	0.288	0.295	0.302	0.309	0.316	0.323
0.4	0.33	0.336	0.343	0.349	0.356	0.362	0.368	0.375	0.381	0.387
0.5	0.393	0.398	0.405	0.411	0.417	0.423	0.429	0.434	0.44	0.446
0.6	0.451	0.457	0.462	0.467	0.473	0.478	0.483	0.488	0.493	0.498
0.7	0.503	0.508	0.513	0.518	0.523	0.528	0.532	0.537	0.542	0.546
0.8	0.551	0.555	0.56	0.564	0.568	0.573	0.577	0.581	0.585	0.589
0.9	0.593	0.597	0.601	0.605	0.609	0.613	0.617	0.621	0.625	0.628
1.0	0.632	0.636	0.639	0.643	0.647	0.65	0.654	0.657	0.66	0.664

另外，还可以采用超张拉，其工艺如下：

$$0 \rightarrow 初应力(0.1\sigma_{con}) \rightarrow 1.05\sigma_{con} \xrightarrow{持荷2\ min} 0.85\sigma_{con} \rightarrow \sigma_{con}(锚固)$$

应当注意，对于一般夹片锚具，不宜采用超张拉工艺。因为超张拉后的钢筋拉应力无法在锚固前回降至张拉控制应力。

（三）锚具变形、钢筋回缩和接缝压缩引起的应力损失 σ_{l2}

后张法构件，当张拉结束并进行锚固时，锚具将受到大的压力，使锚具自身及锚下垫板压密而变形，同时有些锚具的预应力筋束还要向内回缩；此外，拼装式构件的接缝，在锚固后也将继续被压密变形，所有这些变形都将锚固后的预应力筋束缩短，引起应力损失。其计算式如下：

$$\sigma_{l2} = \frac{\sum \Delta l}{l} E_p \tag{11-8}$$

式中 Δl——锚具变形、钢筋回缩和接缝压缩值，按表11-3采用；

l——预应力钢筋的长度，先张法为台座的长度，后张法为构件长度；

E_p——预应力钢筋的弹性模量。

表11-3 锚具变形、钢筋回缩和接缝压缩值 （单位：mm）

锚具、接缝类型		Δl
钢丝束的钢制锥形锚具		6
夹片式锚具	有顶压时	4
	无顶压时	6
带螺帽锚具的螺帽缝隙		1
镦头锚具		1
每块后加垫板的缝隙		1
水泥砂浆接缝		1
环氧树脂砂浆接缝		1

该项预应力损失在短跨梁中或在钢筋不长的情况下应予以重视。对于分块拼装构件应尽量减少块数，以减少接缝压缩损失。而锚具变形引起的预应力损失，只需考虑张拉端，因为固定端的锚具在张拉钢筋过程中已被挤紧，不会再引起预应力损失。

在用先张法制作预应力混凝土构件时，当将已达到张拉控制应力的预应力钢筋锚固在台座上时，同样会造成这项损失。

（四）预应力钢筋与台座之间的温差引起的应力损失 σ_{l3}

当用先张法制作预应力混凝土构件时，张拉钢筋是在常温下进行的。当混凝土采用加热养护时，即形成钢筋与台座之间的温度差。升温时，混凝土尚未结硬，钢筋受热自由伸长，产生温度变形，造成钢筋变松，引起预应力损失 σ_{l3}。其计算式为：

$$\sigma_{l3} = 2(t_2 - t_1) \tag{11-9}$$

式中 t_1——张拉钢筋时，制造场地的温度，℃；

t_2——混凝土加热养护时，已张拉钢筋的最高温度，℃。

可采用以下措施减少该项损失：

(1)采用两次升温养护。先在常温下养护，或将初次升温与常温的温度差控制在 20 ℃以内，待混凝土强度达到 7.5 ~ 10 MPa 时再逐渐升温至规定的养护温度。

(2)在钢模上张拉预应力钢筋或台座与构件共同受热变形，可以不考虑此项损失。

(五)混凝土的弹性压缩引起的应力损失 σ_{l4}

当预应力混凝上构件受到预压应力而产生压缩变形时，则对于已经张拉并锚固于混凝土构件上的预应力钢筋来说，亦将产生与该钢筋重心水平处混凝土同样的压缩应变 $\varepsilon_p = \varepsilon_c$，因而产生一个预拉应力损失，并称为混凝土弹性压缩损失，以 σ_{l4} 表示。引起应力损失的混凝土弹性压缩量，与预加应力的方式有关。

1. 先张法构件

先张法中，构件受压时，已与混凝土黏结，两者共同变形，由混凝土弹性压缩引起钢筋中的应力损失为：

$$\sigma_{l4} = \alpha_{Ep}\sigma_{pe} \tag{11-10}$$

式中 α_{Ep}——预应力钢筋弹性模量与混凝土弹性模量之比；

σ_{pe}——在计算截面的钢筋重心处，由全部钢筋预加力产生的混凝土法向应力，可按下式计算：

$$\sigma_{pe} = \frac{N_{p0}}{A_0} + \frac{N_{p0}e_{p0}^2}{I_0};\ N_{p0} = A_p\sigma_p^*$$

式中 N_{p0}——混凝土应力为零时的预应力钢筋的预加力(扣除相应阶段的预应力损失)；

A_0、I_0——预应力混凝土受弯构件的换算截面面积和换算截面惯性矩；

e_{p0}——预应力钢筋重心至换算截面重心轴的距离；

σ_p^*——张拉锚固前预应力筋中的预应力，$\sigma_p^* = \sigma_{con}$。

2. 后张法构件

在后张法预应力混凝土构件中，混凝土的弹性压缩发生在张拉过程中，张拉完毕后，混凝土的弹性压缩也随即完成。因此，对于一次张拉完成的后张法构件，无须考虑混凝土弹性压缩引起的应力损失，因为此时混凝土的全部弹性压缩是和钢筋的伸长同时发生的。但是，由于后张法构件筋束的根数比较多，钢筋往往分批进行张拉锚固，并且在多数情况下采用逐束(根)进行张拉锚固。这样，当张拉第二批钢筋时，混凝土所产生的弹性压缩会使第一批已张拉锚固的钢筋产生预应力损失。同理，当张拉第三批时，又会使第一、第二批已张拉锚固的钢筋都产生预应力损失，以此类推，故这种在后张法中的弹性压缩损失又称为分批张拉预应力损失 σ_{l4}。

后张法构件，分批张拉时，先张拉的钢筋由张拉后批钢筋所引起的混凝土弹性压缩预应力损失可按下式计算：

$$\sigma_{l4} = \alpha_{Ep}\sum\Delta\sigma_{pc} \tag{11-11}$$

式中 $\sum\Delta\sigma_{pc}$——在计算截面钢筋的重心处，由后张拉各批钢筋产生的混凝土法向应力之和，MPa。

后张法预应力混凝土构件，当同一截面的预应力钢筋逐束张拉时，由混凝土弹性压缩引起的预应力损失，可按下面简化公式计算：

$$\sigma_{l4} = \frac{m-1}{2}\alpha_{Ep}\Delta\sigma_{pc} \tag{11-12}$$

式中 m——预应力钢筋的束数；

$\Delta\sigma_{pc}$——在计算截面的全部钢筋重心处，由张拉一束应力钢筋产生的混凝土法向压应力，MPa，取各束的平均值。

分批张拉时，由于每批钢筋的应力损失不同，则实际有效预应力不等。补救方法如下：

（1）重复张拉先张拉的预应力钢筋。

（2）超张拉先张拉的预应力钢筋。

（六）钢筋松弛引起的应力损失 σ_{l5}

钢筋或钢筋束在一定拉力作用下，长度保持不变，则其应力将随时间的增长而逐渐降低，这种现象称为钢筋的应力松弛，亦称徐舒。钢筋的松弛将引起预应力钢筋中的应力损失，这种损失称为钢筋应力松弛损失 σ_{l5}。这种现象是钢筋的一种塑性特征，其值因钢筋的种类而异，并随着应力的增加和作用（荷载）持续时间的长久而增加，一般是在第一小时最大，两天后即可完成大部分，一个月后这种现象基本停止。

由钢筋应力松弛引起的应力损失终极值，可按下面公式计算：

（1）对于精轧螺纹钢筋：

一次张拉　$\sigma_{l5} = 0.05\sigma_{con}$

超张拉　$\sigma_{l5} = 0.035\sigma_{con}$

（2）对于钢丝，钢绞线：

$$\sigma_{l5} = \Psi\zeta\left(0.52\frac{\sigma_{pe}}{f_{pk}} - 0.26\right)\sigma_{pe} \tag{11-13}$$

式中 Ψ——张拉系数，一次张拉时 $\Psi = 1.0$，超张拉时 $\Psi = 0.9$；

ζ——钢筋松弛系数，Ⅰ级松弛（普通松弛）$\zeta = 1.0$；Ⅱ级松弛（低松弛）$\zeta = 0.3$；

σ_{pe}——传力锚固时的钢筋应力，对后张法构件 $\sigma_{pe} = \sigma_{con} - \sigma_{l1} - \sigma_{l2} - \sigma_{l4}$，对于先张法构件 $\sigma_{pe} = \sigma_{con} - \sigma_{l2}$。

对于碳素钢丝、钢绞线，当 $\sigma_{pe}/f_{pk} \leqslant 0.5$ 时，预应力钢筋的应力松弛值可取零。

（七）混凝土收缩和徐变引起的预应力钢筋应力损失 σ_{l6}

由于混凝土的收缩和徐变使预应力混凝土构件缩短，因而引起预应力损失。由于收缩与徐变有着密切的联系，许多影响收缩的因素，也同样影响徐变的变形值，故将混凝土的收缩与徐变值的影响综合在一起进行计算。此外，在预应力梁中所配制的非预应力筋对混凝土的收缩、徐变变形也有一定的影响，计算时应予以考虑。

《公路桥规》推荐的收缩、徐变应力损失计算，对于单筋截面（仅在受拉区配有纵向力钢筋）可按下式计算：

$$
\left.\begin{aligned}
\sigma_{l6}(t) &= \frac{0.9[E_p\varepsilon_{cs}(t,t_0)+\alpha_{Ep}\sigma_{pc}\phi(t,t_0)]}{1+15\rho\rho_{ps}} \\
\rho &= \frac{A_p+A_s}{A} \\
\rho_{ps} &= 1+\frac{e_{ps}^2}{i^2} \\
e_{ps} &= \frac{A_pe_p+A_se_s}{A_p+A_s}
\end{aligned}\right\} \tag{11-14}
$$

式中 $\sigma_{l6}(t)$——构件受拉区全部纵向钢筋截面重心处由混凝土收缩、徐变引起的预应力损失；

σ_{pc}——构件受拉区全部纵向钢筋截面重心处由预应力(扣除相应阶段的预应力损失)和结构自重产生的混凝土法向应力,MPa；

E_p——预应力钢筋的弹性模量；

α_{Ep}——预应力钢筋弹性模量与混凝土弹性模量的比值；

ρ——构件受拉区全部纵向钢筋配筋率；

A——构件毛截面面积；

i——截面回转半径,$i=I/A$,先张法构件取 $I=I_0$,$A=A_0$,后张法构件取 $I=I_n$,$A=A_n$,I_0 和 I_n 分别为换算截面惯性矩和净截面惯性矩,A_0 和 A_n 分别为换算截面面积和净截面面积；

e_p——构件受拉区预应力钢筋截面重心至构件截面重心的距离；

e_s——构件受拉区纵向普通钢筋截面重心至构件截面重心的距离；

e_{ps}——构件受拉区预应力钢筋和普通钢筋截面重心至构件截面重心轴的距离；

$\varepsilon_{cs}(t,t_0)$——预应力钢筋传力锚固龄期为 t_0,计算龄期为 t 时的混凝土收缩应变,其终极值可按表 11-4 取用；

$\phi(t,t_0)$——加载龄期为 t_0,计算龄期为 t 时的徐变系数,其终极值 $\phi(t_u,t_0)$ 按表 11-4取用。

表 11-4　混凝土收缩应变和徐变系数终极值

混凝土收缩应变终极值($\varepsilon_{cs}(t_u,t_0)\times10^{-3}$)								
传力锚固龄期(d)	$40\%\leqslant RH<70\%$				$70\%\leqslant RH<99\%$			
	理论厚度 h(mm)				理论厚度 h(mm)			
	100	200	300	≥600	100	200	300	≥600
3～7	0.50	0.45	0.38	0.25	0.30	0.26	0.23	0.15
14	0.43	0.41	0.36	0.24	0.25	0.24	0.21	0.14
28	0.38	0.38	0.34	0.23	0.22	0.22	0.20	0.13
60	0.31	0.34	0.32	0.22	0.18	0.20	0.19	0.12
90	0.27	0.32	0.30	0.21	0.16	0.19	0.18	0.12

续表 11-4

加载龄期(d)	混凝土收缩应变终极值 $\phi(t_u, t_o)$							
	$40\% \leq RH < 70\%$				$70\% \leq RH < 99\%$			
	理论厚度 h(mm)				理论厚度 h(mm)			
	100	200	300	≥600	100	200	300	≥600
3	3.78	3.36	3.14	2.79	2.73	2.52	2.39	2.20
7	3.23	2.88	2.68	2.39	2.32	2.15	2.05	1.88
14	2.83	2.51	2.35	2.09	2.04	1.89	1.79	1.65
28	2.48	2.20	2.06	1.83	1.79	1.65	1.58	1.44
60	2.14	1.91	1.78	1.58	1.55	1.43	1.36	1.25
90	1.99	1.76	1.65	1.46	1.44	1.32	1.26	1.15

注:1. 表中 RH 代表桥梁所处环境的年平均相对湿度,%。

2. 表中理论厚度 $h=2A/\mu$,A 为构件截面面积,μ 为构件与大气接触的周边长度。当构件为变截面时,A 和 μ 均可取其平均值。

3. 本表适用于由一般的硅酸盐类水泥或快硬水泥配制而成的混凝土,对 C50 及以上混凝土,表列数值应乘以 $\sqrt{\frac{32.4}{f_{ck}}}$,式中,$f_{ck}$ 为混凝土轴心抗压强度标准值,MPa。

4. 本表适用于季节性变化的平均温度 $-20 \sim +40$ ℃。

5. 构件的实际传力锚固龄期、加载龄期或理论厚度为表列数值中间值时,收缩应变和徐变系数终极值可按直线内插法取值。

减小混凝土收缩和徐变引起的应力损失的措施有:

(1)采用高强度水泥,减少水泥用量,降低水灰比,采用干硬性混凝土;

(2)采用级配较好的集料,加强振捣,提高混凝土的密实性;

(3)加强养护,以减少混凝土的收缩。

应当指出:混凝土收缩、徐变引起的预应力损失,目前采用单独计算的方法不够完善。

以上各项预应力损失的估算值,可以作为一般设计的依据。但由于材料、施工条件的不同,实际的预应力损失值与按上述方法计算的数值会有所出入。为了确保预应力混凝土结构在施工、使用阶段的安全,除加强施工管理外,还应做好预应力损失值的实测工作,用测得的实际损失值,来调整张拉应力。

第三节　预应力混凝土受弯构件的应力计算

一、预应力混凝土受弯构件的正应力验算

《公路钢筋混凝土及预应力混凝土桥涵设计规范》(JTG D62—2004)规定按持久状况设计的预应力混凝土受弯构件,应计算其使用阶段正截面混凝土的法向压应力、受拉区钢筋的拉应力和斜截面混凝土的主压应力,并不得超过规定的限值。按短暂状况设计的预

应力混凝土受弯构件，应计算其施工阶段正截面混凝土的法向压应力、拉应力，并不得超过规定的限值。

（一）施工阶段的应力计算

由于在预加应力作用的同时，梁向上挠曲，自重随即发生作用，因此预加应力阶段，预应力混凝土梁将同时受着预加力（扣除第一批应力损失）、自重和施工荷载的作用，可按下式计算。

1. 后张法构件

混凝土法向压应力和法向拉应力：

$$\sigma_{cc}^{t} \text{或} \sigma_{ct}^{t} = \frac{N_p}{A_n} \pm \frac{N_p e_{pn}}{I_n} y_n \pm \frac{M_{p2}}{I_n} y_n \mp \frac{M_k}{I_n} y_n \tag{11-15}$$

预应力钢筋应力：

$$\left.\begin{aligned} \sigma_{p0} &= \sigma_{con} - \sigma_{lI} + \alpha_{Ep}\sigma_{pc} \\ \sigma'_{p0} &= \sigma'_{con} - \sigma'_{lI} + \alpha'_{Ep}\sigma'_{pc} \end{aligned}\right\} \tag{11-16}$$

相应阶段预应力钢筋的有效预应力：

$$\left.\begin{aligned} \sigma_{pe} &= \sigma_{con} - \sigma_{lI} \\ \sigma'_{pe} &= \sigma'_{con} - \sigma'_{lI} \end{aligned}\right\}$$

$$N_p = \sigma_{pe}A_p + \sigma'_{pe}A'_p - \sigma_{l6}A_s - \sigma_{l6}A'_s \tag{11-17}$$

$$e_{p0} = \frac{\sigma_{pe}A_p y_{pn} - \sigma'_{pe}A'_p y'_{pn} - \sigma_{l6}A_s y_{sn} - \sigma'_{l6}A'_s y'_{sn}}{N_p} \tag{11-18}$$

2. 先张法构件

混凝土法向压应力和法向拉应力：

$$\sigma_{cc}^{t} \text{或} \sigma_{ct}^{t} = \frac{N_{p0}}{A_0} \pm \frac{N_{p0} e_{p0}}{I_0} y_0 \mp \frac{M_k}{I_0} y_0 \tag{11-19}$$

预应力钢筋应力：

$$\left.\begin{aligned} \sigma_{p0} &= \sigma_{con} - \sigma_{lI} + \sigma_{l4} \\ \sigma'_{p0} &= \sigma'_{con} - \sigma'_{lI} + \sigma'_{l4} \end{aligned}\right\} \tag{11-20}$$

相应阶段应力钢筋的有效预应力：

$$\left.\begin{aligned} \sigma_{pe} &= \sigma_{con} - \sigma_{lI} \\ \sigma'_{pe} &= \sigma'_{con} - \sigma'_{lI} \end{aligned}\right\}$$

$$N_{p0} = \sigma_{p0}A_p + \sigma'_{p0}A'_p - \sigma_{l6}A_s - \sigma'_{l6}A'_s \tag{11-21}$$

$$e_{p0} = \frac{\sigma_{p0}A_p y_p - \sigma'_{p0}A'_p y'_p - \sigma_{l6}A_s y_s - \sigma'_{l6}A'_s y'_s}{N_{p0}} \tag{11-22}$$

式中 M_{p2}——由预加力在后张法预应力混凝土连续梁等超静定结构中产生的次弯矩；

y_0、y_n——构件换算截面重心、净截面重心至截面计算纤维处的距离；

I_0、I_n——构件换算截面惯性矩、净截面惯性矩；

A_n——净截面面积，为扣除管道等削弱部分后的混凝土全部截面面积与纵向普通钢筋截面面积换算成混凝土的截面面积之和，对由不同混凝土强度等级组成的截面，应按混凝土弹性模量比值换算成同一混凝土强度等级的截面面积；

A_0——换算截面面积，包括净截面面积 A_n 和全部纵向预应力钢筋截面面积换算成混凝土的截面面积；

N_{p0}、N_p——先张法构件、后张法构件的预应力钢筋和普通钢筋的合力；

e_{p0}、e_{pn}——换算截面重心、净截面重心至预应力钢筋和普通钢筋合力点的距离；

σ_{con}、σ'_{con}——受拉区、受压区预应力钢筋的张拉控制应力；

σ_{lI}、σ'_{lI}——受拉区、受压区施工阶段的预应力损失值；

σ_{l6}、σ'_{l6}——受拉区、受压区预应力钢筋在各自合力点处由混凝土收缩和徐变引起的预应力损失，当 $A'_p=0$ 时，$\sigma'_{l6}=0$；

σ_{l4}、σ'_{l4}——受拉区、受压区由混凝土弹性压缩引起的预应力损失值；

α_{Ep}——预应力钢筋弹性模量 E_p 与混凝土弹性模量 E_c 的比值；

M_k——由构件自重和施工荷载的标准值组合计算的弯矩。

式(11-15)、式(11-19)中的"±"、"∓"，上面符号为压应力，下面符号为拉应力。

3. 施工阶段混凝土应力控制

实际工程和试验研究都证明，如果预压区混凝土外边缘压应力过大，可能在预压区内产生沿钢筋方向的纵向裂缝，或使受压区混凝土进入非线性徐变阶段，因此必须控制外边缘混凝土的压应力；另外，工程要求预应力混凝土构件预拉区（指施加预应力时形成的截面拉应力区），在施工阶段不允许出现拉应力，即使对部分预应力混凝土结构，预拉区的拉应力也不允许过大，因此要控制预拉区外边缘混凝土的拉应力。对预拉区不允许出现裂缝的构件或预压时全截面受压的构件，在预加力、自重及施工荷载（必要时应考虑动力系数）的作用下，其截面边缘的混凝土法向应力应符合下列规定。

（1）混凝土压应力：

$$\sigma^t_{cc} \leqslant 0.70 f'_{ck} \qquad (11\text{-}23)$$

（2）混凝土拉应力：①当 $\sigma^t_{ct} \leqslant 0.70 f'_{tk}$ 时，预拉区应配置其配筋率不小于 0.2% 的纵向钢筋；②当 $\sigma^t_{ct}=1.15 f'_{tk}$ 时，预拉区应配置其配筋率不小于 0.4% 的纵向钢筋；③当 $0.70 f'_{tk} < \sigma^t_{ct} < 1.15 f'_{tk}$ 时，预拉区应配置的纵向钢筋配筋率按以上两者直线内插取用。拉应力不应超过 $1.15 f'_{tk}$。

其中：σ^t_{cc}、σ^t_{ct} 为按短暂状况计算时截面预压区、预拉区边缘混凝土的压应力、拉应力；f'_{ck}、f'_{tk} 为与制作、运输、安装各施工阶段混凝土立方体抗压强度 $f'_{cu,k}$ 相应的抗压强度、抗拉强度标准值。

（二）使用阶段应力计算

在使用荷载作用阶段，除预加力（扣除全部预应力损失）和自重作用外，还有后期恒载（包括桥面系）和活载的作用。

1. 全预应力混凝土和部分预应力混凝土 A 类受弯构件

全预应力混凝土和部分预应力混凝土 A 类受弯构件，由作用（或荷载）标准值产生的混凝土法向应力和预应力钢筋的应力应按下列公式计算：

（1）混凝土法向压应力 σ_{kc} 和拉应力 σ_{kt}：

$$\sigma_{kc} \text{或} \sigma_{kt} = \frac{M_k}{I_0} y_0 \tag{11-24}$$

(2)预应力钢筋应力：

$$\sigma_p = \alpha_{Ep} \sigma_{kt} \tag{11-25}$$

式中 M_k——作用(或荷载)标准值组合计算的弯矩值；

y_0——构件换算截面重心至受压区或受拉区计算纤维处的距离。

计算预应力钢筋的应力时，式(11-24)中的 σ_{kt} 应为最外层钢筋重心处的混凝土拉应力。

2. 部分预应力混凝土 B 类受弯构件

允许开裂的部分预应力混凝土 B 类受弯构件，如图 11-5 所示，由作用(或荷载)标准值产生的混凝土法向压应力和预应力钢筋的应力增量，可按下列公式计算：

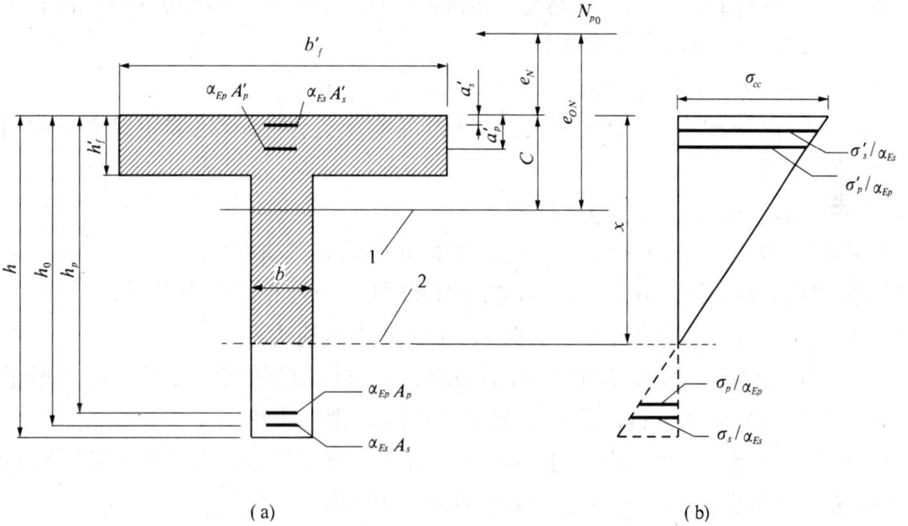

图 11-5 开裂断面及应力图

1—开裂截面重心轴；2—开裂截面中性轴

(1)开裂截面混凝土压应力：

$$\sigma_{cc} = \frac{N_{p0}}{A_{cr}} + \frac{N_{p0} e_{ON} C}{I_{cr}} \tag{11-26}$$

$$e_{ON} = e_N + C \tag{11-27}$$

$$e_N = \left(\frac{M_k \pm M_{p2}}{N_{p0}} \right) - h_{ps} \tag{11-28}$$

$$N_{p0} = \sigma_{p0} A_p - \sigma_{l6} A_s + \sigma'_{p0} A'_p - \sigma_{l6} A'_s \tag{11-29}$$

$$h_{ps} = \frac{\sigma_{p0} A_p h_p - \sigma_{l6} A_s h_s + \sigma'_{p0} A'_p a'_p - \sigma'_{l6} A'_s a'_s}{N_{p0}} \tag{11-30}$$

(2)开裂截面预应力钢筋的应力增量：

$$\sigma_p = \alpha_{Ep} \left[\frac{N_{p0}}{A_{cr}} - \frac{N_{p0} e_{ON} (h_p - C)}{I_{cr}} \right] \tag{11-31}$$

式中 N_{p0}——混凝土法向预应力等于零时预应力钢筋和普通钢筋的合力，先张法和后张法构件均按式(11-29)计算。

σ_{p0}、σ'_{p0}——构件受拉区、受压区预应力钢筋合力点处混凝土法向应力等于零时预应力钢筋的应力，对于先张法：$\sigma_{p0}=\sigma_{con}-\sigma_l+\sigma_{l4}$，$\sigma'_{p0}=\sigma'_{con}-\sigma'_l+\sigma'_{l4}$，对于后张法：$\sigma_{p0}=\sigma_{con}-\sigma_l+\alpha_{Ep}\sigma_{pc}$，$\sigma'_{p0}=\sigma'_{con}-\sigma'_l+\alpha_{Ep}\sigma'_{pc}$；

e_{ON}——N_{p0}作用点至开裂截面重心轴的距离；

e_N——N_{p0}作用点至截面受压区边缘的距离，N_{p0}位于截面之外为正，N_{p0}位于截面之内为负；

C——截面受压区边缘至开裂换算截面重心轴的距离；

h_{ps}——预应力钢筋与普通钢筋合力点至截面受压区边缘的距离；

h_p、a'_p——截面受拉区、受压区预应力钢筋合力点至截面受压区边缘的距离；

h_s、a'_s——截面受拉区、受压区普通钢筋合力点至截面受压区边缘的距离；

A_{cr}——开裂截面换算截面面积；

I_{cr}——开裂截面换算截面惯性矩；

M_{p2}——由预加力 N_p 在后张法预应力混凝土连续梁等超静定结构中产生的次弯矩。

在使用以上公式时应注意以下问题：

(1)式(11-29)、式(11-30)中，当 $A'_p=0$ 时，式中的 σ'_{l6}应取为零；

(2)在式(11-28)中当 M_{p2}与 M_k 的方向相同时取正号，相反时取负号；

(3)按式(11-31)计算的值为负值时，表示钢筋为拉应力；

(4)当截面受拉区设置多层预应力钢筋时，可仅计算最外层钢筋的拉应力增量，此时式(11-31)中的应为最外层钢筋重心至截面受压区边缘的距离；

(5)预应力混凝土受弯构件开裂截面的中性轴位置(受压区高度)可按《公路钢筋混凝土及预应力混凝土桥涵设计规范》(JTG D62—2004)附录 G 的公式求得。

3. 使用阶段的预应力钢筋和混凝土的应力控制

构件在使用阶段经常承受的活荷载主要是车辆荷载，车辆荷载是反复作用的移动荷载，并且可能产生振动。结构在这种反复移动荷载的作用下，材料强度逐渐降低，可能发生疲劳破坏，因此需要考虑结构的疲劳问题。研究表明，在反复移动、具有冲击作用的车辆荷载作用下，公路桥梁钢筋混凝土结构的钢筋的最小应力与最大应力的比值均在 0.85 以下，所以可以不进行疲劳验算，但是应当控制混凝土和钢筋的工作应力，避免工作应力过大。

对全预应力混凝土构件，在承受使用阶段的作用(或荷载)标准值组合时，受压区外边缘混凝土的最大压应力为 σ_{kc}，预应力在此处产生的预拉应力为 σ_{pt}，该处的总法向(压)应力为 $\sigma_{kc}+\sigma_{pt}$。对于不允许开裂的该类构件，受压区的总法向应力 $\sigma_{kc}+\sigma_{pt}$；允许开裂的构件，混凝土法向压应力 σ_{cc}及预应力钢筋的拉应力应符合下列规定。

(1)受压区混凝土的最大压应力：

$$\left.\begin{array}{ll}\text{未开裂构件} & \sigma_{kc}+\sigma_{pt}\\ \text{允许开裂构件} & \sigma_{cc}\end{array}\right\}\leqslant 0.5f_{ck} \tag{11-32}$$

(2)受拉区预应力钢筋的最大拉应力：

对钢绞线、钢丝

$$\left.\begin{array}{ll}\text{未开裂构件} & \sigma_{pe}+\sigma_p \\ \text{允许开裂构件} & \sigma_{p0}+\sigma_p\end{array}\right\}\leqslant 0.65f_{pk} \tag{11-33}$$

对精轧螺纹钢筋

$$\left.\begin{array}{ll}\text{未开裂构件} & \sigma_{pe}+\sigma_p \\ \text{允许开裂构件} & \sigma_{p0}+\sigma_p\end{array}\right\}\leqslant 0.80f_{pk} \tag{11-34}$$

式中 σ_{pe}——全预应力混凝土和部分预应力混凝土 A 类受弯构件，受拉区预应力钢筋扣除全部预应力损失后的有效预应力；

σ_{pt}——由预加力产生的混凝土法向拉应力，用以下公式计算：

先张法构件

$$\sigma_{pt}=\frac{N_{p0}}{A_0}-\frac{N_{p0}e_{p0}}{I_0}y_0 \tag{11-35}$$

后张法构件

$$\sigma_{pt}=\frac{N_p}{A_n}-\frac{N_p e_{pn}}{I_n}y_n-\frac{M_{p2}}{I_n}y_n \tag{11-36}$$

式(11-35)和式(11-36)中的各符号意义与计算同“施工阶段应力计算”。需注意的应力损失值 σ_l、σ'_l 为全部预应力损失值。

二、预应力混凝土受弯构件混凝土的主压应力和主拉应力计算

(一)主拉应力和主压应力计算

预应力混凝土受弯构件由作用(或荷载)标准值和预加力产生的混凝土主压应力 σ_{cp}、拉应力 σ_{tp} 应按下列公式计算：

$$\begin{matrix}\sigma_{tp}\\ \sigma_{cp}\end{matrix}=\frac{\sigma_{cx}+\sigma_{cy}}{2}\mp\sqrt{\left(\frac{\sigma_{cx}-\sigma_{cy}}{2}\right)^2+\tau^2} \tag{11-37}$$

$$\sigma_{cx}=\sigma_{pc}+\frac{M_k y_0}{I_0} \tag{11-38}$$

$$\sigma_{cy}=0.6\frac{n\sigma'_{pe}A_{pv}}{bS_v} \tag{11-39}$$

$$\tau=\frac{V_k S_0}{bI_0}-\frac{\sum\sigma''_{pe}A_{pb}\sin\theta_p S_n}{bI_n} \tag{11-40}$$

式中 σ_{cx}——在计算主应力点，由预加力和按作用(或荷载)标准值组合计算的弯矩 M_k 产生的混凝土法向应力；

σ_{cy}——由竖向预应力钢筋的预加力产生的混凝土竖向压应力；

τ——在计算主应力点，由预应力弯起钢筋的预加力和按作用(或荷载)标准值组合计算的剪力 V_k 产生的混凝土剪应力，当计算截面作用有扭矩时，尚应计入由扭矩引起的剪应力，对后张预应力混凝土超静定结构，在计算剪应力时，尚宜考虑预加力引起的次剪力；

σ_{pc}——在计算主应力点，由扣除全部预应力损失后的纵向预加力产生的混凝土法向预压应力；

y_0——换算截面重心轴至计算主应力点的距离；

n——在同一截面上竖向预应力钢筋的肢数；

σ_{pe}'、σ_{pe}''——竖向预应力钢筋、纵向预应力弯起钢筋扣除全部预应力损失后的有效预应力；

A_{pv}——单肢竖向预应力钢筋的截面面积；

S_v——竖向预应力钢筋的间距；

b——计算主应力点处构件腹板的宽度；

A_{pb}——计算截面上同一弯起平面内预应力弯起钢筋的截面面积；

S_0、S_n——计算主应力点以上(或以下)部分换算截面面积对换算截面重心轴、净截面面积对净截面重心轴的面积矩；

θ_p——计算截面上预应力弯起钢筋的切线与构件纵轴线的夹角。

式(11-37)~式(11-40)中的σ_{cx}、σ_{cy}、σ_{pc}和$\frac{M_k y_0}{I_0}$，当为压应力时以正号代入，当为拉应力时以负号代入；对变高度预应力混凝土梁，当计算由作用(或荷载)引起的剪应力时，应计算截面上弯矩和轴向力产生的附加剪应力。

(二)使用阶段混凝土的主压应力的限值及箍筋配置

混凝土的主压应力应符合下式规定：

$$\sigma_{cp} \leqslant 0.6 f_{ck} \tag{11-41}$$

主拉应力在混凝土内不会产生裂缝，因此需要根据所求得的主拉应力配置箍筋。在$\sigma_{tp} \leqslant 0.5 f_{tk}$的区段，按构造配置箍筋；在$\sigma_{tp} > 0.5 f_{tk}$的区段，箍筋的间距$S_v$可按下式计算：

$$S_v = \frac{f_{sk} A_{sv}}{\sigma_{tp} b} \tag{11-42}$$

式中 f_{sk}——箍筋的抗拉强度标准值；

A_{sv}——同一截面内箍筋的总截面面积；

b——矩形截面宽度，T形或工字形截面的腹板宽度。

第四节 预应力混凝土受弯构件的承载力计算

一、正截面抗弯承载力计算

试验表明，当预应力混凝土受弯构件破坏时，其正截面的应力状态和普通钢筋混凝土受弯构件类似。在适筋构件破坏的情况下，受拉区混凝土开裂后将退出工作，预应力钢筋及非预应力钢筋分别达到其抗拉强度设计值f_{pd}和f_{sd}；受压区混凝土应力达到抗压强度设计值f_{cd}，非预应力钢筋及预应力钢筋达到抗压强度设计值f_{sd}'和f_{pd}'，预应力钢筋由于在施工阶段预先承受了预拉应力，进入使用阶段后，外弯矩增加，其预拉应力将逐渐减小，至构件破坏时，其计算应力σ_{pc}'可能仍为拉应力，也可能为压应力，但其值一般都达不到预应力

钢筋 A_p' 的抗压强度设计值 f_{pd}'。

为简化计算，和钢筋混凝土梁一样，假定截面变形以后仍保持平面，不考虑混凝土的抗拉强度，受压区混凝土应力图形采用等效矩形代替实际曲线分布，可根据基本假定绘出计算应力图形（见图 11-6），并仿照普通钢筋混凝土受弯构件，按静力平衡条件，计算预应力混凝土受弯构件正截面承载力。

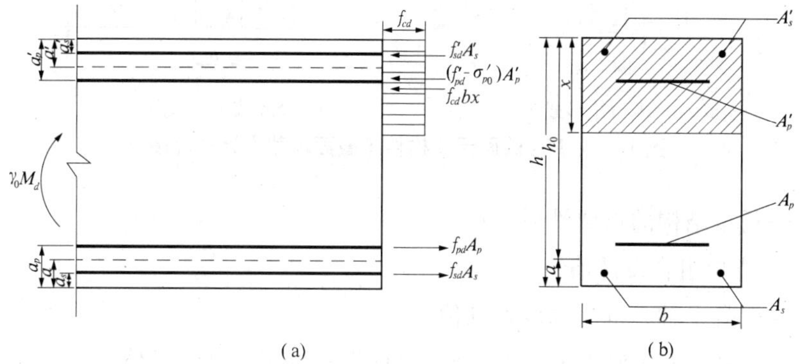

图 11-6　矩形截面受弯构件正截面承载力计算简图

（一）基本公式

1. 矩形截面构件

配有预应力钢筋和普通钢筋的矩形截面（包括翼缘位于受拉边的 T 形截面）受弯构件如图 11-6 所示，根据力的平衡条件可得正截面承载力计算公式如下：

$$\gamma_0 M_d \leqslant f_{cd} bx\left(h_0 - \frac{x}{2}\right) + f_{sd}' A_s'(h_0 - a_s') + (f_{pd}' - \sigma_{p0}')A_p'(h_0 - a_p') \tag{11-43}$$

$$f_{sd}A_s + f_{pd}A_p = f_{cd}bx + f_{sd}'A_s' + (f_{pd}' - \sigma_{p0}')A_p' \tag{11-44}$$

2. T 形截面

T 形截面计算简图如图 11-7 所示，对于翼缘位于受压区的 T 形截面受弯构件，和钢筋混凝土梁一样，首先按下列条件判别 T 形截面属于哪一类。

当满足条件：

$$f_{sd}A_s + f_{pd}A_p \leqslant f_{cd}b_f'h_f' + f_{sd}'A_s' + (f_{pd}' - \sigma_{p0}')A_p' \tag{11-45}$$

此类截面称为第一类 T 形截面，如图 11-7（a）所示，构件可按宽度为 b_f' 的矩形截面计算。当不符合式（11-45）时，表明截面中性轴通过肋部，即为第二类 T 形截面，如图 11-7（b）所示，计算时应考虑截面腹板受压混凝土的作用，其正截面抗弯承载能力应按下列公式计算。

由受拉区预应力钢筋和非预应力钢筋合力点的力矩平衡条件，可得：

$$\gamma_0 M_d \leqslant f_{cd}\left[bx\left(h_0 - \frac{x}{2}\right) + (b_f' - b)h_f'\left(h_0 - \frac{h_f'}{2}\right)\right] + f_{sd}'A_s'(h_0 - a_s') + (f_{pd}' - \sigma_{p0}')A_p'(h_0 - a_p') \tag{11-46}$$

由水平方向的平衡条件，得：

$$f_{sd}A_s + f_{pd}A_p = f_{cd}\left[bx + (b_f' - b)h_f'\right] + f_{sd}'A_s' + (f_{pd}' - \sigma_{p0}')A_p' \tag{11-47}$$

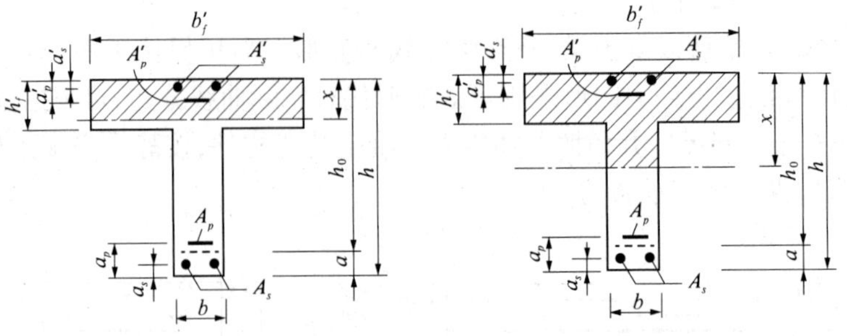

(a) $x \leqslant h'_f$ 按矩形截面计算　　(b) $x > h'_f$ 按 T 形截面计算

图 11-7　T 形截面受弯构件正截面承载力计算简图

式中　γ_0——桥梁结构的重要性系数；

M_d——弯矩组合设计值；

f_{cd}——混凝土轴心抗压强度设计值；

f_{sd}、f'_{sd}——纵向普通钢筋的抗拉强度设计值和抗压强度设计值；

h_0——截面有效高度，$h_0 = h - a$；

a_s、a_p——受拉区普通钢筋、预应力钢筋的合力点至受拉区边缘的距离；

a'_s、a'_p——受压区普通钢筋合力点、预应力钢筋合力点至受压区边缘的距离；

σ'_{p0}——受压区预应力钢筋的合力点处混凝土法向应力等于零时预应力钢筋的应力，对先张法构件，$\sigma'_{p0} = \sigma'_{con} - \sigma'_l + \sigma'_{l4}$，对后张法构件，$\sigma'_{p0} = \sigma'_{con} - \sigma'_l + \alpha_{Ep}\sigma'_{pc}$，其中，$\sigma'_{con}$ 为受压区预应力钢筋的控制应力，σ'_l 为受压区预应力钢筋的全部预应力损失，σ'_{l4} 为先张法构件受压区弹性压缩损失，σ'_{pc} 为受压区预应力钢筋重心处由预应力产生的混凝土法向压应力，α_{Ep} 为受压区预应力钢筋弹性模量与混凝土弹性模量的比值；

h'_f——T 形或工字形截面受压翼缘的高度；

b'_f——T 形或工字形截面受压翼缘的有效宽度。

（二）公式适用条件

混凝土受压区高度应符合下列条件：

$$x \leqslant \xi_b h_0 \tag{11-48}$$

式中　ξ_b——预应力混凝土受弯构件正截面相对界限受压区高度。

当截面受压区配有纵向普通钢筋和预应力钢筋，且预应力钢筋受压，$(f'_{pd} - \sigma'_{p0})$ 为正时，应符合：

$$x \geqslant 2a' \tag{11-49}$$

当截面受压区仅配有纵向普通钢筋或配有普通钢筋和预应力筋，且预应力钢筋受拉，$(f'_{pd} - \sigma'_{p0})$ 为负时，应符合：

$$x \geqslant 2a'_s \tag{11-50}$$

当受弯构件受压高度满足条件 $x \leq \xi_b h_0$ 时，可不考虑按正常使用极限状态计算可能增加的纵向受拉钢筋截面面积和按构造要求配置的纵向钢筋截面面积。

若 $x < 2a_s'$，因受压钢筋离中性轴太近，变形不能充分发挥，受压钢筋的应力达不到抗压强度设计值。这时，截面所承受的计算弯矩，可由下列近似公式求得。

（1）当受压区配有纵向普通钢筋和预应力钢筋，且预应力钢筋受压时，有：

$$\gamma_0 M_d \leq f_{pd} A_p (h - a_p - a') + f_{sd} A_s (h - a_s - a') \tag{11-51}$$

（2）当受压区配有纵向普通钢筋或配有普通钢筋和预应力钢筋，且预应力钢筋受拉时，有：

$$\gamma_0 M_d \leq f_{pd} A_p (h - a_p - a_s') + f_{sd} A_s (h - a_s - a_s') - (f'_{pd} - \sigma'_{p0}) A'_p (a'_p - a'_s) \tag{11-52}$$

式中　a_s、a_p——受拉区普通钢筋合力点、预应力钢筋合力点至受拉区边缘的距离。

如按式（11-51）或式（11-52）算得的正截面承载力比不考虑非预应力受压钢筋 A'_s 还小时，则应按不考虑非预应力受压钢筋计算。

承载力校核与截面选择的步骤与普通钢筋混凝土梁类似。

由上述承载力计算公式可以看出：构件的承载力 M_d 与受拉区钢筋是否施加预应力无关，但对受压区钢筋 A_p' 施加预应力后，钢筋 A_p' 的应力由 A_{pd}' 下降为 $(f_{pd}' - \sigma_{p0}')$ 或者变为负值（即拉应力），因而降低了受弯构件的承载力和使用阶段的抗裂度。因此，只有在受压区确实需设置预应力钢筋 A_p' 时，才予以设置。

二、斜截面承载力计算

与钢筋混凝土构件一样，当受弯构件正截面承载力有足够保证时，仍有可能沿斜截面破坏。根据试验研究分析，沿斜截面破坏（如图 11-8 所示）的原因有两个：

（1）斜截面受弯破坏——当梁内纵向钢筋配置不足，钢筋屈服后，斜裂缝分成两个部分将围绕其公共铰（受压区、点）转动，此时斜裂缝扩张，受压区减少，最后混凝土产生法向裂缝而破坏。

（2）斜截面受剪破坏——常见的情况是，当梁内纵向钢筋配置较多，且锚固可靠时，则阻碍着斜裂缝两侧部分的相对转动，受压区混凝土在压力与剪力的共同作用下被剪断或压碎，此时，距受压区较远的钢筋应力达到屈服强度，而另一部分尚未达到，钢筋受力是不均匀的。

研究表明，有足够钢筋通过支点截面且截面无变化的受弯构件，斜截面抗弯承载力不是主要控制因素，抗剪承载力才是主要的控制因素。

（一）斜截面抗剪承载力计算

预应力混凝土受弯构件的斜截面抗剪承载力计算，其计算截面位置可参照钢筋混凝土受弯构件中有关规定处理；对于矩形、T 形和工字形截面的受弯构件，其抗剪截面应符合式（11-52）要求：

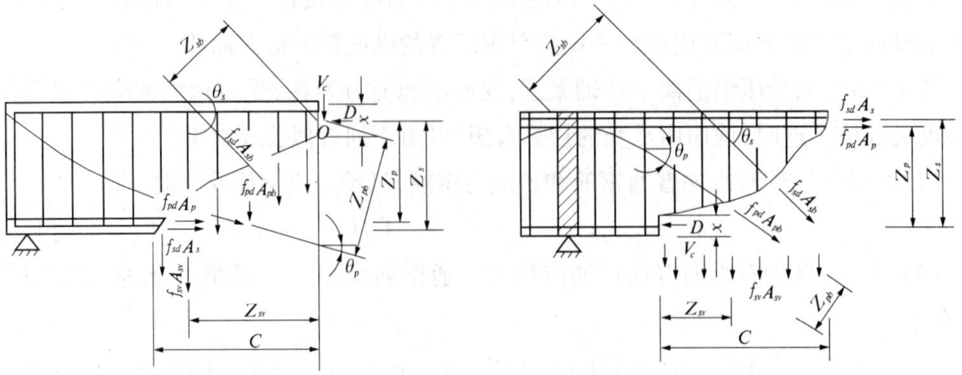

(a) 简支梁和连续梁近边支点梁段　　(b) 连续梁和悬臂梁近中间支点梁段

图 11-8　斜截面抗剪承载力计算简图

$$\gamma_0 V_d \leqslant 0.51 \times 10^{-3}\sqrt{f_{cu,k}}\,bh_0 \tag{11-53}$$

式中　V_d——验算截面处由作用(荷载)产生的剪力组合设计值,kN;

b——相应于剪力组合设计值处的矩形截面宽度或 T 形和工字形截面腹板宽度,mm;

h_0——相应于剪力组合设计值处的截面有效高度,mm。

当矩形、T 形和工字形截面的受弯构件符合式(11-54)时,可不进行斜截面抗剪承载力的验算,仅需按构造要求配置箍筋。

$$\gamma_0 V_d \leqslant 0.50 \times 10^{-3}\alpha_2 f_{td} bh_0 \tag{11-54}$$

式中　f_{td}——混凝土抗拉强度设计值;

α_2——预应力提高系数。

对于板式受弯构件,式(11-54)右边计算值可乘以 1.25 提高系数。

矩形、T 形和工字形截面的受弯构件,当配置箍筋和弯起钢筋时,其斜截面抗剪承载力应按式(11-55)进行验算:

$$\gamma_0 V_d \leqslant V_{cs} + V_{sb} + V_{pb} \tag{11-55}$$

$$V_{cs} = \alpha_1\alpha_2\alpha_3 0.45 \times 10^{-3} bh_0\sqrt{(2+0.6p)\sqrt{f_{cu,k}}\rho_{s_v} f_{sv}} \tag{11-56}$$

$$V_{sb} = 0.75 \times 10^{-3} f_{sd}\sum A_{sb}\sin\theta_s \tag{11-57}$$

$$V_{pb} = 0.75 \times 10^{-3} f_{pd}\sum A_{pb}\sin\theta_p \tag{11-58}$$

式中　V_d——斜截面受压端正截面上由作用(或荷载)产生的最大剪力组合设计值,kN,对变高度(承托)的连续梁和悬臂梁,当该截面处于变高度梁段时,则应考虑作用于截面的弯矩引起的附加剪应力的影响;

V_{cs}——斜截面内混凝土和箍筋共同的抗剪承载力设计值,kN;

V_{sb}——与斜截面相交的普通弯起钢筋抗剪承载力设计值,kN;

V_{pb}——与斜截面相交的预应力弯起钢筋抗剪承载力设计值,kN;

α_1——异号弯矩影响系数,计算简支梁和连续梁近边支点梁段的抗剪承载力时,

$\alpha_1=1.0$，计算连续梁和悬臂梁近中间支点梁段的抗剪承载力时，$\alpha_1=0.9$；

α_2——预应力提高系数，对钢筋混凝土受弯构件，$\alpha_2=1.0$，对预应力混凝土受弯构件，$\alpha_2=1.25$，但当由钢筋合力引起的截面弯矩与外弯矩的方向相同，或对于允许出现裂缝的预应力混凝土受弯构件，取 $\alpha_2=1.0$；

α_3——受压翼缘的影响系数，取 $\alpha_3=1.1$；

b——斜截面受压端正截面处矩形截面宽度或 T 形和工字形截面腹板宽度，mm；

h_0——斜截面受压端正截面的有效高度，自纵向受拉钢筋合力点至受压边缘的距离，mm；

p——斜截面内纵向受拉钢筋的配筋百分率，$p=100\rho$，$\rho=(A_p+A_{pb}+A_s)/bh_0$，当 $p>2.5$时，取 $p=2.5$；

$f_{cu,k}$——混凝土立方体抗压强度标准值，MPa，即为混凝土强度等级；

ρ_{sv}——斜截面内箍筋配筋率，$\rho_{sv}=A_{sv}/(S_v b)$；

f_{sv}——箍筋抗拉强度设计值，但取值不宜大于 280 MPa；

A_{sv}——斜截面内配置在同一截面的箍筋各肢总截面面积，mm^2；

S_v——斜截面内箍筋的间距，mm；

A_{sb}、A_{pb}——斜截面内在同一弯起平面的普通弯起钢筋、预应力弯起钢筋的截面面积，mm^2；

θ_s、θ_p——普通弯起钢筋、预应力弯起钢筋（在斜截面受压端正截面处）的切线与水平线的夹角。

（二）斜截面抗弯承载力计算

当纵向钢筋较少时，预应力混凝土受弯构件也有可能发生斜截面的弯曲破坏。预应力混凝土受弯构件斜截面抗弯承载力一般同普通混凝土受弯构件一样，可以通过构造措施来加以保证，如果要计算，计算的方法和步骤与钢筋混凝土受弯构件相同，只需要加入预应力钢筋的各项抗弯能力即可。矩形、T 形和工字形截面的受弯构件，其斜截面抗弯承载力应按下列规定进行验算（见图 11-8）：

$$\gamma_0 M_d \leqslant f_{sd}A_s Z_s + f_{pd}A_p Z_p + \sum f_{sd}A_{sb}Z_{sb} + \sum f_{pd}A_{p_b}Z_{p_b} + \sum f_{sv}A_{sv}Z_{sv} \tag{11-59}$$

最不利的斜截面水平投影长度按下式试算确定：

$$\gamma_0 V_d = \sum f_{sd}A_{sb}\sin\theta_s + \sum f_{pd}A_{pb}\sin\theta_p + \sum f_{sv}A_{sv} \tag{11-60}$$

式中 M_d——斜截面受压端正截面的最大弯矩组合设计值；

V_d——斜截面受压端正截面相应于最大弯矩组合设计值的剪力组合设计值；

Z_s、Z_p——纵向预应力受拉钢筋合力点至受压区中心点 O 的距离；

Z_{sb}、Z_{pb}——与斜截面相交的同一弯起平面内普通弯起钢筋合力点、预应力弯起钢筋合力点至受压区中心点 O 的距离；

Z_{sv}——与斜截面相交的同一平面内箍筋合力点至斜截面受压端的水平距离。

斜截面受压端受压区高度 x，按斜截面内所有力对构件纵向轴投影之和为零的平衡条件求得。

第五节　端部锚固区计算

一、先张法预应力钢筋传递长度与锚固长度计算

(一)预应力钢筋的传递长度

对先张法预应力混凝土构件端部进行正截面、斜截面抗裂验算及斜截面受剪和受弯承载力计算时,应该考虑预应力钢筋和混凝土在预应力传递长度 l_{tr} 范围内实际应力值的变化。预应力钢筋和混凝土的实际应力假定按线性规律增大,在构件端部取为零,在应力传递长度的末端取有效应力值 σ_{pe};在两点之间可按线性内插法取值。预应力钢筋的预应力传递长度范围内有效应力值变化见图 11-9。

应力传递长度 l_{tr} 可按下式计算:

$$l_{tr}=\alpha\frac{\sigma_{pe}}{f'_{tk}}d \tag{11-61}$$

式中 σ_{pe}——放张时预应力钢筋的有效应力;

d——预应力钢筋的公称直径;

α——预应力钢筋混凝土的外形系数;

f'_{tk}——与放张时混凝土轴心抗压强度相应的轴心抗拉强度标准值。

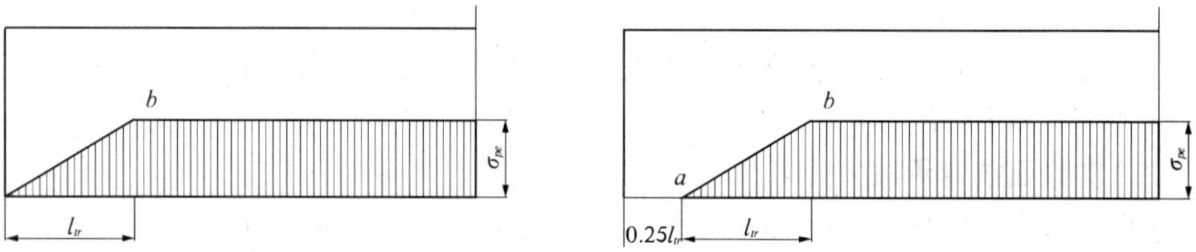

(a) 应力分布　　(b) 端部受损后的应力分布

图 11-9　预应力钢筋的预应力传递长度 l_{tr} 范围内有效应力值的变化

预应力钢筋的传递长度按表 11-5 采用。

表 11-5　预应力钢筋的传递长度 l_{tr}　　(单位:mm)

预应力钢筋种类		混凝土强度等级					
		C30	C35	C40	C45	C50	≥C55
钢绞线	1×2,1×3 σ_{pe} = 1 000 MPa	75d	68d	63d	60d	57d	55d
	1×7 σ_{pe} = 1 000 MPa	80d	73d	67d	64d	60d	58d
螺旋肋钢丝	σ_{pe} = 1 000 MPa	70d	64d	58d	56d	53d	51d
刻痕钢丝	σ_{pe} = 1 000 MPa	89d	81d	75d	71d	68d	65d

注:1. 预应力钢筋传递长度应根据预应力钢筋放松时混凝土立方体抗压强度 f'_{cu} 确定,当 f'_{cu} 在表列混凝土强度等级之间时,预应力钢筋传递长度按直线内插取用。

2. 当预应力钢筋的有效预应力值 σ_{pe} 与表值不同时,其预应力钢筋传递长度应根据表值按比例增减。

3. 当采用骤然放松预应力钢筋的施工时,l_{tr} 应从离构件末端 0.25l_{tr} 处开始计算。

4. 表中"d"为预应力钢筋的直径。

（二）预应力钢筋的锚固长度

先张法预应力混凝土构件是靠黏着力来锚固钢筋的，因此其端部必须有一个锚固长度。当预应力钢筋达到极限强度时，保证预应力钢筋不被拔出所需的长度为锚固长度 l_a。在计算先张法预应力混凝土构件端部锚固区的正截面和斜截面的抗弯强度时，必须注意到在锚固长度内预应力钢筋的强度不能充分发挥，其抗拉强度小于 f_{pd}，而且是变化的。钢筋的抗拉强度设计值在锚固区内可考虑按直线关系变化，即在锚固起点处为零，在锚固终点处为 f_{pd}，如图 11-10 所示。

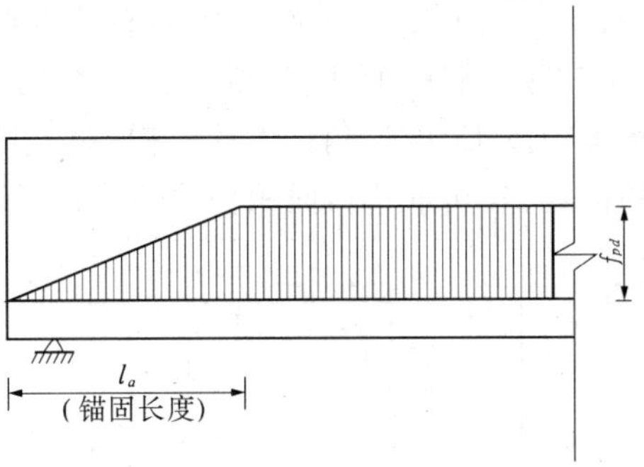

图 11-10　锚固长度 l_a 范围内钢筋强度设计值变化

预应力钢筋的锚固长度 l_a 按表 11-6 取用。

表 11-6　预应力钢筋的锚固长度 l_a

预应力钢筋种类		混凝土强度等级					
		C40	C45	C50	C55	C60	≥C65
钢绞线	1×2，1×3 f_{pd} =1 170 MPa	115d	110d	105d	100d	95d	90d
	1×7 f_{pd} =1 200 MPa	130d	125d	120d	115d	110d	105d
螺旋肋钢丝	f_{pd} =1 200 MPa	95d	92d	85d	83d	80d	80d
刻痕钢丝	f_{pd} =1 070 MPa	125d	115d	110d	105d	103d	100d

注：1. 当采用骤然放松预应力钢筋的施工工艺时，锚固长度应从离构件末端 $0.25l_{tr}$ 处开始，l_{tr} 为预应力钢筋混凝土的预应力传递长度，按表 11-5 采用。

2. 当预应力钢筋的抗拉强度设计值与表中值不同时，其锚固长度应根据表中值按强度比例增减。

3. 表中 d 为预应力钢筋直径。

二、后张法构件锚下局部承压验算

（一）后张法构件锚头局部受压区的截面尺寸

构件锚头局部受压区的截面尺寸应满足下式要求：

$$\gamma_0 F_{ld} \leqslant 1.3\eta_s \beta f_{cd} A_{ln} \tag{11-62}$$

式中　F_{ld}——局部受压面积上的局部压力设计值，对后张法构件的锚头局部受压区应取

1.2 倍张拉时的最大压力；

f_{cd}——根据张拉时混凝土立方体抗压强度 f'_{cu} 值查表 2-3 求得；

η_s——混凝土局部承压修正系数，混凝土强度等级为 C50 及以下，取 $\eta_s = 1.0$，混凝土强度等级为 C50 ~ C80，取 $\eta_s = 1.0 \sim 0.76$，中间按直线内插取值；

β——混凝土局部承压强度提高系数，$\beta = \sqrt{\dfrac{A_b}{A_l}}$；

A_b——局部承压时的计算底面积，可按图 11-11 确定；

A_{ln}、A_l——混凝土局部受压面积，当局部受压面有孔洞时，A_{ln} 为扣除孔洞后的面积，A_l 为不扣除孔洞的面积，当受压面设有钢垫板时，局部受压面积应计入在垫板中按 45°刚性角扩大的面积，对于具有喇叭管并与钢垫板连成整体的锚具，A_{ln} 可取垫板面积扣除喇叭管尾端内孔面积。

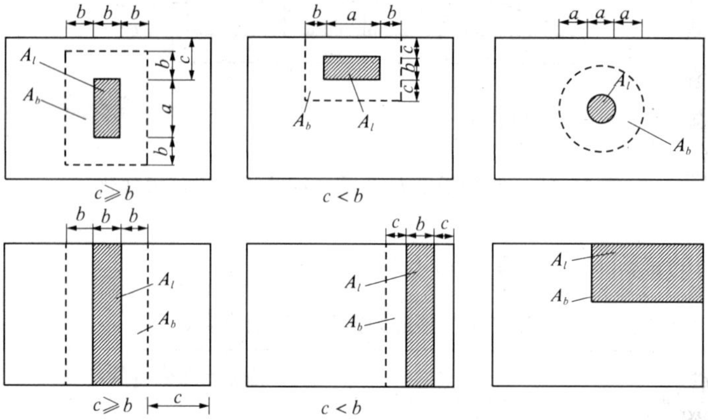

图 11-11　局部承压时计算底面积 A_b 的示意图

（二）锚下局部承压区的抗压承载力

锚下局部承压区的抗压承载力按下式计算：

$$\gamma_0 F_{ld} \leqslant 0.9(\eta_s \beta f_{cd} + k\rho_v \beta_{cor} f_{sd}) A_{ln} \tag{11-63}$$

式中　β_{cor}——配置间接钢筋时局部抗压承载力提高系数，当 $A_{cor} > A_b$ 时，应取 $A_{cor} = A_b$，

$$\beta_{cor} = \sqrt{\frac{A_{cor}}{A_l}};$$

A_{cor}——方格网或螺旋形间接钢筋内表面范围内的混凝土核心面积，其重心应与 A_l 的重心相重合，计算时按同心、对称原则取值；

k——间接钢筋影响系数，混凝土强度等级为 C50 及以下时，取 $k = 2.0$，混凝土强度等级为 C50 ~ C80 时，取 $k = 2.0 \sim 1.70$，中间值按直线内插；

ρ_v——间接钢筋体积配筋率，核心面积 A_{cor} 范围内单位混凝土体积所含间接钢筋的体积，配筋率按下列公式计算：

方格网
$$\rho_v = \frac{n_1 A_{s1} l_1 + n_2 A_{s2} l_2}{A_{cor} s} \tag{11-64}$$

螺旋筋 $$\rho_v = \frac{4A_{ss1}}{d_{cor}s} \tag{11-65}$$

式中 n_1、A_{s1}——方格网沿 l_1 方向的钢筋根数、单根钢筋的截面面积；

n_2、A_{s2}——方格网沿 l_2 方向的钢筋根数、单根钢筋的截面面积；

A_{ss1}——单根螺旋形间接钢筋的截面面积；

d_{cor}——螺旋形间接钢筋内表面范围内混凝土核心面积的直径；

s——方格网或螺旋形间接钢筋的层距。

（三）局部承压区的抗裂性计算

为了防止局部承压区段出现沿构件长度方向的裂缝，保证局部承压区的防裂要求，对于在局部承压区中配有间接钢筋的情况（见图 11-12），其局部受压区的尺寸应满足下列锚下混凝土抗裂计算要求：

$$F_{ck} \leqslant 0.80\eta_s \beta f_{ck} A_{ln} \tag{11-66}$$

式中 F_{ck}——受压面积上的局部压力标准值，对后张法构件的锚头局部受压区，可取张拉时最大的压力。

其他符号意义同前。

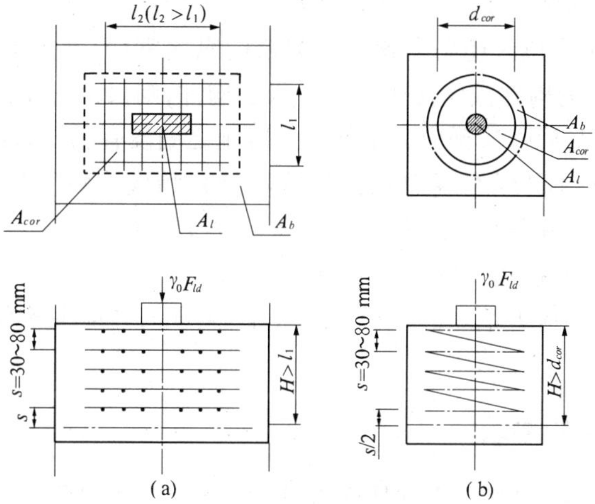

图 11-12　局部承压的配筋

在后张法构件的锚固局部受压区，宜对其长度相当于 1 倍梁高的端块进行局部应力分析，并结合规范规定的构造要求，配置封闭式箍筋。

第六节　预应力混凝土构件的构造要求

一、截面形式和尺寸

预应力混凝土构件的截面形式应根据构件的受力特点进行合理选择。对于轴心受拉构件，通常采用正方形或矩形截面；对于受弯构件，宜选用 T 形、工字形或其他空心截面形式（见图 11-13）。

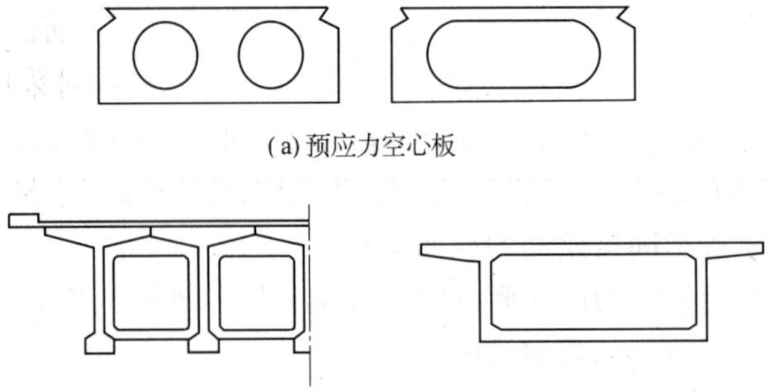

(a) 预应力空心板

(b) 预应力混凝土T形截面　　(c) 预应力混凝土箱形截面

图 11-13　预应力钢筋混凝土简支梁的截面形式

对于一般的预应力混凝土受弯构件，截面高度一般可取跨度的 1/20 ~ 1/14，最小可取 1/35，翼缘宽度一般可取截面高度的 1/3 ~ 1/2，翼缘厚度一般可取截面高度的 1/10 ~ 1/6，腹板厚度可尽可能薄一些，一般可取截面高度的 1/15 ~ 1/8。

当配置一定的预应力钢筋已能使构件符合抗裂或裂缝宽度要求时，则按承载力计算所需的其余受拉钢筋可以采用非预应力钢筋。非预应力钢筋宜采用 HRB335 级。

对于施工阶段不允许出现裂缝的构件，为了防止由于混凝土收缩、温度变形等原因在预拉区产生裂缝，要求预拉区还需配置一定数量的纵向钢筋，其配筋率($(A_s' + A_p')/A$)不应小于 0.2%，其中 A 为构件截面面积。对后张法构件，则仅考虑 A_s' 的面积而不计入 A_p' 的面积，因为在施工阶段，后张法预应力钢筋和混凝土之间没有黏结力或黏结力尚不可靠。

对于施工阶段允许出现裂缝而在预拉区不配置预应力钢筋($e > 0.2h$)的构件，当 $\sigma_{ct} = 2f_{tk}'$ 时，预拉区纵向钢筋的配筋率(A_s'/A)不应小于 0.4%；当 $f_{tk}' < \sigma_{ct} < 2f_{tk}'$ 时，则配筋率在 0.2% 和 0.4% 之间按直线内插法取用。

预拉区的纵向非预应力钢筋的直径不宜大于 14 mm，并应沿构件预拉区的外边缘均匀配置。

二、先张法构件的要求

(1) 预应力钢筋的净间距应根据便于浇灌混凝土、保证钢筋与混凝土的黏结锚固以及施加预应力(夹具及张拉设备的尺寸要求)等要求来确定。预应力钢筋之间的净间距不应小于其公称直径或等效直径的 1.5 倍，且应符合以下规定：对热处理钢筋及钢丝，不应小于 15 mm；对三股钢绞线，不应小于 20 mm；对七股钢绞线，不应小于 25 mm。

(2) 当采用钢丝按单根方式配筋有困难时，可采用相同直径钢丝并筋的配筋方式。并筋的等效直径，对双并筋应取为单筋直径的 1.4 倍，对三并筋应取为单筋直径的 1.7 倍。并筋的保护层厚度、锚固长度、预应力传递长度及正常使用极限状态验算均应按等效直径考虑。

(3) 为防止放松预应力钢筋时构件端部出现纵向裂缝，对预应力钢筋端部周围的混凝土应采取下列加强措施：①对单根配置的预应力钢筋(如板肋的配筋)，其端部宜设置长度不小于 150 mm 且不少于 4 圈的螺旋筋(见图 11-14(a))；当有可靠经验时，也可利用支座垫板上的插筋代替螺旋筋，但插筋数量不应少于 4 根，其长度不宜小于 120 mm。

②对分散布置的多根预应力钢筋,在构件端部 $10d$(d 为预应力钢筋的公称直径)范围内应设置3~5片与预应力钢筋垂直的钢筋网(见图 11-14(b))。③对采用预应力钢丝配筋的薄板(如V形折板),在端部100 mm 范围内应适当加密横向钢筋。④对槽形板类构件,应在构件端部100 mm 范围内沿构件板面设置附加横向钢筋,其数量不应少于2根(见图 11-14(c))。

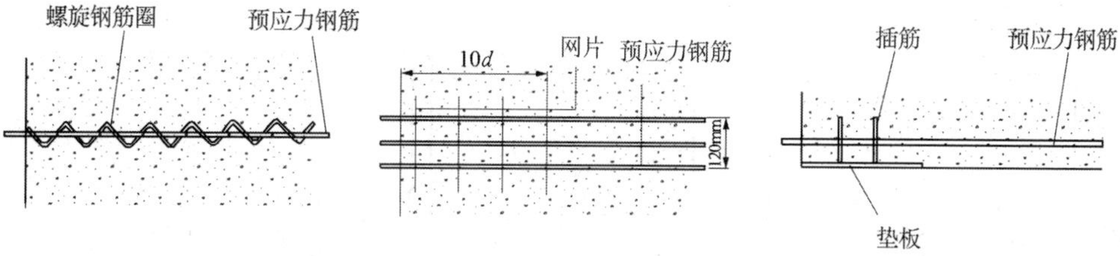

(a)附加螺旋筋　　(b)加钢筋网　　(c)附加横向钢筋

图 11-14　先张法构件端部加强措施

对预应力钢筋在构件端部全部弯起的受弯构件或直线配筋的先张法构件,当构件端部与下部支承结构焊接时,应考虑混凝土收缩、徐变及温度变化所产生的不利影响,宜在构件端部可能产生裂缝的部位设置足够的非预应力纵向构造钢筋。

三、后张法构件的要求

(一)预留孔道的构造要求

后张法构件要在预留孔道中穿入预应力钢筋。截面中孔道的布置应考虑到张拉设备的尺寸、锚具尺寸及构件端部混凝土局部受压的强度要求等因素。

(1)孔道的内径应比预应力钢丝束或钢绞线束外径及需要穿过孔道的连接器外径、钢筋对焊接头处外径及锥形螺杆锚具的套筒等的外径大10~15 mm,以便穿入预应力钢筋并保证孔道灌浆的质量。

(2)对预制构件,孔道之间的水平净间距不宜小于50 mm;孔道至构件边缘的净间距不宜小于30 mm,且不宜小于孔道的半径。

(3)在框架梁中。预留孔道在竖直方向的净间距不应小于孔道外径。水平方向的净间距不应小于1.5倍孔道外径;从孔壁算起的混凝土保护层厚度,梁底不宜小于50 mm,梁侧不宜小于40 mm。

(4)在构件两端从跨中应设置灌浆孔或排气孔,其孔距不宜大于12 m。

(5)凡制作时需要预先起拱的构件,预留孔道宜随构件同时起拱。

(二)曲线预应力钢筋的曲率半径

曲线预应力钢丝束、钢绞线束的曲率半径不宜小于4 m。对折线配筋的构件,在预应力钢筋弯折处的曲率半径可适当减小。

(三)端部钢筋布置

(1)对后张法预应力混凝土构件的端部锚固区,应按局部受压承载力计算,并配置间接钢筋,其体积配筋率 $\rho_v \geq 0.5\%$。

为防止沿孔道产生劈裂,在局部受压间接钢筋配置区以外,在构件端部长度 l 不小于

$3e$（e 为截面重心线上部或下部预应力钢筋的合力点至邻近边缘的距离）但不大于 $1.2h$（h 为构件端部截面高度）、高度为 $2e$ 的附加配筋区范围内，应均匀配置附加箍筋或网片，其体积配筋率不应小于 0.5%（见图 11-15）。

（2）当构件在端部有局部凹进时，为防止在预加应力过程中端部转折处产生裂缝，应增设折线构造钢筋（见图 11-16）。

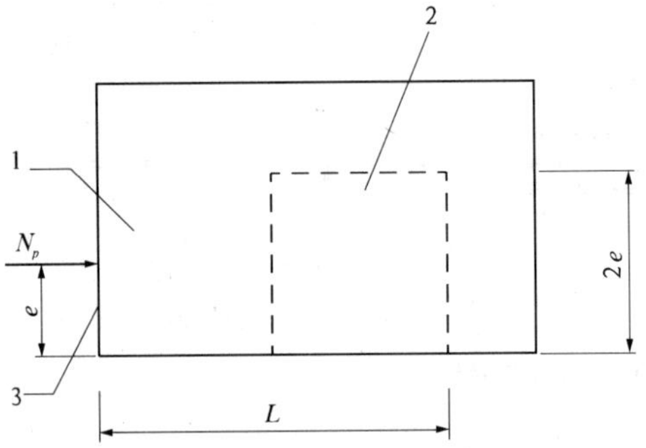

图 11-15　防止沿孔道劈裂的配筋范围

1—局部受压间接钢筋配置区；
2—附加配筋区；3—构件端面

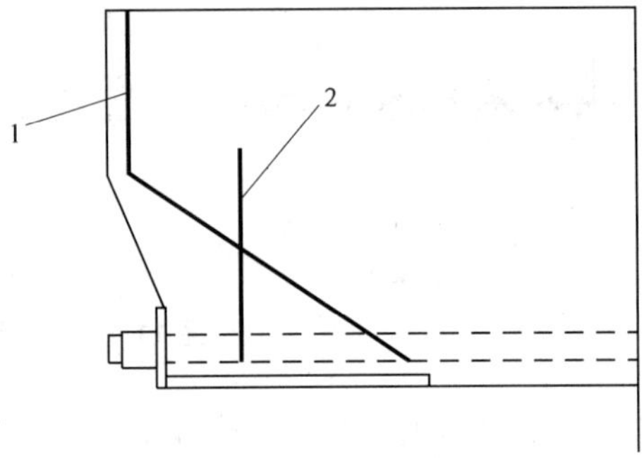

图 11-16　端部转折处构造配筋

1—折线构造钢筋；2—竖向构造钢筋

（3）为防止施加预应力时构件端部产生沿截面中部的纵向水平裂缝，宜将一部分预应力钢筋在靠近支座区段弯起，弯起的预应力钢筋宜沿构件端部均匀布置。

（4）当预应力钢筋在构件端部需集中布置在截面的下部或集中布置在上部和下部时，应在构件端部 $0.2h$（h 为构件端部截面高度）范围内设置附加竖向焊接钢筋网、封闭式箍筋或其他形式的构造钢筋。

附加竖向钢筋宜采用带肋钢筋，其截面面积应符合下列要求：

当 $e \leqslant 0.1h$ 时　　$$A_{sv} \geqslant 0.3\frac{N_p}{f_y} \tag{11-67}$$

当 $0.1h < e \leqslant 0.2h$ 时　　$$A_{sv} \geqslant 0.15\frac{N_p}{f_y} \tag{11-68}$$

当 $e > 0.2h$ 时，可根据实际情况适当配置构造钢筋。

式中　A_{sv}——竖向附加钢筋截面面积；

N_p——作用在构件端部截面重心线上部或下部预应力钢筋的合力，此时仅考虑混凝土预压前的预应力损失值，且应乘以预应力分项系数 1.2；

f_y——附加竖向钢筋的抗拉强度设计值；

e——截面重心线上部或下部预应力钢筋的合力点至截面近边缘的距离。

当端部截面上部和下部均有预应力钢筋时，附加竖向钢筋的总截面面积应按上部和下部的预应力合力分别计算的数值叠加后采用。

四、其他构造要求

（1）在后张法预应力混凝土构件的预拉区和预压区中，应设置纵向非预应力构造钢筋;在预应力钢筋弯折处,应加密箍筋或沿弯折处内侧设置钢筋网片。

(2)构件端部尺寸应考虑锚具的布置、张拉设备的尺寸和局部受压的要求,必要时应适当加大。在预应力钢筋锚具下及张拉设备的支承处,应设置预埋钢板并按局部承压设置间接钢筋和附加构造钢筋。

第七节　预应力混凝土简支梁计算示例

预应力混凝土受弯构件的设计计算步骤与钢筋混凝土受弯构件相类似。预应力混凝土梁截面设计的主要内容是:

(1)根据使用要求,参照已有设计等有关资料初步选定构件截面形式及确定截面尺寸;

(2)根据结构可能出现的作用组合,计算控制截面最大设计内力(弯矩和剪力);

(3)根据抗裂性要求,估算预应力钢筋数量,并进行合理布置;

(4)计算主梁截面几何特性;

(5)确定预应力钢筋的张拉控制应力,计算预应力损失及各阶段相应的有效预应力;

(6)进行正截面及斜截面承载能力验算;

(7)进行施工阶段和使用阶段的应力验算;

(8)进行梁端部承压与传力锚固的设计计算;

(9)主梁反拱度及挠度验算;

(10)绘制施工图。

【例 11-1】　某先张法施工预应力混凝土空心板,截面形式和尺寸如图 11-17 所示,混凝土强度等级 C55, 预应力钢筋采用精轧螺纹钢筋,7JL25(单控),$A_p = 3\ 436\ \text{mm}^2$,$a_p = 40\ \text{mm}$,张拉控制应力 $\sigma_{con} = 700\ \text{MPa}$。板在 50 m 台座上生产,预应力钢筋一端固定,一端张拉,采用一次张拉施工程序,并用螺纹端杆锚具锚固于台座,蒸汽养护。预应力钢筋与台座温差 $\Delta t = 20\ ℃$。预应力钢筋待混凝土强度达到设计值 80% 后放松,加载龄期 $t = 10\ \text{d}$,板的使用环境为野外一般地区,相对湿度为 75%,板的内力见表 11-7。

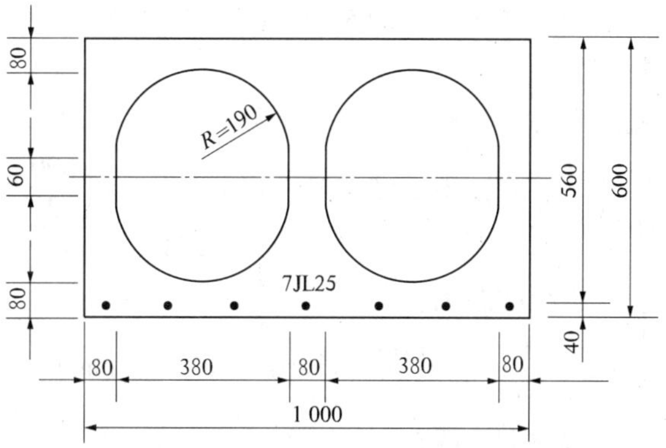

图 11-17　空心板截面形式　(单位:mm)

表 11-7　板的内力

内力	作用类别		
	板自重	后期恒载	汽车荷载
$M_{\frac{1}{2}}$(kN·m)	147.7	180.9	171.8
V_0(kN)	46.9	40.2	100.2

求：(1)验算板的承载能力；

(2)验算板在施工阶段和使用阶段的应力；

(3)抗裂验算。

解：1. 材料的力学性能

C55 混凝土：

$$f_{ck}=32.4\ \text{MPa},\ f_{tk}=2.65\ \text{MPa},\ f_{cd}=22.4\ \text{MPa},$$
$$f_{td}=1.83\ \text{MPa},\ E_c=3.45\times10^4\ \text{MPa}$$

精轧螺纹钢筋 7JL25(单控)：

$$f_{pk}=785\ \text{MPa},\ f_{pd}=650\ \text{MPa},$$
$$E_p=2.0\times10^5\ \text{MPa},\ A_p=3\ 436\ \text{mm}^2$$

拟采用：箍筋为 R235 钢筋，直径 10 mm 肢数为 3，其：$f_{sd}=195$ MPa，$E_s=2.1\times10^5$ MPa。

预应力钢筋与混凝土的弹性模量比值：

$$\alpha_{Ep}=\frac{E_p}{E_c}=\frac{2.0\times10^5}{3.45\times10^4}=5.797$$

2. 板的换算截面几何特征值

(1)换算截面面积。

板的净截面面积：

$$A_n=990\times600-2\times(\pi\times190^2+380\times60)=321\ 692(\text{mm}^2)$$

板的换算截面面积：

$$A_0=A_n+(\alpha_{Ep}-1)A_p=321\ 692+(5.797-1)\times3\ 436=338\ 174.5(\text{mm}^2)$$

(2)换算截面重心的位置。

换算截面重心至截面中心的距离 c_0：

$$c_0=\frac{A_nx_0+(\alpha_{Ep}-1)A_p\left(\dfrac{h}{2}-a_p\right)}{A_0}=\frac{0+(5.797-1)\times3\ 436\times\left(\dfrac{600}{2}-40\right)}{338\ 174.5}=12.67(\text{mm})$$

换算截面重心至板上边缘的距离：

$$y_{0x}=\frac{h}{2}-c_0=\frac{600}{2}-12.67=287.33(\text{mm})$$

换算截面重心至板上边缘的距离：

$$y_{0s}=h-y_{0x}=600-287.33=312.67(\text{mm})$$

预应力钢筋截面重心至换算截面重心的距离：

$$y_p = y_{0x} - a_p = 287.33 - 40 = 247.33$$

(3)换算截面惯性矩。

净截面对其重心轴的惯性矩：

$$I_n = \frac{1}{12} \times 990 \times 600^3 - 4 \times \left[0.108 \times 190^4 + \frac{1}{2}\pi \times 190^2 \times (0.4244 \times 190 + 30)^2\right] - 2 \times \frac{1}{12} \times 380 \times 60^3$$

$$= 14.47 \times 10^9 (\text{mm}^4)$$

换算截面对其重心轴(中轴)的惯性矩：

$$\begin{aligned} I_0 &= I_n + A_n c_0^2 + (\alpha_{Ep} - 1) A_p y_p^2 \\ &= 14.47 \times 10^9 + 321\ 692 \times 12.67^2 + (5.797 - 1) \times 3\ 436 \times 247.33 \\ &= 14.53 \times 10^9 (\text{mm}^4) \end{aligned}$$

(4)换算截面抵抗矩。

对板上边缘：

$$W_{0s} = \frac{I_0}{y_{0s}} = \frac{14.53 \times 10^9}{312.67} = 46.47 \times 10^6 (\text{mm}^3)$$

对板下边缘：

$$W_{0x} = \frac{I_0}{y_{0x}} = \frac{14.53 \times 10^9}{287.33} = 50.57 \times 10^6 (\text{mm}^3)$$

对预应力钢筋重心：

$$W_{0p} = \frac{I_0}{y_p} = \frac{14.53 \times 10^9}{247.33} = 58.75 \times 10^6 (\text{mm}^3)$$

(5)换算截面重心轴以上(或以下)部分对其重心轴的静矩：

$$S_0 = 990 \times \frac{312.67^2}{2} - 2 \times \frac{1}{2}\pi \times 190^2 \times (0.4244 \times 190 + 42.67) - 2 \times 380 \times \frac{42.67^2}{2}$$

$$= 33\ 723\ 346.51 (\text{mm}^3)$$

3. 验算板的正截面和斜截面承载力

(1)正截面抗弯承载力计算。

根据空心板净截面面积($A_n = 321\ 692\ \text{mm}^2$)和惯性矩($I_n = 14.47 \times 10^9\ \text{mm}^4$)不变的原则，把空心板截面变换成工字形截面。

设工字形截面腹板宽度为 b，上下翼缘厚度为 $h_f (= h_f')$，则截面面积：

$$A_n = 990 \times 600 - (990 - b)(600 - 2h_f') = 321\ 692 (\text{mm}^2)$$

惯性矩：

$$I_n = \frac{1}{12} \times 990 \times 600^3 - \frac{1}{12} \times (990 - b)(600 - 2h_f')^3 = 14.47 \times 10^9 (\text{mm}^4)$$

以上两式联立解得：

$$\begin{cases} b = 281.3\ \text{mm} \\ h_f' = h_f = 107.89\ \text{mm} \end{cases}$$

因 $$f_{cd} b_f' h_f' = 22.4 \times 990 \times 107.89 = 2\ 392\ 568.64 (\text{N})$$

$$f_{pd}A_p = 650 \times 3\ 436 = 2\ 233\ 400(\mathrm{N})$$

$f_{pd}A_p < f_{cd}b'_f h'_f$属于第一种 T 形截面。

故该截面可按宽度为 $b'_f = 990(\mathrm{mm})$，高度为 $h = 660(\mathrm{mm})$的单筋矩形截面计算。取 $a_p = 40$ mm，则 $h_0 = h - a_p = 600 - 40 = 560(\mathrm{mm})$

由 $\sum H = 0$ 得： $f_{pd}A_p = f_{cd}b'_f x$

则有：

$$x = \frac{f_{pd}A_p}{f_{cd}b'_f} = \frac{650 \times 3\ 436}{22.4 \times 990} = 100.7(\mathrm{mm})$$

$$x < h'_f = 107.89(\mathrm{mm})$$

$$x < \xi_b h_0 = 0.4 \times 560 = 224(\mathrm{mm})$$

则空心板抗弯承载力为：

$$M_u = f_{pd}A_p\left(h_0 - \frac{x}{2}\right) = 650 \times 3\ 436 \times \left(560 - \frac{100.7}{2}\right)$$

$$= 1\ 138\ 252\ 310(\mathrm{N \cdot mm})$$

空心板所承受的弯矩基本组合设计值：

$$M_d = 1.2 \times (147.7 + 180.9) + 1.4 \times 171.8 = 634.84(\mathrm{kN})$$

$$\gamma_0 M_d = 1 \times 634.84 = 634.84(\mathrm{kN \cdot m}) < M_u = 1\ 138.25(\mathrm{kN \cdot m})$$

(2)斜截面承载力计算。

因剪应力最大值发生在空心板的中性轴上，为安全起见，在进行斜截面承载力计算时仍取 $b = 281.3$ mm。

空心板支点截面所承受的剪力基本组合设计值：

$$V_d = 1.2 \times (46.9 + 40.2) + 1.4 \times 100.2 = 244.8(\mathrm{kN})$$

$$0.51 \times 10^{-3}\sqrt{f_{cu,k}}bh_0 = 0.51 \times 10^{-3} \times \sqrt{50} \times 281.3 \times 560$$

$$= 568.1(\mathrm{kN}) > \gamma_0 V_d = 244.8(\mathrm{kN})$$

这表明空心板的截面尺寸满足要求。

$$1.25 \times 0.5 \times 10^{-3}\alpha_2 f_{td}bh_0 = 1.25 \times 0.5 \times 10^{-3} \times 1.25 \times 1.83 \times 281.3 \times 560$$

$$= 225.22(\mathrm{kN}) < \gamma_0 V_d = 244.8(\mathrm{kN})$$

说明：上式中的第一项 1.25 是板式受弯构件承载力提高系数。上式表明板尚应配置抗剪钢筋。

前面已拟定用箍筋为 R235 钢筋，直径 10 mm，三肢，箍筋总截面面积 $A_{sv} = 3 \times 78.5 = 235.5(\mathrm{mm}^2)$，间距 $S_v = 200(\mathrm{mm})$ 则有：

$$\rho_{sv} = A_{sv}/(S_v \cdot b) = 235.5/(200 \times 281.3) = 0.419\%$$

$$p = 100\rho = 100 \times \frac{3\ 436}{281.3 \times 560} = 2.18$$

$$V_{cs} = \alpha_1\alpha_2\alpha_3 0.45 \times 10^{-3}bh_0\sqrt{(2 + 0.6p)\sqrt{f_{cu,k}}\rho_{sv} \cdot f_{sv}}$$

$$= 1 \times 1.25 \times 1.1 \times 0.45 \times 10^{-3} \times 281.3 \times 560 \times \sqrt{(2 + 0.6 \times 2.18)\sqrt{50} \times 0.004\ 19 \times 195}$$

$$= 426.11(\mathrm{kN}) > \gamma_0 V_d$$

$$= 244.8(\mathrm{kN})$$

这说明不需要再设置弯起钢筋。以上计算可以看出，空心板的正截面抗弯和斜截面抗剪承载力是足够的。

4. 张拉控制应力和预应力损失的计算

(1)张拉控制应力。

预应力钢筋为精轧螺纹钢筋，张拉控制应力取用：

$$\sigma_{con} = 700\ \text{MPa} < 0.9 f_{pk} = 0.9 \times 785 = 706.5\ \text{MPa}$$

符合《公路桥规》的要求。

(2)预应力损失 σ_l。

①锚具变形等引起的预应力损失 σ_{l2}。

预应力钢筋利用张拉台座长线张拉，钢筋长为 50 m，预应力钢筋锚固采用螺丝端杆锚具，其变形值 $\sum \Delta l = 1$ mm，则：

$$\sigma_{l2} = \frac{\sum \Delta l}{l} E_p = \frac{1}{50\ 000} \times 2 \times 10^5 = 4(\text{MPa})$$

② 蒸汽养护引起的预应力损失 σ_{l3}。

预应力钢筋与张拉台座间的温差 $t_2 - t_1 = 20$ ℃

$$\sigma_{l3} = 2(t_2 - t_1) = 2 \times 20 = 40(\text{MPa})$$

③混凝土弹性压缩引起的预应力损失 σ_{l4}。

$$\sigma_{l4} = \alpha_{Ep} \sigma_{pe}$$

$$\sigma_{pe} = \frac{N_{p0}}{A_0} + \frac{N_{p0} e_{p0}^2}{I_0}$$

其中：

$$N_{p0} = A_p \sigma_p^*$$

$$\sigma_p^* = \sigma_{con} - \sigma_{l2} - \sigma_{l3} - 0.5\sigma_{l5} = 700 - 4 - 40 - 0.5 \times 35 = 638.5(\text{MPa})$$

上式中的 σ_{l5} 计算见④。

$$N_{p0} = 3\ 436 \times 638.5 = 2\ 193\ 886(\text{N})$$

$$\sigma_{pe} = \frac{2\ 193\ 886}{338\ 174.5} + \frac{2\ 193\ 886 \times 247.33^2}{14.53 \times 10^9} = 15.73(\text{MPa})$$

$$\sigma_{l4} = 5.797 \times 15.73 = 91.17(\text{MPa})$$

④钢筋松弛引起的预应力损失 σ_{l5}。

预应力钢筋采用一次张拉施工程序，$\sigma_{con} = 700(\text{MPa})$

$$\sigma_{l5} = 0.05\sigma_{con} = 0.05 \times 700 = 35(\text{MPa})$$

⑤混凝土收缩和徐变引起的预应力损失 σ_{l6}。

受荷时混凝土龄期为 10 d，板的换算截面面积为 $A_0 = 338\ 174.5\ \text{mm}^2$，与大气接触的周长为 $u = 2 \times (990 + 600) + 4\pi \times 190 + 4 \times 60 = 5\ 806.4(\text{mm})$

构件理论厚度为：$2A_0/u = 2 \times 338\ 174.5/5\ 806.4 = 116.5(\text{mm}) < 200\ \text{mm}$

查表 11-4 得 $\varphi(t_u, t_0) = 2.17$，$\varepsilon_{cs}(t_u, t_0) = 0.27 \times 10^{-3}$

$$\rho = \frac{A_p}{A_0} = \frac{3\ 436}{338\ 174.5} = 0.010\ 2$$

$$y_p = e_p = 247.33\ \text{mm},\ e_p^2 = 61\ 172.13\ \text{mm}^2$$

$$i^2 = \frac{I_0}{A_0} = \frac{14.53 \times 10^9}{338\ 174.5} = 42\ 965.98(\text{mm}^2)$$

$$\rho_{ps} = 1 + \frac{e_p^2}{i^2} = 1 + \frac{61\ 172.13}{42\ 965.98} = 2.424$$

预应力钢筋从张拉台座上放松时,预应力钢筋对板的偏心压力:

$$\begin{aligned} N_{p0} &= [\sigma_{con} - (\sigma_{l2} + \sigma_{l3} + 0.5\sigma_{l5})]A_p \\ &= [700 - (4 + 40 + 0.5 \times 35)] \times 3\ 436 \\ &= 2\ 193.886(\text{kN}) \end{aligned}$$

预应力钢筋截面重心处由预压力 N_{p0} 产生的混凝土法向压应力 σ_{pc}:

$$\sigma_{pc} = 16.5\ \text{MPa}$$

则混凝土收缩和徐变引起预应力钢筋的预应力损失:

$$\begin{aligned} \sigma_{l6} &= \frac{0.9\left[E_p\varepsilon_{cs}(t_u,t_0) + \alpha_{Ep}\sigma_{pc}\phi_{(t_u,t_0)}\right]}{1 + 15\rho\rho_{ps}} \\ &= \frac{0.9 \times (2 \times 10^5 \times 0.27 \times 10^{-3} + 5.797 \times 16.5 \times 2.17)}{1 + 15 \times 0.010\ 2 \times 2.424} = 171.7(\text{MPa}) \end{aligned}$$

以下将上述各项预应力损失组合汇总。

对于预应力钢筋而言,第一批预应力损失为:

$$\sigma_{lI} = \sigma_{l2} + \sigma_{l3} + \sigma_{l4} + 0.5\sigma_{l5} = 4 + 40 + 91.17 + 0.5 \times 35 = 152.67(\text{MPa})$$

第二批预应力损失为:

$$\sigma_{lII} = 0.5\sigma_{l5} + \sigma_{l6} = 0.5 \times 35 + 171.7 = 189.2(\text{MPa})$$

两批预应力损失总和为:

$$\sigma_l = \sigma_{lI} + \sigma_{lII} = 152.67 + 189.2 = 341.87(\text{MPa})$$

5. 施工阶段和使用阶段的应力验算

(1)正应力验算。

①施工阶段。

此阶段有效预拉力 $N_{p0} = 2\ 193.886$ kN,施工阶段的弯矩值 $M_k = 147.7$ kN

板下边缘(预压区)压应力:

$$\begin{aligned} \sigma_{cc}^t &= \frac{N_{p0}}{A_0} + \frac{N_{p0}e_{p0}}{W_{0x}} - \frac{M_k}{W_{0x}} \\ &= \frac{2\ 193\ 886}{338\ 174.5} + \frac{2\ 193\ 886 \times 247.33}{50.57 \times 10^6} - \frac{147.7 \times 10^6}{50.57 \times 10^6} \\ &= 14.30(\text{MPa}) < 0.7f'_{ck} = 0.7 \times 26.8 = 18.76(\text{MPa}) \end{aligned}$$

(上式中的 f'_{ck} 为 $0.8f_{cu,k} = 0.8 \times 50 = 40$ 所对应的混凝土抗压强度的标准值)板上边缘(预拉区)拉应力:

$$\sigma_{ct}^{t}=\frac{N_{p0}}{A_0}-\frac{N_{p0}e_{p0}}{W_{0s}}+\frac{M_k}{W_{0s}}$$

$$=\frac{2\ 193\ 886}{338\ 174.5}-\frac{2\ 193\ 886\times 247.33}{46.47\times 10^6}+\frac{147.7\times 10^6}{46.47\times 10^6}=-2.0(\mathrm{MPa})\text{（负为拉应力）}$$

$$1.15f'_{tk}=1.15\times 2.4=2.76(\mathrm{MPa})>|\sigma_{ct}^{t}|>0.7f'_{tk}=0.7\times 2.4=1.68(\mathrm{MPa})$$

按《公路桥规》规定：当 $0.7f'_{tk}<\sigma_{ct}^{t}<1.15f'_{tk}$ 时，预拉区应配置 $\rho\geqslant 0.387\%$ 的纵向钢筋，且直径不宜大于 14 mm。拟采用 9 ⌀14HRB335 钢筋，$A'_s=1\ 385\ \mathrm{mm}^2$。

$$\rho=\frac{A'_s}{A_n}=\frac{1\ 385}{321\ 692}=0.431\%>0.387\%$$

满足要求。

②使用阶段。

本阶段有效预应力 σ_{p0} 为：

$$\sigma_{p0}=\sigma_{con}-\sigma_l+\sigma_{l4}=700-341.87+91.17=449.3(\mathrm{MPa})$$

有效预应力 N_{p0} 为：

$$N_{p0}=\sigma_{p0}\cdot A_p=449.3\times 3\ 436=1\ 543\ 794.8(\mathrm{N})$$

预加力在受压区（上缘）产生的混凝土法向拉应力为：

$$\sigma_{pt}=\frac{N_{p0}}{A_0}-\frac{N_{p0}\cdot e_{p0}}{W_{0s}}$$

$$=\frac{1\ 543\ 794.8}{338\ 174.5}-\frac{1\ 543\ 794.8\times 247.33}{46.47\times 10^6}$$

$$=-3.7(\mathrm{MPa})$$

在使用阶段，板除了承受偏心预压力 N_{p0}，板自重弯矩 M_{g1} 外，尚有后期恒载弯矩 M_{g2} 和汽车荷载产生的弯矩 M_q。

$$M_k=M_{g1}+M_{g2}+M_q$$

$$=147.7+180.9+171.8=500.4(\mathrm{kN\cdot m})$$

受压区混凝土法向压应力 σ_{kc} 为：

$$\sigma_{kc}=\frac{M_k}{W_{0s}}=\frac{500.4\times 10^6}{46.47\times 10^6}=10.80(\mathrm{MPa})$$

受拉区混凝土法向拉应力 σ_{kt} 为：

$$\sigma_{kt}=\frac{M_k}{W_{0x}}=\frac{500.4\times 10^6}{50.57\times 10^6}=9.90(\mathrm{MPa})$$

受压区混凝土的最大压应力为：

$$\sigma_{kc}+\sigma_{pt}=10.80-3.7=7.1(\mathrm{MPa})<0.5f_{ck}=0.5\times 32.4=16.2(\mathrm{MPa})$$

预应力钢筋的应力 σ_p 为：

$$\sigma_p=\alpha_{Ep}\cdot\sigma_{kt}=5.797\times 9.90=57.39(\mathrm{MPa})$$

此时钢筋内的永存预应力为：

$$\sigma_{pe}=\sigma_{con}-\sigma_l=700-341.87=358.13(\mathrm{MPa})$$

则：

$$\sigma_{pe}+\sigma_p=358.13+57.39=415.52(\text{MPa})$$
$$<0.8f_{pk}=0.8\times785=628(\text{MPa})$$

满足要求。

(2)主应力验算。

因为无竖向预应力钢筋，则 $\sigma_{cy}=0$，则有：

$$\begin{matrix}\text{主拉应力 }\sigma_{tp}\\ \text{主压应力 }\sigma_{cp}\end{matrix}=\frac{\sigma_{cx}}{2}\mp\sqrt{\left(\frac{\sigma_{cx}}{2}\right)^2+\tau^2}$$

上式中：

$$\sigma_{cx}=\sigma_{kc}+\sigma_{pt}=7.1(\text{MPa})$$

$$\tau=\frac{V_kS_0}{bI_0}=\frac{187.3\times33\ 723\ 346.51\times10^3}{281.3\times14.53\times10^9}=1.55(\text{MPa})$$

$$V_k=46.9+40.2+100.2=187.3\ (\text{kN})$$

$$\sigma_{tp}=\frac{7.1}{2}-\sqrt{\left(\frac{7.1}{2}\right)^2+1.55^2}=-0.324(\text{MPa})\quad(\text{负为拉应力})$$

$$\sigma_{cp}=\frac{7.1}{2}+\sqrt{\left(\frac{7.1}{2}\right)^2+1.55^2}=7.42(\text{MPa})\quad(\text{正为压应力})$$

$$\sigma_{tp}=0.324<0.5f_{tk}=0.5\times2.65=1.325(\text{MPa})$$
$$\sigma_{cp}=7.42<0.6f_{ck}=0.6\times32.4=19.44(\text{MPa})$$

满足要求。

6. 正截面和斜截面抗裂验算

(1)正截面抗裂验算。

①受弯构件由作用(荷载)产生的截面边缘混凝土的法向拉应力。

按作用(荷载)短期效应组合计算的弯矩值：

$$M_s=147.7+180.9+0.7\times171.8=448.86(\text{kN}\cdot\text{m})$$
$$V_s=46.9+40.2+0.7\times100.2=157.24(\text{kN})$$

按作用(荷载)长期效应组合计算的弯矩值 M_l 为：

$$M_l=147.7+180.9+0.4\times171.8=397.32(\text{kN}\cdot\text{m})$$

边缘混凝土的法向拉应力：

$$\sigma_{st}=\frac{M_s}{W_{0x}}=\frac{448.86\times10^6}{50.57\times10^6}=8.88(\text{MPa})$$

$$\sigma_{lt}=\frac{M_l}{W_{0x}}=\frac{397.32\times10^6}{50.57\times10^6}=7.86(\text{MPa})$$

②扣除全部预应力损失后的预加力在构件边缘产生的混凝土预压应力：

$$\sigma_{pc}=\frac{N_p}{A_0}+\frac{N_p\cdot e_{p0}}{W_{0x}}$$

其中：$N_p=\sigma_{p0}A_p=(\sigma_{con}-\sigma_l)A_p$

$$=(700-341.87)\times3\ 436=1\ 230\ 534.68(\text{N})$$

$$e_{p0}=y_p=247.33(\text{mm})$$

则：$\sigma_{pc}=\dfrac{1\ 230\ 534.68}{338\ 174.5}+\dfrac{1\ 230\ 534.68\times 247.33}{50.57\times 10^{6}}=9.66(\text{MPa})$

③抗裂要求：

$\sigma_{st}-\sigma_{pc}=8.88-9.66=-0.78(\text{MPa})<0.7f_{tk}=0.7\times 2.65=1.855(\text{MPa})$

负值说明预压应力大于使用荷载产生的拉应力。

$$\sigma_{lt}-\sigma_{pc}=7.86-9.66=-1.8(\text{MPa})<0$$

满足 A 类构件的抗裂要求。

(2)斜截面抗裂验算。

由作用(荷载)短期效应组合和预加力产生的混凝土主拉应力 σ_{tp}：

$$\sigma_{tp}=\frac{\sigma_{cx}}{2}-\sqrt{\left(\frac{\sigma_{cx}}{2}\right)^{2}+\tau^{2}}$$

$$\sigma_{cx}=\sigma_{pc}+\frac{M_s}{W_{0x}}=9.66-8.88=0.78(\text{MPa})$$

$$\tau=\frac{V_sS_0}{bI_0}=\frac{157.24\times 33\ 723\ 346.51\times 10^{3}}{281.3\times 14.53\times 10^{9}}=1.3(\text{MPa})$$

则 $\sigma_{tp}=\dfrac{0.78}{2}-\sqrt{\left(\dfrac{0.78}{2}\right)^{2}+1.3^{2}}=0.39-1.84=-1.45(\text{MPa})$(负为拉应力)

$$\sigma_{tp}=1.45(\text{MPa})<0.7f_{tk}=0.7\times 2.65=1.855(\text{MPa})$$

满足斜截面的抗裂要求。

复习思考题

11-1　预应力混凝土构件为什么要进行正应力验算？应验算哪两个阶段的正应力？如何控制？

11-2　预应力混凝土受弯构件在施工阶段和使用阶段的受力有何特点？

11-3　什么是预应力损失？什么是张拉控制应力？张拉控制应力的高低对构件有哪些影响？

11-4　预应力损失主要有哪些？引起各项预应力损失的主要原因是什么？如何减小各项预应力损失？

11-5　什么是预应力钢筋的松弛？钢筋松弛有何特点？

11-6　什么是预应力钢筋的有效预应力？对先张法、后张法构件，其各阶段的预应力损失应如何组合？

11-7　在构件的受压区配置预应力钢筋对构件的受力特性有何影响？

11-8　预应力混凝土受弯构件中混凝土的主压应力和主拉应力如何计算？主压应力的限值是多少？

11 9　何谓预应力钢筋的传递长度和锚固长度？

11-10　后张法构件为什么要进行局部承压计算？通常要进行哪些方面的计算？

11-11　预应力混凝土构件的正截面抗裂应满足什么要求？

11-12　预应力混凝土构件为什么要进行斜截面抗裂验算？

第十二章　其他预应力混凝土结构简介

学习目标

1. 掌握部分预应力混凝土结构的基本概念；
2. 了解部分预应力混凝土结构的受力特点及优缺点；
3. 熟悉无黏结预应力混凝土结构的基本概念。

第一节　部分预应力混凝土受弯结构

一、部分预应力混凝土结构的基本概念

预应力混凝土结构，早期都是按全预应力混凝土来设计的。根据当时的认识，施加预应力的目的是为了用混凝土承受的预压应力来抵消使用荷载引起的混凝土拉应力。混凝土不受拉，当然就不会出现裂缝，这种在全部使用荷载下必须保持全截面受压的设计，通常称为全预应力设计。“零应力”或“无拉应力”则为全预应力混凝土的设计基本原则。

全预应力混凝土结构虽有刚度大、抗疲劳、防渗漏等优点，但是在工程实践中也发现一些严重缺点，例如，结构构件的反拱过大，在恒载小、活荷载大、预加力大且持续荷载的长期作用下，梁的反拱不断增长，影响行车顺适；当预加力过大时，锚下混凝土横向拉应变超出了极限拉应变，易出现沿预应力钢筋纵向不能恢复的水平裂缝。

部分预应力混凝土结构，它是预应力度介于全预应力混凝土结构和普通钢筋混凝土结构之间的预应力混凝土结构。即这种构件按正常使用极限状态设计时，对作用短期效应组合，容许其截面受拉边缘出现拉应力或出现裂缝。部分预应力混凝土结构，一般采用预应力钢筋和非预应力钢筋混合配筋，既发挥了预应力钢筋的作用，同时也充分发挥非预应力钢筋的作用，从而节约了预应力钢筋，也进一步改善了预应力混凝土使用性能。同时，它也促进了预应力混凝土结构设计思想的重大发展，使设计人员可以根据结构使用要求来选择预应力度的高低，进行合理的结构设计。

二、部分预应力混凝土结构的受力性能

为了理解部分预应力混凝土梁的工作性能，需要观察不同预应力程度条件下梁的作用(荷载)—挠度曲线。图 12-1 中①、②、③分别表示具有正截面承载能力 M_u 的全预应力混凝土、部分预应力混凝土和普通钢筋混凝土梁的弯矩—挠度关系曲线。

从图 12-1 中可以看出，部分预应力混凝土梁的受力特征，介于全预应力混凝土梁和普通钢筋混凝土梁之间。在作用(荷载)较小时，部分预应力混凝土梁(曲线②)受力特征与全预应力混凝土梁(曲线①)相似；在自重与有效预加力 N_y(扣除相应阶段的预应力损

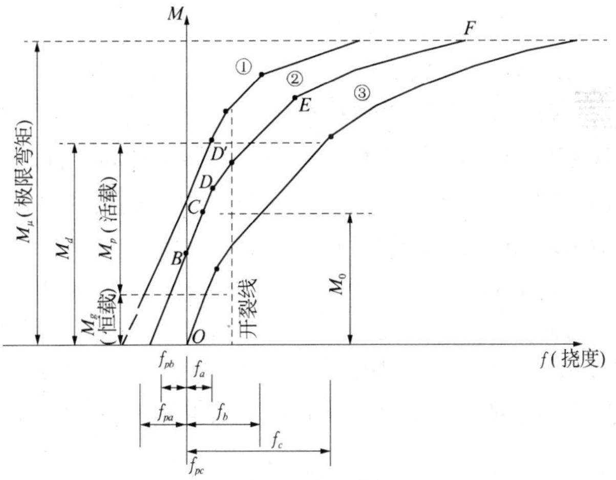

图 12-1　不同受力状态下的弯矩—挠度关系曲线

失)作用下,它具有反拱度 f_{pb},但其值较全预应力混凝土梁的反拱 f_{pa} 小;当作用(荷载)增加,弯矩 M 达到 B 点时,表示外加作用使梁产生的下挠度与预应力反拱度相等,两者正好抵消,这时梁的挠度为零,但此时受拉区边缘混凝土的应力并不为零。

当作用(荷载)继续增加,达到曲线②的 C 点,外加作用(荷载)产生的梁底混凝土拉应力正好与梁底有效预应力互相抵消,使梁底受拉边缘的混凝土应力为零,此时相应的外加作用(荷载)弯矩 M_0 就称为消压弯矩。

截面下缘消压后,如继续加载至 D 点,混凝土的边缘拉应力达到极限抗拉强度。随着外加作用(荷载)增加,受拉区混凝土进入塑性阶段,构件的刚度下降,达到 D' 点时表示构件即将出现裂缝,此时相应的弯矩称为预应力混凝土构件的抗裂弯矩 M_{pr},显然($M_{pr}-M_0$)就相当于相应的钢筋混凝土构件的截面抗裂弯矩 M_{cr},即 $M_{cr}=M_{pr}-M_0$。

从 D' 点开始,外荷载(作用)加大,裂缝开展,刚度继续下降,挠度增加速度加快。而达到 E 点时,受拉钢筋屈服。E 点以后裂缝进一步扩展,刚度进一步下降,挠度增加速度更快,直到 F 点,构件达到承载能力极限状态而破坏。

三、部分预应力混凝土结构的优缺点

部分预应力混凝土结构的优点可以归纳如下。

(一)节省高强预应力钢筋与锚具

与全预应力混凝土构件比较,可以减少部分预应力构件预压力,因此预应力钢筋用量可以大大减少。当然,为了保证结构的极限强度,就必须补充适量的非预应力钢筋,从而简化了施工,并节省了造价。

(二)改善结构的性能

(1)由于部分预加力的减小,构件的变形所引起的反拱度减小,锚下混凝土的局部应力降低。

(2)可以合理地控制裂缝。与钢筋混凝土相比,部分预应力混凝土梁由于具有适量的预应力,其挠度与裂缝宽度均比较小,尤其是当作用(或荷载)最不利效应组合卸载后的恢复性能较好,裂缝能很快闭合。

(3)提高了构件的延性。部分预应力混凝土和全预应力混凝土相比,由于配置了非预应力钢筋,所以部分预应力混凝土受弯构件破坏时所呈现的延性较全预应力混凝土好,提高了结构在承受反复作用时能量耗散能力,因而使结构有利于抗震、抗爆。

部分预应力混凝土的缺点是:与全预应力混凝土相比抗裂性略低,刚度较小,设计计算略为复杂;与钢筋混凝土相比,所需的预应力工艺复杂。

总之,由于部分预应力混凝土本身所具有的特点,使之能够获得良好的综合使用性能,克服了全预应力混凝土结构由于长期处于高压状态下,预应力反拱度大,破坏时呈明显脆性等弊病。部分预应力混凝土结构由于预加应力较小,因此预加应力产生的横向拉应变也小,减小了沿预应力钢筋方向出现纵向裂缝的可能性,有利于提高预应力结构的耐久性。

四、非预应力钢筋的作用

在部分预应力混凝土结构中通常配置有非预应力受力钢筋,预应力钢筋可以平衡一部分作用(荷载),提高抗裂度,减少挠度;非预应力钢筋则可以改善裂缝的分布,增加极限承载力和提高破坏时的延性。同时非预应力钢筋还可以配置在结构中难以配置预应力钢筋的部分。部分预应力混凝土结构中配置的非预应力钢筋,一般都采用中等强度的变形钢筋,这种钢筋对分散裂缝的分布、限制裂缝宽度以及提高破坏时的延性更为有效。

根据非预应力钢筋在结构中功能的不同,大概可分为以下三种:

(1)用非预应力钢筋来加强应力传递时梁的承载力,如图 12-2 所示,这类非预应力钢筋主要在梁施加预应力时发挥作用,按照非预应力钢筋在梁中位置的不同,承担施加预应力时可能出现的拉应力,或者预压受拉区过高的预压应力。

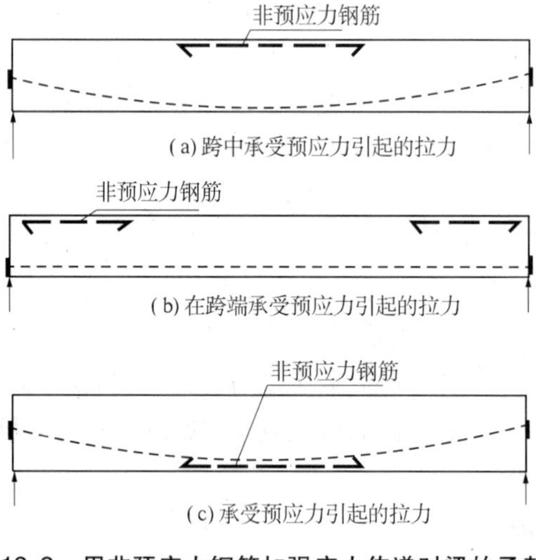

图 12-2　用非预应力钢筋加强应力传递时梁的承载力

(2)第二种非预应力钢筋是用来承受临时作用(荷载)或者意外作用(荷载),这些作用(荷载)可能在施工阶段出现。

(3)第三种是用非预应力钢筋来改善梁的结构性能以及提高梁的承载力,这些非预应力钢筋在正常使用状态与承载能力极限状态都发挥重要作用，它有利于分散裂缝的分布，限制裂缝的宽度，并能增加梁的抗弯承载力和提高破坏时的延性。在悬臂梁和连续梁的尖峰弯矩区配置这种非预应力钢筋起的作用会更显著(如图 12-3 所示)。

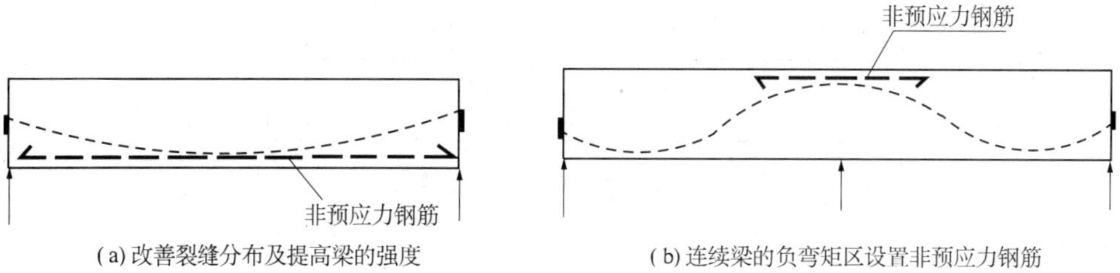

图 12-3　用非预应力钢筋来改善梁的结构－性能及提高强度

第二节　无黏结预应力混凝土受弯结构

一、无黏结预应力混凝土结构的基本概念

无黏结预应力混凝土梁，是指配置主筋为无黏结预应力钢筋的后张法预应力混凝土梁。而无黏结预应力钢筋，是指由单根或多根高强钢丝、钢绞线或粗钢筋，沿其长涂有专用防腐油脂涂料层和外包层，使之与周围混凝土不建立黏结力，张拉时可沿纵向发生相对滑动的预应力钢筋。

无黏结预应力混凝土构件可类似于普通钢筋混凝土构造进行施工，无黏结钢筋像普通钢筋一样敷设，然后浇筑混凝土，待混凝土达到规定强度后，进行预应力钢筋的张拉和锚固。省去了传统后张法预应力混凝土的预埋管道、穿束、压浆等工艺，节省了施工设备，简化了施工工艺，缩短了工期，故综合经济性好。

二、无黏结预应力混凝土受弯构件的受力性能

无黏结预应力混凝土梁，一般分为纯无黏结预应力混凝土梁和无黏结部分预应力混凝土梁。前者是指受力主筋全部采用无黏结预应力钢筋；而后者指其受力主筋采用无黏结预应力钢筋与适当数量非预应力有黏结钢筋形成混合配筋的梁。这两种无黏结预应力混凝土梁在荷载作用下的结构性能及破坏特征不同，下面分别介绍。

(一)纯无黏结预应力混凝土梁

由纯无黏结预应力混凝土梁的试验观察到，在试验荷载作用下，在梁最大弯矩截面附近出现一条或少数几条裂缝。随着荷载的增加，已出现的裂缝的宽度与延伸高度都迅速发展，并且常在裂缝的顶部交叉(见图 12-4(b))。

梁开裂后，在荷载增加不多的情况下，随着裂缝宽度与高度的急剧增加，受压区混凝土压碎而引起梁的破坏，具有明显的脆性破坏特征。试验分析表明，纯无黏结预应力混凝土梁一经开裂，梁的结构性能就变得接近于带拉杆的扁拱而不像梁。

纯无黏结预应力混凝土梁不仅裂缝形成及发展与同样条件下的有黏结预应力混凝土

梁不同(见图12-4(a)),而且其荷载—跨中挠度曲线也不同(图12-5)。由图12-5可见,有黏结预应力混凝土梁的荷载—挠度曲线具有三直线形式,而纯无黏结预应力混凝土梁的曲线不仅没有第三阶段,连第二阶段也没有明显的直线段。

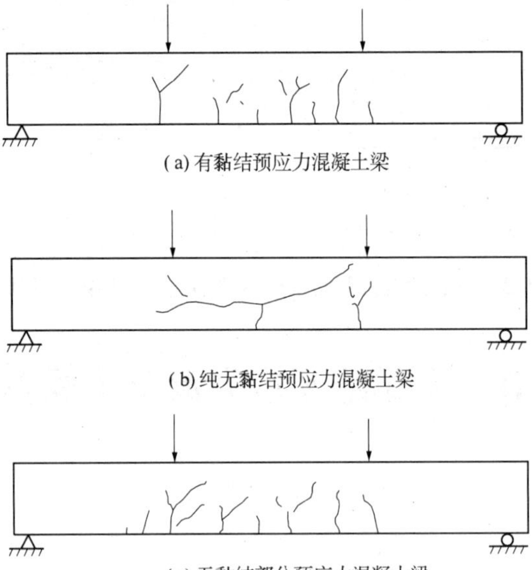

(a) 有黏结预应力混凝土梁

(b) 纯无黏结预应力混凝土梁

(c) 无黏结部分预应力混凝土梁

图12-4　有黏结与无黏结预应力混凝土梁的裂缝状态

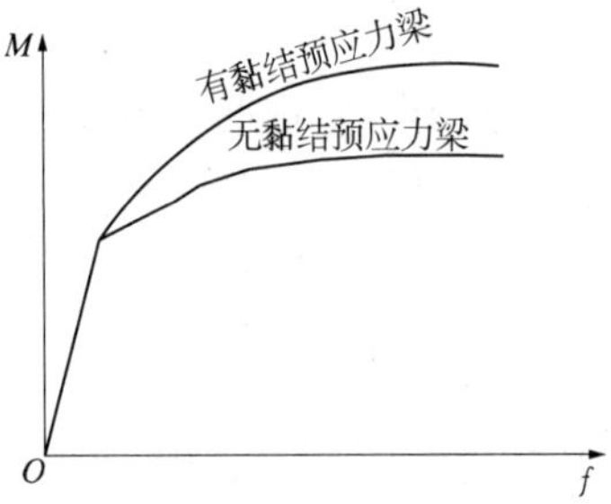

图12-5　黏结力对预应力混凝土梁挠度影响

在梁最大弯矩截面上,无黏结预应力钢筋应力随荷载变化的规律与有黏结预应力钢筋不同(见图12-6)。由图12-6可以清楚地看到,无黏结预应力的应力增量,总是低于有黏结预应力的应力增量,而且,随着荷载的增大,这个差距就越来越大。在梁的最大弯矩截面处,无黏结钢筋相对于混凝土发生滑移,外力矩引起的任一应变将分布在无黏结钢筋的整个长度上,因此从开始受力直到破坏,无黏结钢筋承受的应力要比有黏结钢筋的应力低。

纯无黏结预应力混凝土梁的抗弯强度较有黏结预应力混凝土梁要低;在荷载作用下,裂缝少且发展迅速,破坏呈明显脆性。这些不足,可采用附加有黏结非预应力钢筋的方法改变,即采用混合配筋的无黏结部分预应力混凝土梁,以获得较好的结构性能。

(二)无黏结部分预应力混凝土梁的受力性能

对于采用非预应力钢筋与无黏结预应力钢筋混合配筋的受弯构件,中国建筑科学研

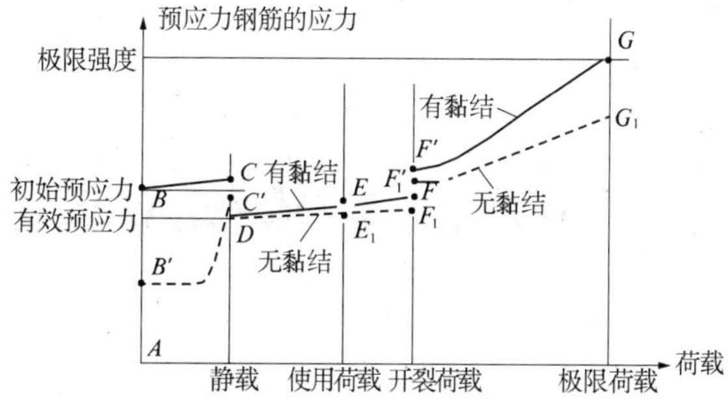

图 12-6　黏结力对预应力钢筋应力影响图

究院以及有关高等院校进行了系统的试验研究，从试验梁所观察到的现象及得出的主要结论如下：

(1)混合配筋无黏结预应力混凝土梁的荷载、挠度曲线和混合配筋有黏结预应力混凝土梁一样，也具有三直线的形状，反映三个不同的工作阶段。第二阶段进入第三阶段是由普通钢筋屈服引起的，表现为突然的转折点。在第三阶段，尽管普通钢筋已屈服，但无黏结预应力筋仍处于弹性阶段，荷载与挠度仍呈直线关系，直到无黏结预应力进入明显的非线性范围才改变为曲线。

(2)混合配筋的无黏结预应力混凝土梁的裂缝，由于受到非预应力有黏结钢筋的约束，其根数及裂缝间距与配有同样钢筋的普通钢筋混凝土梁非常接近。

(3)在一般情况下，混合配筋的无黏结预应力混凝土梁，先是普通钢筋屈服，裂缝向上延伸直到受压区边缘混凝土达到极限压应变时，梁才呈现弯曲破坏。

(4)混合配筋梁的无黏结预应力钢筋，虽仍具有沿梁全长应力相等(忽略摩擦影响)和在梁破坏时极限应力不超过条件屈服强度 $\sigma_{0.2}$ 的无黏结钢筋特点，但极限应力的量值较纯无黏结梁要大得多。

(5)混合配筋梁的无黏结预应力钢筋，在梁达到破坏时的应力增量，与梁的综合配筋指标有密切关系。

(6)对于混合配筋的无黏结预应力混凝土梁，在三分点荷载作用下，跨高比对应力增量无明显影响；在跨中荷载作用下，跨高比对应力增量有一定影响。

复习思考题

12-1　何谓部分预应力混凝土结构？

12-2　部分预应力混凝土结构有哪些优缺点？

12-3　何谓无黏结预应力混凝土结构？

第三篇　砖、石及混凝土结构

第十三章　圬工结构的基本概念与材料

学习目标

1. 掌握圬工结构的概念、分类；
2. 掌握圬工结构对材料的要求；
3. 掌握砌体的强度及影响因素。

第一节　概　述

一、圬工结构的基本概念

将砖、天然石料等用胶结材料连接成整体的结构，称为砖石结构；用整体浇筑的素混凝土、片石混凝土或混凝土预制块件构成的结构叫混凝土结构。通常将以上两种统称为圬工结构。圬工结构中的砖、石及混凝土预制块等统称为块材。由于砖、石及混凝土材料的共同特点是抗压强度大而抗拉、抗剪强度低，因此在桥梁工程中圬工结构常用做以承压为主的结构部件，如拱桥的拱圈、桥梁的墩台及基础、涵洞及重力式挡土墙等。

圬工结构常以砌体形式出现。砌体是用砂浆将具有一定规格的块材按一定的砌筑规格砌筑而成，并满足构件既定尺寸和形状要求的受力整体。

砌筑时应保证砌体的受力尽可能均匀。如果块材排列不合理，使各层块材的竖向灰缝重合于几条垂直线上，则这些灰缝重合地承受外力，从而削弱甚至破坏了建筑物的整体性。为保证砌体的整体性和受力性能，必须使砌体中竖向灰缝互相咬合和错缝。

二、圬工结构的特点

砖、石及混凝土之所以被广泛应用于桥涵工程中，因为它有着下述主要优点：易于就地取材；价格低廉；耐火性、耐久性好，因而维修养护费用低；施工简便，易于被群众掌握；具有较强的抗冲击力；由于圬工结构一般体积较大，恒载所占的比例较大，因而冲击能力强，超载能力大。

除上述优点外，砌体结构也有下述一些明显的缺点：自重大；不利于采用机械化施工，施工工期长。

第二节　材料种类

一、材料种类

（一）石料

桥涵结构所用石料应选择质地坚硬、均匀、无裂缝，且不易风化的石料。常用天然石料的种类主要是花岗岩、石灰岩等。石料根据开采方法、形状尺寸及清凿加工程度的不同，可分为下列几类。

1. *片石*

片石是由爆破开采、直接炸取的不规则石料，使用时，形状不受限制，但厚度不得小于 15 cm。

2. *块石*

块石是按岩石层理放炮或锲劈而成的石料。要求形状大致方正，上、下面大致平整，厚度为 20 ~ 30 cm，宽度为厚度的 1 ~ 1.5 倍，长度为厚度为 1.5 ~ 3 倍。块石一般不修凿加工，但应敲去尖角突出部分。

3. *粗料石*

粗料石由岩层或大块石料开劈并经粗略修凿而成。要求外形方正，成六面体，表面凹凸差不超过 20 cm，其厚度为 20 ~ 30 cm，宽度为厚度的 1 ~ 1.5 倍，长度为厚度的 2.5 ~ 4 倍。

桥涵结构中所用的石料强度等级有 MU30、MU40、MU50、MU60、MU80、MU100、MU120。石料的强度等级即为 70 mm × 70 mm × 70 mm 含水饱和试件的极限抗压强度（MPa）。不同强度等级石料的设计强度见表 13-1。

表 13-1　石材强度设计值　　（单位：MPa）

强度类别	强度等级						
	MU120	MU100	MU80	MU60	MU50	MU40	MU30
轴心抗压 f_{cd}	31.78	26.49	21.19	15.89	13.24	10.59	7.95
弯曲抗拉 f_{tmd}	2.18	1.82	1.45	1.09	0.91	0.73	0.55

（二）混凝土

常用于桥梁上的混凝土有混凝土预制块、整体浇筑的混凝土及小石子混凝土。

混凝土预制块是根据结构构造与施工要求（预先设计成一定形状与尺寸，然后进行浇筑而成），其尺寸要求不低于粗料石，且其表面应较为平整。应用混凝土预制块件，可节省石料的开采加工工作，加快施工进度。对于形状复杂的块材，难以用石料加工时，更可显示出其优越性。另外，由于混凝土预制块形状、尺寸统一，因而砌体表面整齐美观。

整体浇筑的混凝土是采用整体浇筑的素混凝土结构，由于收缩应力较大，受力不利，故较少采用。对于大体积混凝土，为了节省水泥，可在其中分层掺入含量不大于总体积20%的片石，这种混凝土称为片石混凝土。

小石子混凝土是由水泥、粗集料、砂加水拌和而成。采用小石子混凝土，可以节约水泥和砂，在一定条件下是一种水泥砂浆的代用品。

（三）砂浆

砂浆是由胶结料（如水泥、石灰和黏土等）、粒料（砂）及水拌制而成。砂浆在砌体结构中的作用是将块材黏结成整体。

砂浆按其所用的胶结材料的不同分为：

（1）水泥砂浆：胶结材料为纯水泥（不加掺和料）的砂浆，强度较高。

（2）混合砂浆：胶结材料为石灰的砂浆，强度较高。

（3）石灰砂浆：胶结材料为石灰的砂浆，强度较低。

由于石灰砂浆及混合砂浆的强度、使用性能较差，故在桥涵工程中大都采用水泥砂浆。《公路桥规》规定，仅在缺乏水泥地区、小桥涵及挡土墙可采用石灰水泥砂浆。

砂浆的强度以 M 表示，分为 M20、M15、M10、M7.5、M5 五个等级。砂浆的强度等级是指边长为 7.07 cm 的砂浆立方块 28 d 龄期的极限抗压强度，单位为 MPa。

设计时，砂浆强度应与块材强度相配合。块材强度高应配用强度较高的砂浆，块材强度低配用强度低的砂浆。

砂浆的和易性是指砂浆在自重作用下的流动程度。和易性是用标准圆锥体沉入砂浆的深度测定的。和易性好，则易铺砌，而且使砌缝均匀、密实，保证砌体质量。

砂浆的保水性是指砂浆在运输和使用过程中保持其均匀程度的能力，它直接影响砌体的砌筑质量。保水性好，砂浆在块材上能铺设均匀；若砂浆保水性差，砂浆易发生离析现象，新铺在块材上砂浆的水分很快散失或被块材吸去，使砂浆难以摸平，从而降低砌体的砌筑质量，同时，砂浆因失去过多水分而不能进行正常的硬化作用，因而会大大降低砌体的质量。因此，在砌筑砌体前必须对吸水性很大的干燥块材洒水，湿润其砌筑表面。

《公路桥规》规定了各种结构物所用的石材、混凝土材料以及砂浆的最低强度等级，见表 13-2。

表 13-2　圬工材料的最低强度等级

结构物种类	材料最低强度等级	砌筑砂浆最低强度等级
拱圈	MU50 石材 C25 混凝土（现浇） C30 混凝土（预制块）	M10（大、中桥） M7.5（小桥涵）
大中桥墩台及基础，轻型桥台	MU40 石材 C25 混凝土（现浇） C30 混凝土（预制块）	M7.5
小桥涵墩台、基础	MU30 石材 C20 混凝土（现浇） C25 混凝土（预制块）	M5

二、砌体种类

工程中常用的砌体，根据选用块材的不同，可分为以下几类：

（1）片石砌体：砌筑时，应敲掉片石凸出部分，使片石放置平稳，交错排列且相互咬紧，避免过大空隙，并用小石块填塞空隙（不得支垫）。所用砂浆用量不宜超过砌体的40%，以防砂浆的收缩量过大，同时也可以节省水泥用量。

（2）块石砌体：块石应平砌，每层块石高度大致相等并应错缝砌筑。一般水平缝不大于2 cm，并且错缝砌筑，错缝距离不小于10 cm。

（3）粗料石砌体：砌筑时石料应安放平正，保证砌缝平直，砌缝宽度不大于2 cm，并且错缝砌筑，错缝距离不小于10 cm。

（4）混凝土预制块砌体：要求砌缝宽度不大于1 cm，其他砌筑要求同粗料石砌体。

在桥涵工程中，砌体种类的选用应根据结构的重要程度、尺寸大小、工程环境、施工条件以及材料供应情况等综合考虑。

在砌筑片石、块石砌体时，若用小石子混凝土代替砂浆，则砌体称为小石子混凝土砌体。小石子混凝土砌体的抗压强度比同标号的砂浆砌体的抗压强度高。

为了节约水泥，对大体积结构如墩身等常可采用片石混凝土结构。该结构是在混凝土中分层加入片石，但要求片石含量控制在砌体的50%～60%，片石标号不低于表13-2中规定的石料标号，且不低于混凝土标号，片石净距宜在4～6 cm以上。

《公路桥规》规定了各种结构物所用的石材、混凝土材料及其砂浆的砌筑强度等级，如表13-2所示。设计时，砂浆强度应与块材强度相配合。

砌体中的材料，除应符合规定的强度要求外。位于盐碱地区的墩台、基础、挡土墙等不宜采用砖砌体。严寒地区砌体中所用的材料应满足抗冻性要求。累年最冷月平均温度低于或等于－10 ℃的地区所用的石材抗冻性指标应符合表13-3的规定。

表13-3　石材抗冻性指标

结构物部位	大、中桥	小桥及涵洞
镶面或表面石材	50	25

注：1. 抗冻性指标，指材料在含水饱和状态下经过－15 ℃的冻结与20 ℃融化的循环次数。试验后的材料应无明显损伤（裂缝、脱层），其强度不低于试验前的0.75倍。

2. 根据以往实践经验证明材料确有足够抗冻性能者，可不作抗冻试验。

石材还应具有耐风化、抗侵蚀性。用于浸水或气候潮湿地区的受力结构的石材的软化系数不宜低于0.8（软化系数是指石材在含水饱和状态下与干燥状态下试块极限抗压强度的比值）。

第三节　砌体的强度与变形

一、砌体的抗压强度

(一)砌体的受压破坏特征

砌体是由单块块材用砂浆黏结而成的,它受压时的工作性能与单一均质的整体结构有很大的差别,而且砌体的抗压强度一般低于单块块材的抗压强度。为了正确地了解砌体受压的工作特性,现以砖石砌体为例来研究在荷载的作用下砌体的破坏特征。

试验研究表明,砌体从开始受荷载到破坏大致经历下列特征。

第一阶段:整体工作阶段。即从砌体开始加载到个别单块砖内第一批裂缝出现的阶段,如图 13-1(a)所示。此时,如不增加荷载,裂缝也不再发展。这时的荷载为破坏荷载的 50% ~70% 。

第二阶段:带裂缝工作阶段。砌体随荷载继续增大,单块砖内裂缝不断发展,并逐渐连接起来形成连续的裂缝,如图 13-1(b)所示。此时,若不增加荷载而裂缝仍继续发展。这时,荷载为砌体极限荷载的 80% ~90% 。

第三阶段:破坏阶段。当荷载再稍微增加,裂缝急剧发展,并连成几条贯通的裂缝,将砌体分成若干小柱,各小柱受力极不均匀,最后,由于小柱被压碎或丧失稳定导致砌体的破坏,如图 13-1(c)所示。此时,砌体的强度称为砌体的抗压极限强度。

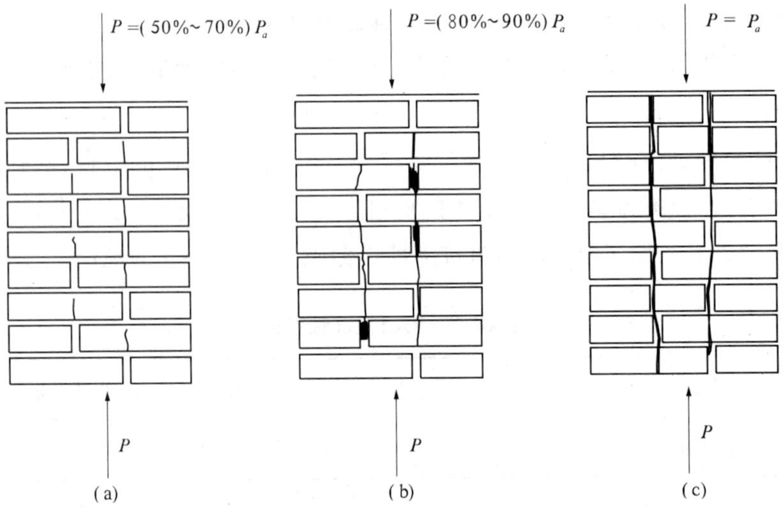

图 13-1　砖砌体受压过程

(二)砌体受压应力状态

从上述试验分析来看,砌体在受压破坏时,一个重要的特征是单块块材先开裂,且砌体的抗压强度总是低于它所用的块材的抗压强度,致使砌体的抗压强度不能充分发挥。这是由于砌体虽然承受轴向均匀压力,但砌体中块材并不是均匀受压,而是处于复杂应力状态。其原因如下:

(1)砂浆层的非均匀性及块材表面的不平整。由于在砌筑时,砂浆的铺砌不可能很均匀,又由于砂浆拌和不均匀,使砌缝砂浆层各部位成分不均匀,砂子多的部位收缩小,而砂子少的部位收缩大;另外,块材表面的不平整也有一定影响,这些导致了块材与砂浆层并非全面接触。因此,块材在砌体受压时,实际上处于受弯、受剪与局部受压等复杂应力状态,如图 13-2(a)所示。

(2)砌体横向变形时砖和砂浆的交互作用。砌体受压后,若块材和砂浆的变形为自由变形,一般块材的变形小($b_0 \to b_1$),而砂浆的变形大($b_0 \to b_2$),但是,由于块材和砂浆间的黏结力和摩阻力约束了它们彼此的横向自由变形,只能有横向约束变形 b($b_2 > b > b_1$),如图 13-2(b)所示。这样,块材因砂浆的影响而增大了横向变形,砂浆因块材的影响使其横向变形减小,因此块材会受到横向拉力作用,而砂浆则处于三向受压状态,其强度将都会提高。

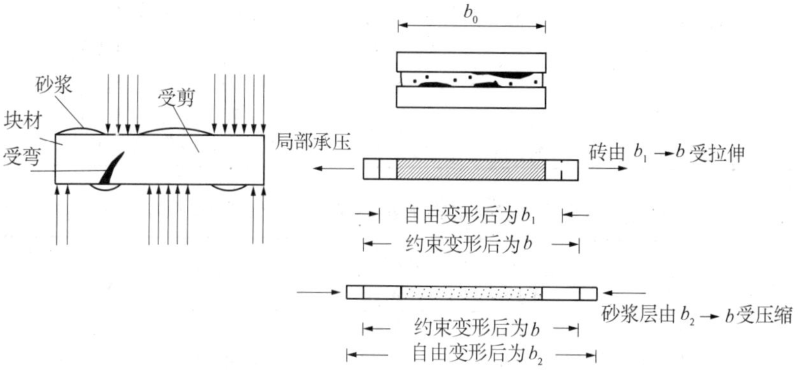

(a) 砌体中的个别块材的受力状态　　(b) 块材和砂浆横向变形的差异

图 13-2　轴心受压时砌体中的应力状态

综上所述,在均匀压力的作用下,砌体中的块材并不是处于均匀受压状态,而是处于受弯、受剪、局部受压及横向受拉等复杂应力状态。由于块材的抗弯、抗拉及抗剪强度远低于其抗压强度,因此砌体受压时,往往在远小于块材抗压强度时就出现裂缝,导致砌体破坏。所以,砌体的抗压强度总是远低于块材的抗压强度。

(三)影响砌体抗压强度的主要因素

从砌体受压的特点及应力状态分析可以看出,影响砌体抗压强度的主要因素有以下几个方面:

(1)块材的强度、形状及尺寸。块材在砌体中处于复杂受力状态,因此块材的抗压、抗拉、抗剪等强度对砌体的强度起着主要作用。

(2)块材形状规则程度也显著影响着砌体的抗压强度。块材表面不平整、形状不规则,则会造成砌缝厚度不均匀,从而使砌体抗压强度降低。

(3)砂浆的物理力学性能。除砂浆的强度直接影响砌体的抗压强度外,砂浆的和易性和保水性对砌体的强度亦有影响。和易性和保水性好的砂浆,容易铺成厚度和密实性均匀的砌体,使砌体强度提高。但若砂浆内的水分过多,和易性虽好,但砌缝的密实性降低,砌缝的强度反而下降。因此,作为砂浆和易性指标的标准圆锥体沉入度,对片石和块石砌体，控制在 5 ~7 cm；对粗料石及砖砌体，控制在 7 ~10 cm。

(4)砌缝厚度。砂浆水平砌缝厚度越厚，砌体强度越低。主要是因为砌缝越厚，增加了块材的受弯、受剪程度，从而使砌体强度降低。

(5)砌筑质量。砌筑质量也影响砌体的抗压强度，如砌缝铺砌均匀、饱满，可以改善块材在砌体内的受力性能，因而能提高砌体的抗压强度。

(四)砌体的抗压设计强度

各种砌体的抗压强度设计值见表 13-4、表 13-5、表 13-6、表 13-7 和表 13-8。

表 13-4　混凝土预制块砂浆砌体轴心抗压强度设计值 f_{cd}　(单位:MPa)

砌块强度等级	砂浆强度等级					砂浆强度
	M20	M15	M10	M7.5	M5	0
C40	8.25	7.04	5.84	5.24	4.64	2.06
C35	7.71	6.59	5.47	4.90	4.34	1.93
C30	7.14	6.10	5.06	4.54	4.02	1.79
C25	6.52	5.57	4.62	4.14	3.67	1.63
C20	5.83	4.98	4.13	3.70	3.28	1.46
C15	5.05	4.31	3.58	3.21	2.84	1.26

表 13-5　块石砂浆砌体轴心抗压强度设计值 f_{cd}　(单位:MPa)

砌块强度等级	砂浆强度等级					砂浆强度
	M20	M15	M10	M7.5	M5	0
MU120	8.42	7.19	5.96	5.35	4.73	2.10
MU100	7.68	6.56	5.44	4.88	4.32	1.92
MU80	6.87	5.87	4.87	4.37	3.86	1.72
MU60	5.95	5.08	4.22	3.78	3.35	1.49
MU50	5.43	4.64	3.85	3.45	3.05	1.36
MU40	4.86	4.15	3.44	3.09	2.73	1.21
MU30	4.21	3.59	2.98	2.67	2.37	1.05

注：对各类石砌体，应按表中数值分别乘以以下系数：细料石砌体为 1.5；半细料石砌体为 1.3；粗料石砌体为 1.2；干砌块石砌体可采用砂浆强度为零时的抗压强度设计值。

表 13-6　片石砂浆砌体轴心抗压强度设计值 f_{cd}　(单位:MPa)

砌块强度等级	砂浆强度等级					砂浆强度
	M20	M15	M10	M7.5	M5	0
MU120	1.97	1.68	1.39	1.25	1.11	0.33
MU100	1.80	1.54	1.27	1.14	1.01	0.30
MU80	1.61	1.37	1.14	1.02	0.90	0.27
MU60	1.39	1.19	0.99	0.88	0.78	0.23
MU50	1.27	1.09	0.90	0.81	0.71	0.21
MU40	1.14	0.97	0.81	0.72	0.64	0.19
MU30	0.98	0.84	0.70	0.63	0.55	0.16

注：1. 干砌片石砌体可采用砂浆强度为零时的抗压强度设计值。

2. 施工阶段砂浆尚未硬化的新砌砌体强度，可按砂浆强度为零进行验算。

表 13-7　小石子混凝土砌块石砌体轴心抗压强度设计值 f_{cd}　（单位：MPa）

石材强度等级	小石子混凝土强度等级					
	C40	C35	C30	C25	C20	C15
MU120	13.86	12.69	11.49	10.25	8.95	7.59
MU100	12.65	11.59	10.49	9.35	8.17	6.93
MU80	11.32	10.36	9.38	8.37	7.31	6.19
MU60	9.80	9.98	8.12	7.24	6.33	5.36
MU50	8.95	8.19	7.42	6.61	5.78	4.90
MU40	—	—	6.63	5.92	5.17	4.38
MU30	—	—	—	—	4.48	3.79

注：砌块为粗料石时，轴心抗压强度为表值乘 1.2；砌块为细料石、半细料石时，轴心抗压强度为表值乘 1.4。

表 13-8　小石子混凝土砌片石砌体轴心抗压强度设计值　（单位：MPa）

石材强度等级	小石子混凝土强度等级			
	C30	C25	C20	C15
MU120	6.94	6.51	5.99	5.36
MU100	5.30	5.00	4.63	4.17
MU80	3.94	3.74	3.49	3.17
MU60	3.23	3.09	2.91	2.67
MU50	2.88	2.77	2.62	2.43
MU40	2.50	2.42	2.31	2.16
MU30	—	—	1.95	1.85

二、砌体的抗拉、抗弯与抗剪强度

砌体的抗拉、抗弯和抗剪强度远低于其抗压强度，所以应尽可能使圬工砌体主要用于承受压力为主的结构中。但在实际工程中，砌体受拉、受弯及受剪情况也经常会遇到，例如挡土墙及主拱圈等。

试验证明，在多数情况下，砌体的受拉、受弯及受剪破坏一般发生于砂浆与块材的连接面上，因此砌体的抗拉、抗弯与抗剪强度取决于砌缝强度，亦即取决于砌缝间块材与砂浆的黏结强度。而只有在砂浆与块材间的黏结强度很大时，才可能产生沿块材本身的破坏。

黏结强度按照砌体受力方向的不同分为两类：一类为作用力平行于砌缝时的切向黏结强度（如图 13-3(a)）；一类为作用力垂直于砌缝时的法向黏结强度（如图 13-3(b)）。在正常情况下，黏结强度与砂浆强度有关。由于法向黏结强度不易保证，所以在实际工程中不容许设计成利用法向黏结强度的轴心受拉构件。

（一）轴心受拉强度

在平行于水平砌缝的轴心拉力作用下，砌体的破坏有两种情况：一种是砌体沿齿缝截面发生破坏，破坏面呈齿状，如图 13-4(a) 所示，其强度取决于砌缝与块材间切向黏结强度；另一种是砌体沿竖向砌缝和块材破坏，如图 13-4(b) 所示，其强度主要取决于块材的抗拉强度。当拉力作用方向与水平砌缝垂直时，砌体可能沿通缝截面发生破坏，如图 13-4(c)所示，其强度主要取决于砌缝与块材间的法向黏结强度。

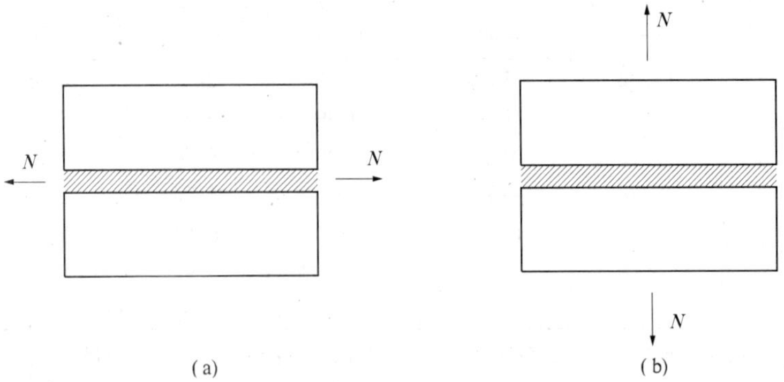

图 13-3　黏结强度

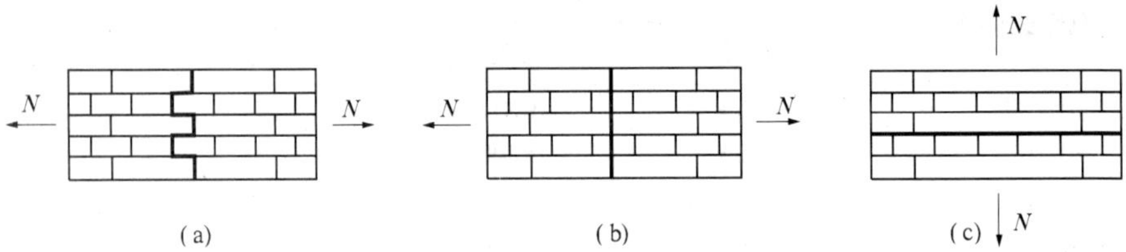

图 13-4　轴心受拉砌体的破坏形式

(二)弯曲抗拉强度

砌体处于弯曲状态时，可能沿如图 13-5(a)所示的通缝截面发生破坏，此时砌体弯曲抗拉强度主要取决于砂浆与块材间的法向黏结强度，也可能沿如图 13-5(b)所示的齿缝截面发生破坏，其强度主要取决于砌体中的块材与砂浆间的切向黏结强度。

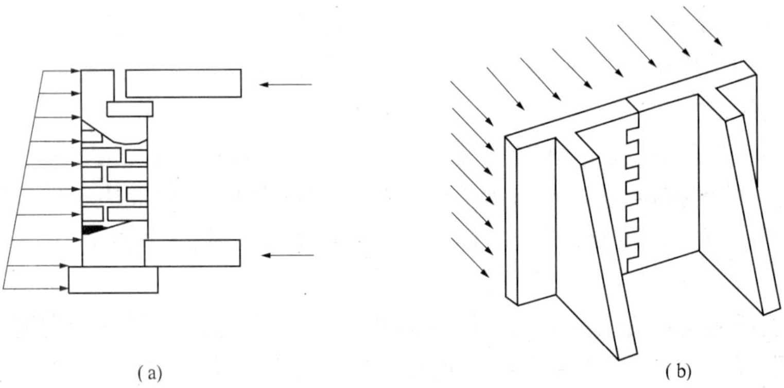

图 13-5　受弯砌体的破坏形式

(三)抗剪强度

砌体处于剪切状态时，则有可能发生通缝截面受剪破坏，如图 13-6(a)所示，其抗剪强度主要取决于块材间砂浆的切向黏结强度。也可能发生齿缝截面破坏，如图 13-6(b)所示，其抗剪强度与块材的抗剪强度及砂浆与块材之间的切向黏结强度有关。对规则块材，砌体的齿缝抗剪强度取决于块材的抗剪强度，不计灰缝的抗剪作用。

砂浆砌体的轴心抗拉、弯曲抗拉和直接抗剪强度设计值见表13-9。小石子混凝土砌块石、片石砌体轴心抗拉、弯曲抗拉和直接抗剪强度设计值见表13-10。

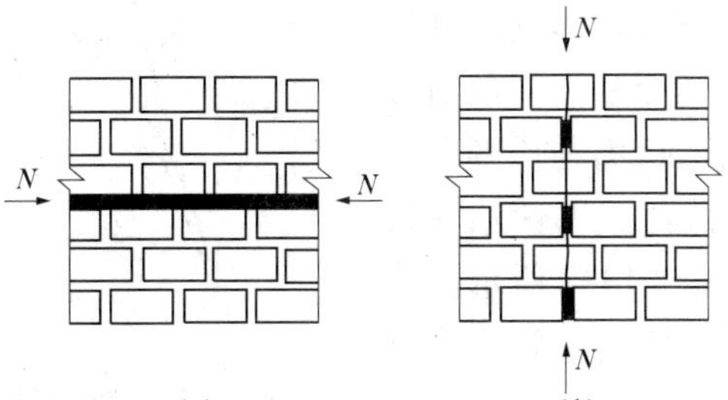

图13-6 受剪砌体的破坏形式

表13-9 砂浆砌体的轴心抗拉、弯曲抗拉和直接抗剪强度设计值 （单位：MPa）

强度类别	破坏特征	砌体种类	砂浆强度等级				
			M20	M15	M10	M7.5	M5
轴心抗拉 f_{td}	齿缝	规则砌块砌体	0.104	0.090	0.073	0.063	0.052
		片石砌体	0.096	0.083	0.068	0.059	0.048
弯曲抗拉 f_{tmd}	齿缝	规则砌块砌体	0.122	0.105	0.086	0.074	0.061
		片石砌体	0.145	0.125	0.102	0.089	0.072
	通缝	规则砌块砌体	0.084	0.073	0.059	0.051	0.042
直接抗剪 f_{vd}	—	规则砌块砌体	0.104	0.090	0.073	0.063	0.052
		片石砌体	0.241	0.208	0.170	0.147	0.120

注：1. 砌体龄期为28 d。

2. 规则砌块砌体包括：块石砌体、粗料石砌体、半细料石砌体、细料石砌体、混凝土预制块砌体。

3. 规则砌块砌体在齿缝方向受剪时，系通过砌块和灰缝剪破。

表13-10 小石子混凝土砌块石、片石砌体轴心抗拉、弯曲抗拉和直接抗剪强度设计值

（单位：MPa）

强度类别	破坏特征	砌体种类	小石子混凝土强度等级					
			C40	C35	C30	C25	C20	C15
轴心抗拉 f_{td}	齿缝	块石砌体	0.285	0.267	0.247	0.226	0.202	0.175
		片石砌体	0.425	0.398	0.368	0.336	0.301	0.260
弯曲抗拉 f_{tmd}	齿缝	块石砌体	0.335	0.313	0.290	0.265	0.237	0.205
		片石砌体	0.493	0.461	0.427	0.387	0.349	0.300
	通缝	块石砌体	0.232	0.217	0.201	0.183	0.164	0.142
直接抗剪 f_{vd}	—	块石砌体	0.285	0.267	0.247	0.226	0.202	0.175
		片石砌体	0.425	0.398	0.368	0.336	0.301	0.260

注：对其他规则砌块砌体强度值为表内块石砌体强度设计值乘以下列系数：粗料石砌体为0.7；细料石、半细料石砌体为0.35。

三、砌体变形

（一）砌体受压应力—应变曲线

圬工砌体属于弹塑性材料，当其一开始受压时，应力与应变呈线性变化。随着荷载的增加变形增加速度加快，应力与应变呈非线性关系，在接近破坏时，荷载即使增加很少，其变形也急剧增加，如图 13-7 所示。

《公路桥规》规定的砌体受压弹性模量见表 13-11。

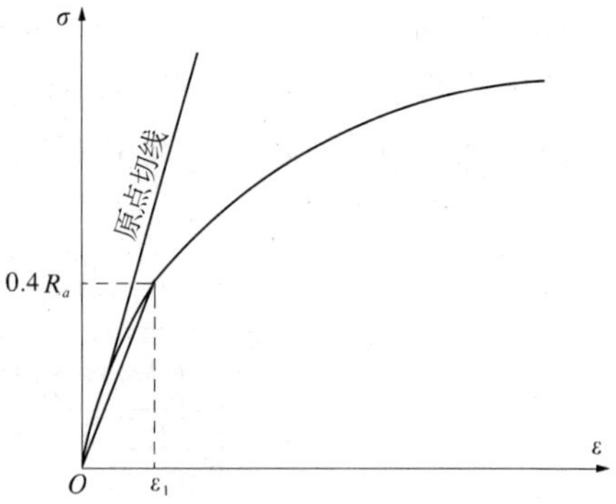

图 13-7　砌体受压时的应力—应变曲线

表 13-11　各类砌体受压弹性模量 E_m　（单位：MPa）

砌体种类	砂浆强度等级				
	M20	M15	M10	M7.5	M5
混凝土预制块砌体	1 700 f_{cd}	1 700 f_{cd}	1 700 f_{cd}	1 600 f_{cd}	1 500 f_{cd}
粗料石、块石及片石砌体	7 300	7 300	7 300	5 650	4 000
细料石、半细料石砌体	22 000	22 000	22 000	17 000	12 000
小石子混凝土砌体	2 100 f_{cd}				

（二）砌体的温度变形

虽然砌体材料对温度变形的敏感性较小，但在计算超静定结构由于温度变化引起的附加内力时，必须考虑。温度变形的大小是随砌筑块材的种类不同而不同的。当温度升高 1 ℃时，单位长度砌体的线性伸长称为该砌体的温度膨胀系数，又称为线膨胀系数。混凝土和砌体的线膨胀系数如表 13-12 所示。

表 13-12　混凝土和砌体的线膨胀系数

砌体种类	线膨胀系数（10^{-6}/℃）
混凝土	10
混凝土预制块砌体	9
细料石、半细料石、粗料石、块石、片石砌体	8

复习思考题

13-1　为什么砌体的抗压强度低于块材的抗压强度？

13-2　简要说明影响砌体抗压强度的主要因素？

第十四章　圬工结构的承载力计算

学习目标

1. 掌握圬工结构的设计计算原则；
2. 掌握圬工受压结构正截面承载力的计算。

第一节　设计原则

《公路桥规》规定的砌体采用以概率理论为基础的极限状态设计方法，采用分项系数的设计表达式进行计算。圬工桥涵结构应按承载能力极限状态设计，并满足正常使用极限状态的要求。根据圬工桥涵结构的特点，其正常使用极限状态的要求，一般情况下可由相应的构造措施来保证。

公路圬工桥涵结构按承载能力极限状态设计时，应采用下列表达式：

$$\gamma_0 S \leq R(f_d, a_d) \tag{14-1}$$

式中　γ_0——结构重要性系数，对应于表14-1中规定的一级、二级、三级设计安全等级分别取用1.1、1.0、0.9；

S——作用效应组合设计值，按《公路桥规》的规定计算；

$R(\cdot)$——构件承载力设计值函数；

f_d——材料强度设计值；

a_d——几何参数设计值，可采用几何参数标准值 a_k，即设计构件规定值。

表14-1　公路圬工桥涵结构设计安全等级

设计安全等级	桥涵结构
一级	特大桥、重要大桥
二级	大桥、中桥、重要小桥
三级	小桥、涵洞

第二节　圬工轴心受压构件正截面承载力计算

受压构件正截面强度计算按下式计算：

$$\gamma_0 N_d \leq \varphi A f_{cd} \tag{14-2}$$

式中　N_d——荷载效应最不利组合设计值；

A——构件的截面面积，对于组合截面则为换算截面面积，其值按强度比换算，即

$A=A_0+\eta_1A_1+\eta_2A_2+\cdots$，$A_0$ 为标准层截面面积，$\eta_1=\frac{f_{cd1}}{f_{cd0}}$，$\eta_2=\frac{f_{cd2}}{f_{cd0}}$，…，$f_{cd0}$ 为标准层的轴心抗压强度设计值，f_{cd1}，f_{cd2}…为组合截面中其他层的轴心抗压强度设计值；

f_{cd}——砌体或混凝土的轴心抗压强度设计值，对于组合截面为标准层轴心抗压强度设计值。

第三节　偏心受压构件正截面强度计算

承受纵向力 N 的偏心受压构件，随着纵向力偏心距 e 的变化，截面上的应力将不断变化，如图 14-1 所示。当偏心距 e 为零时，截面压应力为均匀分布（如图 14-1(a)）；当 e 较小时，为全截面参加工作，应力分布如图 14-1(b) 所示。随着偏心距继续增大，远离荷载的截面边缘由受压逐渐变为受拉，一旦拉应力超过砌体沿通缝的抗拉强度时，将产生水平向裂缝，从而使实际受力截面面积减小，压应力有所增大；随着荷载的不断增加，裂缝不断开展，当剩余截面面积减小到一定程度时，砌体受压边出现竖向裂缝，最后导致构件破坏。

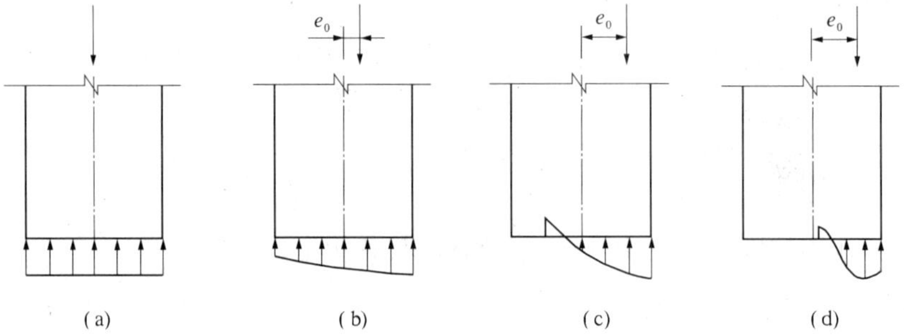

图 14-1　偏心受压时截面应力的变化

试验结果表明，偏心受压构件的承载能力低于同条件下轴心受压构件的承载能力。

一、砌体偏心受压构件

偏心受压构件的偏心距不能超过表 14-2 规定的限值。

砌体（包括砌体与混凝土组合）偏心受压构件在表 14-2 规定的受压偏心距限制范围内的承载力计算公式为：

$$\gamma_0N_d\leqslant\varphi Af_{cd} \tag{14-3}$$

表 14-2　受压构件偏心距限值

作用组合	偏心距限值 e
基本组合	$e\leqslant0.6s$
偶然组合	$e\leqslant0.7s$

注：1. 混凝土结构单向偏心的受拉一边或双向偏心的各受拉一边，当设有不小于截面面积 0.05% 的纵向钢筋时，表内规定值可增加 $0.1s$。

2. s 为截面或换算截面重心轴至偏心方向截面边缘的距离，如图 14-2 所示。

式中　φ——构件轴向力的偏心距 e 和长细比 β 对受压构件承载力的影响系数；

φ_x、φ_y——分别为 x 方向、y 方向偏心受压构件承载力影响系数。

$$\varphi = \frac{1}{\frac{1}{\varphi_x} + \frac{1}{\varphi_y} - 1} \tag{14-4}$$

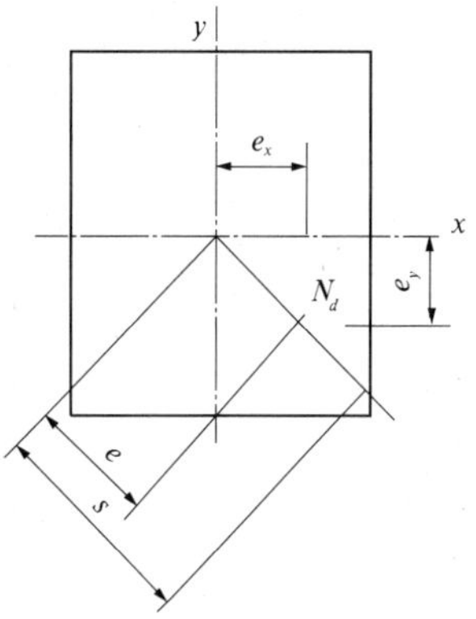

图 14-2　受压构件偏心距

$$\varphi_x = \frac{1 - \left(\frac{e_x}{x}\right)^m}{1 + \left(\frac{e_x}{i_y}\right)^2} \frac{1}{1 + \alpha\beta_x(\beta_x - 3)\left[1 + 1.33\left(\frac{e_x}{i_y}\right)^2\right]} \tag{14-5}$$

$$\varphi_y = \frac{1 - \left(\frac{e_y}{y}\right)^m}{1 + \left(\frac{e_y}{i_x}\right)^2} \frac{1}{1 + \alpha\beta_y(\beta_y - 3)\left[1 + 1.33\left(\frac{e_y}{i_x}\right)^2\right]} \tag{14-6}$$

式中　x、y——x 方向、y 方向截面重心至偏心方向的截面边缘的距离，如图 14-3 所示。

e_x、e_y——轴向力在 x 方向、y 方向的偏心距，$e_x = \frac{M_{d(y)}}{N_d}$，$e_y = \frac{M_{d(x)}}{N_d}$，其值不应超过表 14-2所规定的在 x 方向、y 方向的规定值，其中 $M_{d(x)}$、$M_{d(y)}$ 分别为绕 y 轴、x 轴的弯矩设计值；

m——截面现状系数，对于圆形截面取 2.5，对于 T 形或 U 形截面取 3.5，对于箱形或矩形截面（包括两端设有曲线形或圆弧形的矩形墩身截面）取 8.0；

i_x、i_y——弯曲平面内的截面回转半径，$i_x = \sqrt{\frac{I_x}{A}}$，$i_y = \sqrt{\frac{I_y}{A}}$；$I_x$，$I_y$ 分别为截面绕 x 轴和绕 y 轴的惯性矩，A 为截面面积；对于组合截面，A、I_x、I_y 应按弹性模量比换算，即 $A = A_0 + \Psi_1 A_1 + \Psi_2 A_2 + \cdots$，$I_x = I_{0x} + \Psi_1 I_{1x} + \Psi_2 I_{2x} + \cdots$，$I_y = I_{0y} + \Psi_1 I_{1y} + \Psi_2 I_{2y} + \cdots$，$A_0$ 为标准层截面面积，A_1、A_2…为其他层截面面积，I_{0x}、I_{0y}为绕 x 轴和绕 y 轴的标准层的惯性矩，I_{1x}、I_{2x}…和 I_{1y}、I_{2y}…为绕 x 轴和绕 y 轴的其他层惯性矩，$\Psi_1 = E_1/E_0$，$\Psi_2 = E_2/E_0$…，E_0 为标准层弹性模量，E_1、E_2…为其他层的弹性模量，对于矩形截面，$i_x = h/\sqrt{12}$，$i_y = b/\sqrt{12}$；

α——与砂浆强度等级有关的系数，当砂浆的强度大于或等于 M5 或为组合构件时，α 为 0.002，当砂浆强度为 0 时，α 为 0.013；

β_x、β_y——构件在 x 方向、y 方向的长细比，按式（14-7）计算，当 β_x、β_y 小于 3 时取 3。

计算砌体偏心受压构件承载力的影响系数时，构件长细比按下式计算：

$$\beta_x = \frac{\gamma_\beta l_0}{3.5 i_y},\ \beta_y = \frac{\gamma_\beta l_0}{3.5 i_x} \tag{14-7}$$

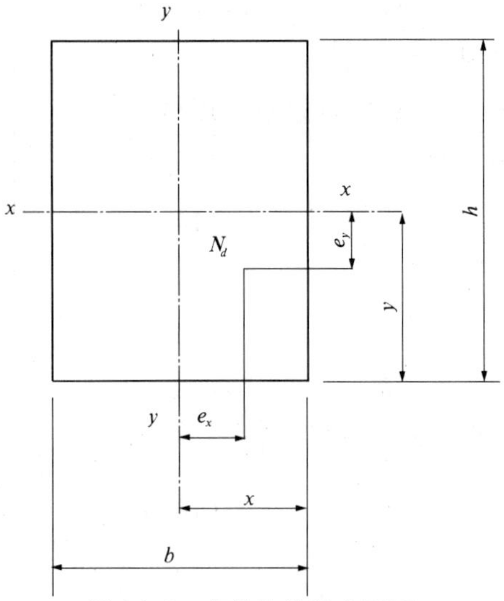

图 14-3　砌体构件偏心受压

式中　γ_β——不同砌体材料构件的长细比修正系数，按表 14-3 采用；

l_0——构件计算长度，按表 14-4 的规定采用；

i_x、i_y——弯曲平面内的截面回转半径，对于变截面构件，可取等代截面的回转半径。

表 14-3　长细比修正系数 γ_β

砌体材料类别	γ_β
混凝土预制块砌体或组合构件	1.0
细料石、半细料石砌体	1.1
粗料石、块石、片石砌体	1.3

表 14-4　构件计算长度 l_0

杆件及其两端约束情况		计算长度
直杆	两端固结	0.5L
	一端固定，一端为不移动的铰	0.7L
	两端均为不移动的铰	1.0L
	一端固定，一端自由	2.0L

注：L 为构件支点间的长度。

二、混凝土偏心受压构件

混凝土偏心受压构件在表 14-2 规定的受压偏心距限值范围内，当计算受压承载力时，假定受压区的法向应力图形为矩形，其应力取混凝土抗压强度设计值，此时取轴向力作用点与受压区法向应力合力作用点相重合的原则确定受压区面积 A_c。受压承载力应按下式计算：

$$\gamma_0 N_d \leqslant \varphi f_{cd} A_c \tag{14-8}$$

（一）**单向偏心受压**

受压区高度 h_c 应按下列条件确定（如图 14-4(a)所示）：$e_c=e$。

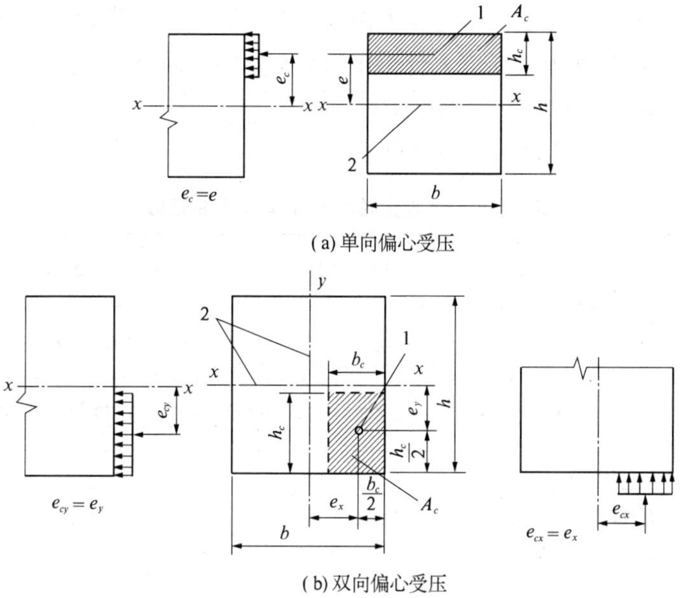

图 14-4　混凝土构件偏心受压

1—受压区重心（法向压应力合力作用点）；2—截面重心轴；e—单向偏心受压偏心距；e_c—单向偏心受压法向应力合力作用点距重心轴距离；e_x、e_y—双向偏心受压在 x 方向、y 方向的偏心距；e_{cx}、e_{cy}—双向偏心受压法向应力合力作用点在 x 方向、y 方向的偏心距；A_c—受压区面积；h_c、b_c—矩形截面受压区高度、宽度

矩形截面偏心受压承载力可按下列公式计算：

$$\gamma_0 N_d \leqslant \varphi f_{cd}(h-2e)b \tag{14-9}$$

式中　N_d——轴向力设计值；

φ——弯曲平面内轴心受压构件弯曲系数，按表 14-5 采用；

f_{cd}——混凝土的轴心抗压强度设计值；

A_c——混凝土受压区面积；

e_c——受压区混凝土法向应力合力作用点至截面重心的距离；

b——矩形截面宽度；

h——矩形截面高度；

e——轴向力的偏心距；

其余符号意义同轴心受压构件计算。

当构件弯曲平面外长细比大于弯曲平面内长细比时，则应按轴心受压构件验算其承载力。

（二）**双向偏心受压**

受压区高度和宽度应按下列条件确定（如图 14-4(b)）所示：

$$e_{cx}=e_x \quad e_{cy}=e_y$$

矩形截面偏心受压承载力可按下列公式计算：

$$\gamma_0 N_d \leqslant \varphi f_{cd}(h-2e_y)(b-2e_x) \tag{14-10}$$

式中 φ——轴心受压构件弯曲系数，按表 14-1 采用；

e_{cx}——受压区混凝土法向应力合力作用点在 x 轴方向至截面重心的距离；

e_{cy}——受压区混凝土法向应力合力作用点在 y 轴方向至截面重心的距离；

e_x——轴向力在 x 轴方向的偏心距；

e_y——轴向力在 y 轴方向的偏心距。

表 14-5 混凝土轴心受压构件弯曲系数

$\frac{l_0}{b}$	<4	4	6	8	10	12	14	16	18	20	22	24	26	28	30
$\frac{l_0}{i}$	<14	14	21	28	35	42	49	56	63	70	76	83	90	97	104
φ	1.00	0.98	0.96	0.91	0.86	0.82	0.77	0.72	0.68	0.63	0.59	0.55	0.51	0.47	0.44

注：1. l_0 为计算长度，按表 14-2 采用。

2. 在计算 l_0/b 或 l_0/i 时 b 或 i 的取值：对于单向偏心受压构件，取弯曲平面内截面高度或回转半径；对于轴心受压构件及双向偏心受压构件，取截面短边尺寸或截面最小回转半径。

偏心受压构件除了按上式验算弯曲平面内的强度外，还应按轴心受压验算非弯曲平面内的强度。

试验结果表明，若荷载的偏心距较大，随着荷载的增加，构件截面受拉边出现水平向裂缝，截面的受压区逐渐减小，同时计入纵向弯曲的影响，故构件承载能力逐渐下降，这时不仅结构不安全，而且材料不能充分利用。为了控制裂缝的出现和开展，就应对偏心距有所限制。《公路桥规》建议荷载偏心距 e 不得超过表 14-3 的限值。若偏心距超过表 14-3 的限值时，可按下式计算构件承载力。

1. 单向偏心

$$\gamma_0 N_d \leqslant \varphi \frac{Af_{tmd}}{\frac{Ae}{W}-1} \tag{14-11}$$

2. 双向偏心

$$\gamma_0 N_d \leqslant \varphi \frac{Af_{tmd}}{\left(\frac{Ae_x}{W_y}+\frac{Ae_y}{W_x}-1\right)} \tag{14-12}$$

式中 N_d——轴向力设计值；

A——截面面积，对于组合截面为换算截面面积，其值按弹性模量比换算，即 $A = A_0 + \eta_1 A_1 + \eta_2 A_2 + \cdots$，$A_0$ 为标准层截面面积，$\eta_1 = \frac{f_{cd1}}{f_{cd0}}$，$\eta_2 = \frac{f_{cd2}}{f_{cd0}}$，$\cdots$，$f_{cd0}$ 为标准层的轴心抗压强度设计值，f_{cd1}、f_{cd2} 为组合截面中其他层的轴心抗压强度设计值；

W——单向偏心时，构件受拉边缘的弹性抵抗矩，对组合截面，应按弹性模量比换算为换算截面弹性抵抗矩；

W_y、W_x——双向偏心时，构件 x 方向受拉边缘绕 y 轴的截面弹性抵抗矩和构件 y 方向受拉边缘绕 x 轴的截面弹性抵抗矩，对于组合截面应按弹性模量比换算为换算截面弹性抵抗矩；

f_{tmd}——构件受拉边的弯曲抗拉强度设计值；

e——单向偏心时轴向力的偏心距；

e_x、e_y——双向偏心时，轴向力在 x 方向和 y 方向的偏心距；

φ——砌体偏心受压构件承载力影响系数或混凝土轴心受压构件弯曲系数。

【例 14-1】 已知矩形截面偏心受压构件，截面尺寸为 $b \times h = 1\ 000\ \text{mm} \times 1\ 500\ \text{mm}$，计算长度 $l_0 = 5\ \text{m}$，承受基本组合纵向力设计值为 $N_d = 2\ 000\ \text{kN}$，承受基本组合弯矩设计值为 $M_{xd} = 500\ \text{kN} \cdot \text{m}$，$M_{yd} = 500\ \text{kN} \cdot \text{m}$，拟采用 M7.5 水泥砂浆砌筑 MU40 块石砌体，$f_{cd} = 3.09\ \text{MPa}$，结构重要性系数 $\gamma_0 = 1.0$，求柱的最大承载力并验算其安全程度。

解：因采用 M7.5 水泥砂浆砌筑 MU40 块石砌体，故长细比修正系数 $\gamma_\beta = 1.3$，与砂浆强度等级有关的系数 $\alpha = 0.002$；计算长度 $l_0 = 5\ \text{m} = 5\ 000\ \text{mm}$；矩形截面形状系数 $m = 8$；$x = b/2 = 1\ 000/2 = 500\ (\text{mm})$，$y = h/2 = 1\ 500/2 = 750\ (\text{mm})$。

(1) 计算偏心距。

$$e_x = \frac{M_{yd}}{N_d} = \frac{500 \times 10^3}{2\ 000} = 250\ (\text{mm})$$

$$e_y = \frac{M_{xd}}{N_d} = \frac{500 \times 10^3}{2\ 000} = 250\ (\text{mm})$$

$$s = \sqrt{\left(\frac{b}{2}\right)^2 + \left(\frac{b}{2}\right)^2} = \sqrt{2} \times \frac{b}{2} = \frac{\sqrt{2} \times 1\ 000}{2} = 707.0\ (\text{mm})$$

$$e = \sqrt{e_x^2 + e_y^2} = \sqrt{2} \times 250 = 353.6\ (\text{mm}) < 0.6s = 0.6 \times 707.0 = 424.2\ (\text{mm})$$

说明受压偏心距在限值以内。

(2) 计算截面几何性质。

截面积：

$$A = b \times h = 1\ 000 \times 1\ 500 = 1\ 500\ 000\ (\text{mm}^2)$$

惯性矩：

$$I_x = \frac{1}{12}bh^3 = \frac{1\ 000 \times 1\ 500^3}{12} = 28\ 125 \times 10^7\ (\text{mm}^4)$$

$$I_y = \frac{1}{12}hb^3 = \frac{1\ 500 \times 1\ 000^3}{12} = 12\ 500 \times 10^7\ (\text{mm}^4)$$

回转半径：

$$i_x = \sqrt{\frac{I_x}{A}} = \sqrt{\frac{28\ 125 \times 10^7}{1\ 500\ 000}} = 433.0\ (\text{mm})$$

$$i_y = \sqrt{\frac{I_y}{A}} = \sqrt{\frac{12\ 500 \times 10^7}{1\ 500\ 000}} = 288.7\ (\text{mm})$$

(3) 计算长细比。

$$\beta_x=\frac{\gamma_\beta l_0}{3.5i_y}=\frac{1.3\times 5\ 000}{3.5\times 288.7}=6.433$$

$$\beta_y=\frac{\gamma_\beta l_0}{3.5i_x}=\frac{1.3\times 5\ 000}{3.5\times 433.0}=4.289$$

(4)计算影响系数。

$$\varphi_x=\frac{1-\left(\frac{e_x}{x}\right)^m}{1+\left(\frac{e_x}{i_y}\right)^2}\frac{1}{1+\alpha\beta_x(\beta_x-3)\left[1+1.33\left(\frac{e_x}{i_y}\right)^2\right]}$$

$$=\frac{1-\left(\frac{250}{500}\right)^8}{1+\left(\frac{250}{288.7}\right)^2}\frac{1}{1+0.002\times 6.433\times(6.433-3)\left[1+1.33\left(\frac{250}{288.7}\right)^2\right]}$$

$$=0.523$$

$$\varphi_y=\frac{1-\left(\frac{e_y}{y}\right)^m}{1+\left(\frac{e_y}{i_x}\right)^2}\frac{1}{1+\alpha\beta_y(\beta_y-3)\left[1+1.33\left(\frac{e_y}{i_x}\right)^2\right]}$$

$$=\frac{1-\left(\frac{250}{750}\right)^8}{1+\left(\frac{250}{433.0}\right)^2}\frac{1}{1+0.002\times 4.289\times(4.289-3)\left[1+1.33\left(\frac{250}{433.0}\right)^2\right]}$$

$$=0.738$$

$$\varphi=\frac{1}{\frac{1}{\varphi_x}+\frac{1}{\varphi_y}-1}=\frac{1}{\frac{1}{0.523}+\frac{1}{0.738}-1}=0.441$$

(5)计算最大轴向承载力,并验算砌体安全性。

$$N_{du}=\varphi Af_{cd}=0.441\times 1\ 500\ 000\times 3.09=2\ 044\ \text{kN}>\gamma_0 N_d=2\ 000\ \text{kN}$$

计算结果表明,砌体偏心受压构件安全可靠。

第四节　受弯、直接受剪构件的承载力计算

一、直接剪切承载力计算

砌体构件的试验表明,砌体沿水平向缝的抗剪承载能力为砌体沿通缝的抗剪承载能力及作用在截面上的压力所产生的摩擦力的总和。这是由于随着剪力的增大,砂浆产生很大的剪切变形,一层砌体对另一层砌体开始移动,当有压力时,内摩擦力将抵抗滑移。因此,构件正截面通缝直接受剪时,其强度按下式计算:

$$\gamma_0 V_d\leqslant Af_{vd}+\frac{1}{1.4}\mu_f N_k \tag{14-13}$$

式中　V_d——剪力设计值；

A——受剪截面面积；

f_{vd}——砌体或混凝土抗剪强度设计值；

μ_f——摩擦系数，采用 $\mu_f=0.7$；

N_k——与受剪截面垂直的压力标准值。

二、构件正截面受弯承载力计算

$$\gamma_0 M_d \leqslant W f_{tmd} \tag{14-14}$$

式中　M_d——弯矩设计值；

W——截面受拉边缘的弹性抵抗矩，对于组合截面，应按弹性模量比换算为换算截面受拉边缘弹性抵抗矩；

f_{tmd}——构件受拉边缘的弯曲抗拉强度设计值。

复习思考题

14-1　已知矩形截面轴心受压柱，截面尺寸 $b\times h=1\,000$ mm $\times 1\,500$ mm，该柱计算长度 $L_0=7$ m，承受轴向力设计值 $N_d=4\,000$ kN，拟采用 M7.5 水泥砂浆砌筑 MU40 块石砌体，$f_{cd}=3.09$ MPa，结构重要性系数 $\gamma_0=1.0$，求柱的最大承载力，并验算其安全性。

14-2　已知矩形截面混凝土偏心受压构件，截面尺寸 $b\times h=500$ mm $\times 600$ mm，计算长度 $L_0=5$ m，承受基本组合纵向力设计值 $N_d=100$ kN，承受基本组合弯矩设计值 $M_{xd}=12$ kN · m，$M_{yd}=12$ kN · m，采用 C20 混凝土，$f_{cd}=7.82$ MPa，结构重要性系数 $\gamma_0=1.0$，试复核混凝土偏心受压构件承载力。

第四篇　钢结构

第十五章　钢　材

学习目标

1. 掌握钢材的主要机械性能以及影响其性能的主要因素；
2. 掌握钢材的种类及选用。

钢结构是用钢板和型钢作基本构件，采用焊接、铆接或螺栓连接等方法，按照一定的构造要求连接起来，承受规定荷载的结构物。它和其他材料的结构相比，有如下特点。

(1)钢材的强度高，塑性和韧性好。钢材用于大跨径或荷载较大的构件和结构。在一般条件下，结构不会因超载而突然断裂破坏且对动力荷载的适应性强。钢材各向同性、质地均匀、弹性模量大，在结构的使用阶段是一种比较理想的弹性材料，因此钢结构的实际工作情况与结构的计算图式吻合较好，从而保证了它的可靠性。

(2)钢结构适合工厂制造、工地拼装。钢构件在工厂成批生产时，速度快，精度高。工地装卸、抽换和加固等都比较方便，但需要经常检查、维修，养护费用高。

(3)钢结构的耐热性能好，但防火性能差。在公路工程中，钢结构除用于建造大跨径桥梁外，还可用于各种临时性结构物，例如钢拱架、钢支架，用于钢筋混凝土梁施工的钢模板、钢桁架、钢塔架等。此外，军用桥梁也常采用钢结构。

钢结构的应用范围不仅取决于钢结构本身的特性，还取决于国家当时的技术政策。一方面要根据钢结构的特点，充分利用钢材为现代化建设服务，另一方面要注意节约钢材。

第一节　钢材的主要机械性能

一、受拉、受压、受剪时的性能

由标准试件在常温静载条件下一次拉伸的应力—应变曲线说明了受拉时的一些主要

性能。低碳钢的一次拉伸应力—应变曲线参见前面图1-6。低碳钢在整个拉伸试验过程中,大致可分为下面四个阶段。

第Ⅰ阶段:当应力小于弹性极限 σ_p 时,应变很小($\varepsilon \leqslant 0.15\%$),应力—应变呈直线关系,卸载之后,试件能恢复原长,故此阶段称为弹性阶段,最高点所对应的应力称为弹性极限。由于弹性阶段的应力与应变成正比,所以也称做比例极限 σ_p。

第Ⅱ阶段:当应力超过比例极限以后,应力与应变不再成正比关系,应变较应力增加得快,应力—应变曲线形成屈服台阶。这时,应变急剧增长,而应力却在很小的范围内波动,这个阶段称为屈服阶段,应变为0.15%~2.5%。如将外力卸去,试件的变形不可能完全恢复。不能恢复的那部分变形称为残余变形(或称为塑性变形)。

在刚进入塑性流动范围时,曲线波动较大,以后逐渐趋于平稳,其最高点和最低点分别称为上屈服点和下屈服点。工程上取下屈服点为规定计算强度的依据,称为屈服强度(或称屈服点、屈服极限)以 σ_s 表示。

并非所有的钢材都具有明显的屈服点和屈服台阶,当含碳量很少(0.1%以下)或含碳量很高(0.3%以上)时都没有屈服台阶出现。对于无屈服台阶的钢材,通常采用相当于残余应变为0.2%时所对应的应力作为条件屈服点(或称协定屈服点)。图15-1则为高碳钢的强度屈服点。

第Ⅲ阶段:屈服阶段以后,钢材的内部组织重新建立了平衡,抵抗外力的能力得到恢复,应力与应变关系又表现为上升的曲线,这个阶段称为强化阶段。对应于强化阶段最高点的应力就是钢材的极限强度,以 σ_b 表示。

第Ⅳ阶段:钢材在达到极限强度 σ_b 以后,在试件薄弱处的截面将开始显著缩小,产生颈缩现象,塑性变形迅速增大,拉应力随之下降,最后在颈缩处断裂。

钢的屈服强度和极限强度是强度的主要指标。钢材达到屈服强度时结构将产生很大的塑性变形,故结构的正常使用会得不到保证,为此,在设计时常常控制应力不超过屈服强度。为安全起见,将屈服强度 σ_s 除以安全系数 K(即 σ_s/K)作为控制计算应力的标准,即《公路桥规》中规定的容许应力[σ]。

钢的延伸率 δ 是拉伸试验时应力—应变曲线中最大的应变值,以试件被拉断时最大绝对伸长值和试件原标距之比的百分数来表示。延伸率和试件标距的长短有关。当试件标距长度与试件直径之比为10时,以 δ_{10} 表示;比值为5时,以 δ_5 表示。延伸率是衡量钢材塑性性能的指标。

像铸铁这类没有明显的屈服点的钢材,其应力—应变曲线如图15-1所示。

钢材在单向受压(粗而短的试件)时,受力性能基本上和单向受拉时相同,其屈服强度和弹性模量的大小也与受拉时一样。受剪的情况也相似,但屈服点 σ_s 及抗剪强度 τ_b 均较受拉时为低;剪切模量 G 也低于弹性模量 E,《公路桥规》取 $G = 0.81 \times 10^5$ MPa。

二、冷弯性能

冷弯性能是指钢材在常温下加工产生塑性变形时,对产生裂缝的抵抗能力。钢材的

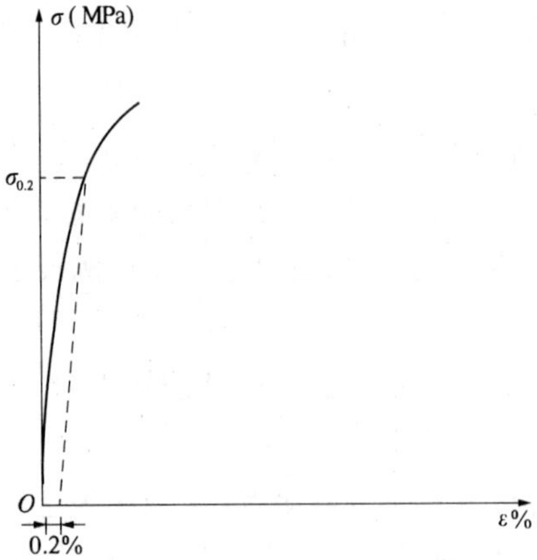

图 15-1　高碳钢的强度屈服点

冷弯性能是用冷弯试验来检验钢材承受规定弯曲变形性能，并显示其缺陷的程度。

冷弯试验一方面是检验钢材能否适应构件制作中的冷加工工艺过程；另一方面通过试验还能暴露出钢材的内部缺陷，鉴定钢材的塑性和可焊接性。冷弯性能合格是一项衡量钢材力学性能的综合指标。

三、韧性

钢材的韧性是钢材在塑性变形和断裂过程中吸收能量的能力，也是表示钢材抵抗冲击荷载的能力，与钢材的塑性有关而又不同于塑性，它是强度与塑性的综合表现。韧性指标是由冲击试验获得的，它是判断钢材在冲击荷载作用下是否出现脆性破坏的重要指标之一。

钢结构或构件的脆性断裂常常是从应力集中处开始的，故钢结构应选用无缺陷，特别是无缺口和裂纹的钢材。

四、可焊性

钢材的可焊性是指在一定的工艺和结构条件下，钢材经过焊接后能够获得良好的焊接接头性能。可焊性可分为施工上的可焊性和使用性能上的可焊性。

施工上的可焊性是要求在一定的焊接工艺条件下，焊缝金属和近缝区的钢材均不产生裂纹。使用性能上的可焊性则要求焊接构件在施焊后的力学性能应不低于母材的力学性能。

第二节　影响钢材性能的主要因素

一、化学成分的影响

钢的化学成分直接影响钢的颗粒组织的结晶构造，并与钢材的机械力学性能关系密切。普通碳素钢是由铁、碳及杂质元素组成的，其中铁约占99%，碳及杂质元素只占1%左右。在低合金钢中除上述元素外还有合金元素，但其含量低于5%。碳和其他元素的含量尽管不大，但对钢的物理力学性能却有着决定性的影响。

在普通碳素钢中，碳是除纯铁以外最主要的元素，碳的含量直接影响钢材的强度、塑性、韧性和可焊性。随着含碳量的增加，钢的强度逐渐提高，而塑性、冲击韧性下降，冷弯性能、可焊性能和抗锈蚀性能等都明显恶化。因此，尽管碳是使钢材获得足够强度的主要元素，但在钢结构（特别是焊接结构）中不宜采用有较高含碳量的钢材，一般应不超过0.22%。

硅作为脱氧剂加入普通碳素钢中，以取得质量较高的镇静钢，适量的硅可提高钢的强度，对塑性、冲击韧性、冷弯性能及可焊性能影响较小。一般镇静钢中硅的含量为0.12%～0.30%。

锰是一种较弱的脱氧剂。在普通碳素钢中，锰的含量不太高时可有效地提高钢材的强度，降低硫、氧对钢材热脆影响，改善钢材的热加工性能，并能改善钢材的冷脆倾向，且对钢材的塑性和冲击韧性无明显影响。锰是我国低合金钢中的主要合金元素。普通碳素钢中锰的含量不超过0.8%，而16锰钢中其含量则达到0.2%～1.6%。锰虽不显著降低塑性和冷弯性能，但对可焊性有不利影响，因此含量不宜过高。

硫使钢材在高温（800～1 000 ℃）时变脆，因而在焊接或进行热加工时，又可能引起热裂纹，该现象称为钢材的“热脆”。此外，硫还会降低钢的冲击韧性、疲劳强度和抗锈蚀性能，因而应严格控制钢材中的含硫量，一般不应超过0.055%。普通低合金钢中则不应超过0.050%。

磷能提高钢的强度和抗锈蚀能力，但也能严重地降低钢的塑性、冲击韧性、冷弯性能和可焊性能，特别是在低温时使钢材变脆，即通称为“冷脆”，故对磷的含量要严格控制，一般不应超过0.045%。普通低合金钢不应超过0.050%。

氧和氮也属于有害杂质（氮用做合金元素的个别情况除外）。氧使钢“热脆”，氮的影响与磷相似，因此氧和氮的含量也应严格控制。

在钢中适当增加锰和硅的含量，可改善钢材的机械性能。若掺入一定数量的铬、镍、铜、钒、钛、铌等合金元素，则更加显著，这种钢材称为合金钢。钢结构中常用的合金钢因合金元素含量较低，故称为普通低合金钢，如16Mn钢、20MnTiB钢等。

二、钢材缺陷的影响

钢在冶炼过程中所产生的缺陷，在构件或结构受力工作时会表现出来。冶炼中产生的缺陷对钢材有下列影响。

（一）偏析

钢中化学成分的不均匀称为偏析。偏析能恶化钢材的性能，特别是硫、磷的偏析会使偏析区钢材的塑性、冷弯性能、冲击韧性及可焊性变坏。

（二）非金属夹杂

掺杂在钢材中的非金属杂质（硫化物和氧化物）对钢材的性能有极为不利的影响。硫化物在 800 ~ 1 200 ℃高温下，使钢材变脆（即热脆），氧化物则严重地降低钢材的力学性能和工艺性能。

（三）裂纹

成品钢材中的裂纹（微观的或宏观的），不论其成因如何均可使钢材的冷弯性能、冲击韧性及疲劳强度大大降低，使钢材抗脆性破坏能力降低。

（四）分层

钢材在厚度方向不密合，分成多层称为分层。分层并不影响垂直于厚度方向的强度，但会严重降低冷弯性能。在分层夹缝处还易锈蚀，甚至形成裂纹，大大降低钢材的冲击韧性、疲劳强度及抗脆断能力。

三、钢材的硬化

钢材的硬化对钢结构是不利的，钢材经过冲压、剪切、冷压、冷弯等加工后，都会产生局部或整体硬化，这种现象叫做加工硬化或冷作硬化。在加工硬化的区域（如铆钉孔边缘等），钢材会出现一些裂纹或损伤，受力后出现应力集中现象，更进一步加剧了钢材的脆性。

四、温度的影响

当温度低于常温时，钢材的强度会提高，但其塑性和韧性则会随着温度的降低而降低，而且温度降到某一临界温度时，钢材会完全处于脆性状态。应力集中的存在会大大加速钢材的低温变脆，使钢材的冲击韧性显著下降。钢材几乎完全处于脆性状态的温度称为该钢材的冷脆温度。平炉沸腾钢的冷脆温度大约为 -30 ℃，而平炉镇静钢和合金钢大约为 -50 ℃。对于经常处于低温下工作的结构，应特别注意低温变脆的影响。

当温度超过 85 ℃以后，随着温度的升高，钢材的抗拉强度、屈服点及弹性模量等均随着降低，而应变增大。然而，在 250 ℃左右，钢材的抗拉强度反而略有提高，而塑性和冲击韧性下降，钢材会变脆，这种现象称为“蓝脆”。应注意不要在此温度下进行加工，以防钢材发生裂纹。当温度达到 600 ℃时，其极限强度及弹性模量等均下降至零。

五、应力集中

如果构件的截面发生急剧的变化，例如孔洞、槽口、裂纹、厚度突然改变以及其他形状的变化等，构件中的应力线在这些地方将发生转折，应力的分布也不再是均匀的（见图 15-2），在截面突变处附近比较密集、曲折并出现局部的应力高峰，形成应力集中。

由图 15-3 可以明显地看出，截面变化越急剧，应力集中就越严重，钢材变脆的程度也就越厉害。

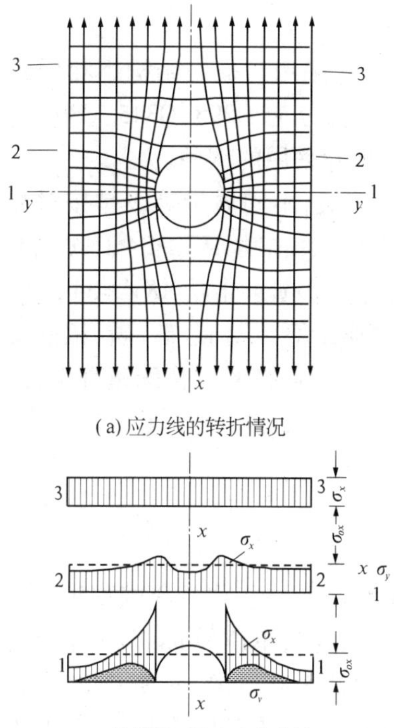

(a) 应力线的转折情况

(b) 构件截面的应力变化情况

图 15-2　构件截面变化处的应力分布

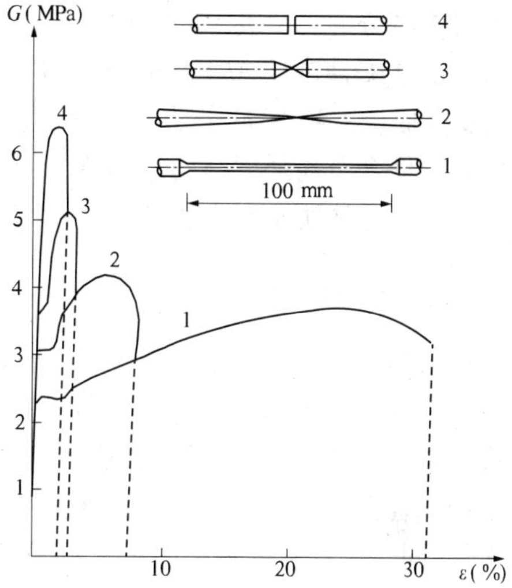

图 15-3　应力集中对钢材性能的影响

应力集中现象在实际结构中是不可能完全避免的。只要在构造上尽可能使截面的变化比较平缓,设计时可不予考虑。但对于承受动力荷载和反复荷载作用下的结构以及处于低温下工作的结构,由于钢材的脆性增加,应力集中的存在往往会产生严重的后果,需要特别注意。

第三节　钢材的种类及其选用

一、钢材的种类

钢结构中采用的钢材主要有碳素结构钢和低合金高强度结构钢。

(一)碳素结构钢

根据《碳素结构钢》(GB700—88),碳素结构钢的牌号有 Q195,Q215A、B,Q235A、B、C、D,Q255A、B 和 Q275。表达方式形如 Q235 - A · F, Q 后面的数字表示屈服强度,单位为 MPa,A、B、C、D 表示质量等级划分,A 级对冲击韧性不作要求,冷弯性能只在需方有要求时才进行试验,B、C、D 级分别保证 20 ℃、0 ℃、-20 ℃时的冲击韧性满足要求,并且都要求冷弯性能合格。钢材有镇静钢、半镇静钢和沸腾钢之分,此外,还有用铝补充脱氧的特殊镇静钢,分别用 Z、b、F 和 TZ 表示,其中 Z 和 TZ 可省略。

(二)低合金高强度结构钢

低合金高强度结构钢是在钢的冶炼过程中适量添加几种合金元素(合金元素总量不

超过5%),使钢的强度明显提高。

《低合金高强度结构钢》(GB/T1591—94)规定,钢号采用与碳素结构钢相同的表示方法。根据钢材厚度(直径)≤16 mm 时的屈服点不同,分为 Q295、Q345、Q390、Q420、Q460 等,其中 Q345、Q390 和 Q420 是钢结构设计规范推荐采用的钢种。

低合金高强度结构钢分为 A、B、C、D、E 五个质量等级,不同质量等级是按对冲击韧性的要求区分的。A 级无冲击功要求;B 级要求提供20 ℃冲击功 $AKV \geq 34$ J(纵向);C 级要求提供0 ℃冲击功 $AKV \geq 34$ J(纵向);D 级要求提供 -20 ℃冲击功 $AKV \geq 34$ J(纵向);E 级要求提供 -40 ℃冲击功 $AKV \geq 27$ J(纵向)。不同质量等级对碳、硫、磷、铝的要求也有区别。低合金高强度结构钢的 A、B 级属于镇静钢,C、D、E 级属于特殊镇静钢,因此钢的牌号中不需注明脱氧方法。

二、钢材的规格

钢结构所用的钢材主要有热轧型钢和冷弯薄壁型钢。

热轧型钢包括钢板、工字钢、角钢、槽钢、钢管、H 型钢和一些冷弯薄壁型钢。热轧钢板包括厚钢板和薄钢板,表示方法为"—宽度×厚度×长度",单位为 mm。工字钢有普通工字钢和轻型工字钢。普通工字钢用号数表示,号数为截面高度的 cm 数。20 号以上的工字钢,同一号数根据腹板厚度不同分 a、b、c 三类,如Ⅰ30a、Ⅰ30b、Ⅰ30c。轻型工字钢比普通工字钢的腹板薄,翼缘宽而薄。角钢有等边角钢和不等边角钢两种。如∠100×10表示边长为 100 mm、厚度为 10 mm 的等边角钢,∠100×80×10 表示长边为 100 mm、短边为 80 mm、厚度为 10 mm 的不等边角钢。槽钢用号数表示,号数为截面高度的 cm 数。钢管常用热轧无缝钢管和焊接钢管,用"外径×壁厚"表示,单位为 mm。H 型钢比工字钢的翼缘宽度大而且等厚,因此更高效。依据《热轧 H 型钢和剖分 T 型钢》(GB/T11263—1998),热轧 H 型钢分为宽翼缘 H 型钢、中翼缘 H 型钢和窄翼缘 H 型钢,代号分别为 HW、HM 和 HN,型号采用高度×宽度来表示,如 HW400×400、HM500×300、HN700×300。

三、钢材的选用

选用钢材的原则是:既能使结构安全可靠地满足使用上的要求,又要尽最大可能节约材料,降低造价。不同的使用条件,应当有不同的质量要求。所以在设计钢结构时,应该根据结构的特点和使用要求,选用适宜的钢材。

公路钢桥主体结构采用的钢号,常用的有 16Mn 普通低合金钢和 A3 普通碳素结构钢。16Mn 钢具有强度高,塑性、韧性比较适宜和可焊性能良好等优点。但 16Mn 钢强度较高这一特点,在受疲劳、稳定等控制的构件中,以及用于临时修复、施工架设设备和加固构件等,往往得不到发挥,此时采用 A3 钢具有更好的技术经济效果。

支座通常承受较大的冲击力,采用强度较低、塑性和焊补性能好、制作工艺简单的铸钢 ZG25Ⅱ比较适宜。为了与铸钢 ZG25Ⅱ配套起见,辊轴选用 35 号锻钢。

高强度螺栓采用 20 锰钛硼(20MnTiB)钢是可靠的,制造高强度螺栓用的 40 硼钢,因在实践中曾发现螺栓经处理后,有的达不到规定的机械性能要求,因此《公路桥规》要求除按原冶金工业部现行的《合金结构钢技术条件》验收外，热处理后的机械性能还应符合现行的国际《钢结构用高强度大六角头螺栓技术条件》的各项有关规定。

铆钉采用普通碳素结构钢，是因为它的塑性能够适应连接的要求，故铆钉所用的材质仍推荐采用常用的铆螺 2(ML2)号钢。

选用钢材时需要考虑的结构特点是：结构的类型及重要性；荷载的性质；连接方法；结构的工作温度；构件的受力性质。

复习思考题

15-1　简述钢结构的主要特点。

15-2　简述影响钢材性能的主要因素。

15-3　简述钢材选用的原则。

第十六章　钢管混凝土及钢－混凝土组合梁

学习目标

1. 了解钢管混凝土及钢－混凝土组合梁的基本概念及作用的基本原理；
2. 了解钢管混凝土及钢－混凝土组合梁的主要构造要求。

钢－混凝土组合构件是采用钢材和混凝土组合，并通过可靠措施使之形成整体受力的具有良好工作性能的结构构件。

钢－混凝土组合构件能按照构件受力性质，将钢和混凝土在截面上进行合理布置，充分发挥钢和混凝土各自材料的优点，因而具有承载力高、刚度大、延性好的结构性能和良好的技术经济效益。

钢－混凝土组合构件在工程中多用于受弯、轴心受压和偏心受压等情况。其在截面布置上分为两类：一类是钢材外露，例如钢－混凝土组合梁和钢管混凝土柱；另一类是钢材埋置在混凝土内，如劲性混凝土梁、压杆等。本章简要介绍钢管混凝土受压构件和钢－混凝土组合梁的受力特性和一般构造规定。

第一节　钢管混凝土

一、钢管混凝土的基本概念

钢管混凝土构件由薄壁钢管和填入其内的混凝土组成（见图 16-1）。钢管可采用直缝焊接钢管、螺旋形焊接管和无缝钢管；混凝土一般采用普通混凝土。钢管混凝土常用于以受压为主的构件，如轴心受压构件、偏心受压构件等。

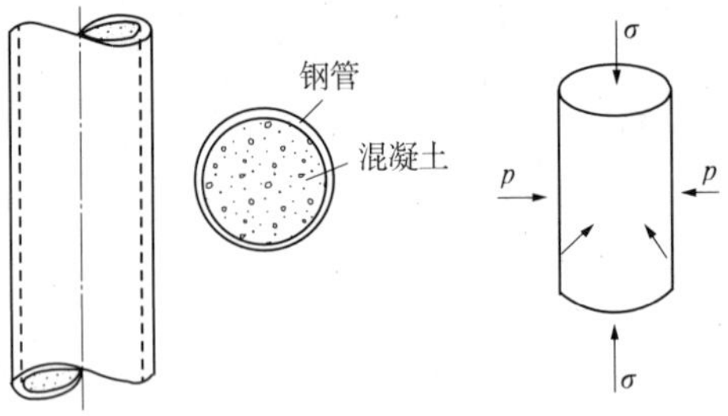

图 16-1　钢管混凝土

钢管混凝土的基本原理是借助于钢管对核心混凝土的约束强化作用，使核心混凝土处于三向受压状态，使之具有更高的抗压强度和抗变形能力。同时，借助于内填混凝土增强了钢管壁的局部稳定性。

钢管混凝土除了具有一般套箍混凝土强度高、重量轻、耐疲劳、耐冲击等优点外，在施工工艺方面还具有下列优点：

(1)钢管本身可以作为内填混凝土的模板；

(2)钢管兼有纵向钢筋和横向箍筋的作用；

(3)钢管本身又是承重骨架。

理论分析和实践表明，钢管混凝土结构与钢结构相比，在保持自重相近和承载力相同的条件下，可节约钢材约50%，焊接工作量也大大减少；与普通钢筋混凝土结构相比，构件的横截面面积可减少约50%。

二、钢管混凝土受压构件的受力性能

钢管混凝土受压构件按长细比不同可分为短柱、长柱；按轴向压力作用点不同可分为轴心受压构件和偏心受压构件。

(一)轴心受压短柱

对于径厚比 $D/t \geqslant 20$ 的薄壁钢管混凝土轴心受压短柱，其典型的 N(荷载) ~ ε_c(混凝土应变)曲线如图16-2所示。在较小荷载作用下，$N \sim \varepsilon_c$ 关系大致为一直线，当荷载增加至 B 点时，钢管开始屈服，由 B 点开始，曲线明显偏离初始的直线，显露出塑性的特点。直到 C 点处，荷载达到最大值。随后曲线进入下降阶段，在曲线下降过程中，钢管被胀裂，出现纵向裂缝而完全破坏。

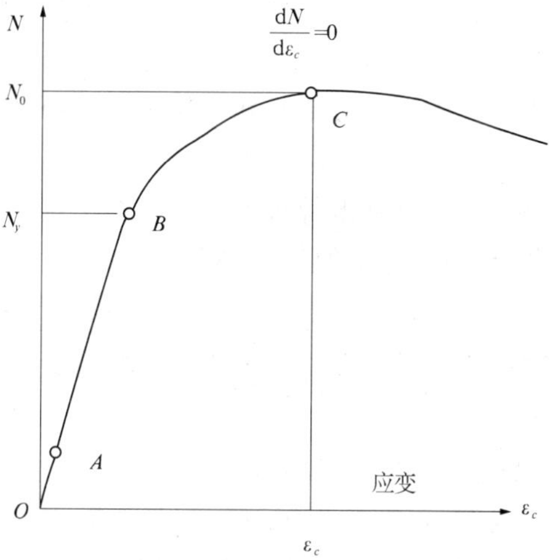

图16-2　薄壁钢管混凝土短柱的 $N \sim \varepsilon_c$ 曲线

钢管混凝土柱在荷载作用下的应力状态十分复杂。最简单的情况是荷载仅作用在核心混凝土上，钢管不直接承受纵向压力。一般情况下是钢管与核心混凝土共同承担荷载，更多的情况是钢管先于核心混凝土承受预压应力。上述三种不同的加载方式对钢管混凝土柱的极限承载力的影响不甚明显。试验表明，含钢率(钢管截面面积与核心混凝土截面积之比)、混凝土强度及加载速度等对 $N \sim \varepsilon_c$ 曲线的形状有明显影响。

在图16-2中，B 点的荷载为屈服荷载(用 N_y 表示)，C 点的荷载为极限荷载或极限承

载力 N_0,相应的混凝土应变为极限应变(用 ε_c 表示)。试验表明,钢管混凝土的极限承载力比钢管与核心混凝土柱体两者的极限承载力之和大,大致相当于两根钢管的承载力与核心混凝土柱体承载力之和,混凝土的极限应变 ε_c 也比普通混凝土大得多。

试验表明,钢管在工作中处于纵向受压、环向受拉的双向受力状态,而核心混凝土处于三向受压状态。当双向受力的钢管处于弹性阶段时,钢管混凝土的体积变化不大。当钢管达到屈服而开始塑流后,钢管混凝土的体积因核心混凝土微裂缝的发展而急剧增长。钢管的环向拉应力不断增大,纵向压应力相应不断减小。在钢管与核心混凝土之间产生纵向压力的重分布:一方面,钢管承受的压力减小;另一方面,核心混凝土因受到较大的约束而具有更高的抗压强度。钢管由主要承受纵向压应力转变为主要承受环向拉应力。最后,当钢管和核心混凝土所承担的纵向压力之和达到最大值时,钢管混凝土即告破坏。

(二)轴心受压长柱和偏心受压构件

试验表明,钢管混凝土轴心受压长柱的纵向变形,从加载的初始阶段开始就是不均匀的,柱的轴线显现出弯曲的特征。在接近极限荷载时,弯曲幅度加剧。随着长细比的增大,极限应变急剧减少,承载力(最大荷载)迅速下降。

钢管混凝土偏心受压构件,即使在偏心距很大的情况下,钢管受压区的边缘纤维均达到屈服,另一侧的边缘纤维则视偏心率和长细比的不同,或处于弹性阶段的受压状态,或处于弹性阶段的受拉状态,或处于塑性阶段的受拉状态。极限承载力随偏心率和长细比的增大而迅速降低。

三、构造要求

(1)钢管可采用直缝钢管、螺旋形焊接管和无缝钢管。焊接必须采用对接焊缝,并达到与母材等强的要求。

(2)混凝土采用普通混凝土,其强度等级不低于 C30。

(3)钢管外径不小于 100 mm,管壁厚度不小于 4 mm。

(4)钢管外径与壁厚比值 D/t,宜限制在 $20 \sim 85\sqrt{235/f_u}$(f_u 为钢材的屈服强度)之间,防止空钢管受力时管壁发生局部失稳;若不存在空钢管受力的情况,则 D/t 可不受条件 $85\sqrt{235/f_u}$ 的限制。

(5)钢管混凝土的套箍指标 θ 宜限制在 0.3 ~ 3 范围内。对于套箍指标 $\theta \geq 0.3$ 的规定是为了防止混凝土等级高时,可能会出现钢管的套箍能力不足而引起脆性破坏;对于 $\theta \leq 3$ 的规定是为了防止因混凝土强度等级过低而使构件在使用荷载作用下产生塑性变形。

第二节　钢－混凝土组合梁

一、基本概念

把钢梁和钢筋混凝土板以抗剪连接件连接起来形成整体而共同工作的受弯构件称为钢－混凝土组合梁。其中的抗剪连接件是钢筋混凝土板与钢梁共同工作的基础,它设置在钢筋混凝土与钢梁的结合面上。

与钢板梁相比,钢-混凝土组合梁的特点是:

(1)充分发挥了钢材和混凝土材料各自的材料特性。在简支梁的情况下,钢-混凝土组合梁截面上混凝土主要受压而钢梁主要受拉。

(2)节约钢材。因钢筋混凝土板参与钢板梁的共同工作,提高了梁的承载力,减小了钢板梁上翼板的截面,节约了钢材,一般讲,组合梁比钢板梁节约钢材 20% ~40% 。

(3)增大了梁的刚度。因钢筋混凝土板参加工作,组合梁的计算截面比钢板梁大,因此便增加了梁的刚度,减小主梁的挠度约 20% 。

(4)组合梁的受压翼板为较宽的钢筋混凝土板,增强了梁的侧向刚度,防止在使用荷载作用下扭曲失稳。

(5)组合梁可利用已安装好的钢梁支模板,后浇筑混凝土板。

(6)组合梁桥在可变荷载作用下比全钢梁桥的噪音小,特别适合城市中的道路。

二、组合梁的截面形式

钢-混凝土组合梁常用的截面形式如图 16-3 所示。

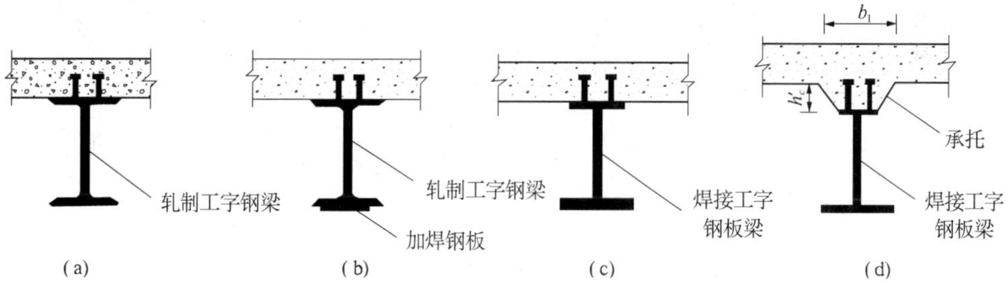

图 16-3　组合梁的截面形式

承受较小荷载的组合梁,钢梁一般采用轧制的工字钢(图 16-3(a));当荷载稍大时,可在轧制工字钢的下翼板上加焊一块钢板(图 16-3(b));对于承受较大荷载的组合梁,可采用焊接工字形钢板梁(图 16-3(c)、(d))。对于焊接工字形钢板梁截面,在满足布置抗剪连接件的要求下,应采用上翼板窄、下翼板宽的形式。

三、抗剪连接件的种类

抗剪连接件是保证钢-混凝土组合梁整体工作的重要措施,主要用来承受钢筋混凝土桥面板接触面之间的纵向剪力,抵抗两者之间的相对滑移,另外还抵抗钢筋混凝土板与钢梁之间的掀起作用。

抗剪连接件的常用种类有:机械结合的连接件;环氧树脂黏结剂;采用高强螺栓的摩擦抗剪连接件等。目前,常用的是机械结合的抗剪连接件。机械结合的抗剪连接件常有以下三种。

(一)钢筋连接件

将弯筋焊接在钢梁上翼板并伸入钢筋混凝土板中,如图 16-4(a)所示。钢筋的直径一般为 12 ~20 mm;间距在(0.7 ~2)t 之间,t 为桥面板厚度。

（二）型钢连接件

将型钢连接件焊接在钢梁上翼板上，以阻止混凝土板沿钢梁滑动。用做连接件的型钢常为短段角钢或槽钢、方钢等（见16-4（b））。槽钢常用的规格有[80、[100、[120；对于角钢，为了增强其竖向肢的刚度，常在此肢上焊一加劲板加强（如图16-4（c））。方钢的规格分为25 mm×25 mm、50 mm×38 mm两种，为防止混凝土板的掀起，方钢必须加焊直径12 mm左右的箍筋（见图16-4（d））。

（三）栓钉连接件

栓钉（见图16-4（e））是目前广为采用的一种机械连接件。栓钉的栓杆直径为12～25 mm，常用的为16～19 mm；选用栓钉直径不宜超过2.5倍的被焊钢梁翼板厚度，栓钉高（长）度与栓杆直径之比应大于等于4。为抵抗掀起作用，栓钉上部做成大头，大头的直径不得小于1.5倍的栓杆直径。

对于剪力变化较大的情况，可将梁的剪力区划分成多个区段，每个区段的连接件间距均匀相等且均按该区段的最大剪力计算。

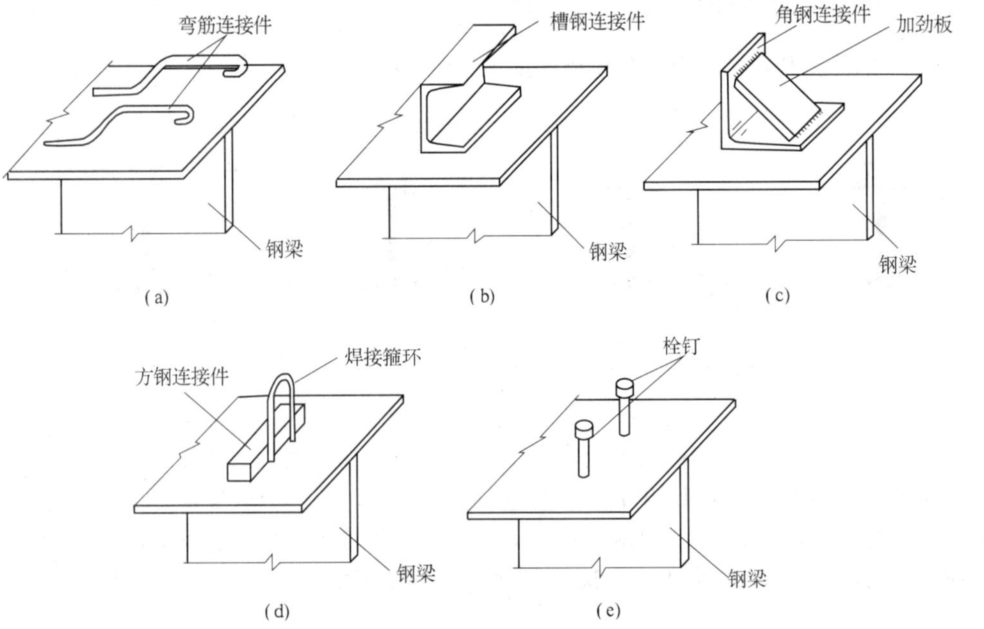

图16-4　常用的机械抗剪连接件形式

四、抗剪连接件的构造要求

（一）一般规定

（1）栓钉连接件钉头下表面或槽钢连接件上翼缘下表面高出翼板底部钢筋不宜小于30 mm。

（2）连接件之间的净距不应大于桥面板厚度的8倍，且不小于连接件计算高度的3.5倍。

（3）连接件的外侧边缘与钢梁翼缘之间的距离应不小于20 mm。

(4)连接件顶面的混凝土保护层厚度不小于 15 mm。

(5)连接件的外侧边缘至混凝土翼板边缘之间的距离不应小于 100 mm。

(二)栓钉连接件

(1)组合梁中常用的栓钉连接件直径为 8 mm、10 mm、13 mm、16 mm、19 mm、22 mm。

(2)栓钉长度不应小于其直径的 4 倍;钉头直径不小于 1.5d,钉头高度不小于0.4d。

(3)当栓钉位置不正对钢梁腹板时,如钢梁上翼缘承受拉力,则栓钉杆直径不应大于上翼缘厚度的 1.5 倍;如钢梁上翼缘不承受拉力,则栓钉杆直径不应大于上翼缘厚度的 2.5 倍。

(4)栓钉沿梁轴线方向的间距不应小于杆径的 6 倍;垂直于梁轴线方向的间距不应小于杆径的 4 倍。

(5)用压型钢板做底膜的组合梁,栓钉杆直径不宜大于 19 mm,以保证栓钉焊穿压型钢板,混凝土凸肋宽度不应小于栓钉杆直径的 2.5 倍。

(6)为保证焊缝质量,应采用自动栓钉焊接机进行焊接,焊接前应进行焊接试验;焊缝的平均直径应大于 1.25d,焊缝的平均高度应大于 0.2d,焊缝的最小高度应大于0.15d。

(三)槽钢连接件

(1)组合梁中槽钢连接件一般采用 Q235 轧制的[8、[10、[12、[12.6 等小型槽钢,其长度不超过钢梁翼缘宽度减去 50 mm。

(2)布置槽钢连接件时,应使其翼缘肢尖方向与混凝土板中水平剪应力方向一致。

(3)槽钢连接件仅在其下翼缘的跟部和趾部(垂直于钢梁的方向)与钢梁焊接,角焊缝尺寸根据计算确定,但不得小于 5 mm;平行于钢梁的方向不需要施焊,以减少钢梁上翼缘的焊接变形,节约焊接工料。

(四)弯筋连接件

(1)弯起钢筋宜采用直径 d 不小于 12 mm 的钢筋成对称布置,用两条长度不小于 4 倍(R235 级钢筋)或 5 倍(HRB335 级钢筋)钢筋直径的侧焊缝焊接于钢板翼缘上,其弯起角度一般为 45°。

(2)弯筋的弯折方向应与混凝土翼板对钢梁的水平剪力方向相同。

(3)每个弯起钢筋从弯起点算起的总长度不宜小于其直径的 25 倍(R235 级钢筋另加弯钩),其中水平段长度不小于其直径的 10 倍。

(4)弯筋连接件沿梁长度方向的间距不宜小于混凝土板(包括板托)厚度的 0.7 倍。

(五)块式连接件

(1)块式连接件(如方钢及 T 形钢)必须配置竖向环形锚筋并与方钢或 T 形钢焊接。

(2)用做方钢连接件的钢块长度不应大于 200 mm,宽度不大于 40 mm,高度不大于 50 mm。

(3)环形钢筋的直径不大于 20 mm,方钢连接件的全部高度不大于 160 mm。

五、组合梁中混凝土板的构造要求

组合梁中的混凝土板沿一个狭窄的接触面承受钢梁通过剪力连接件传来的剪力,这将在混凝土接近钢梁的平面中产生较大的剪应力。因此,在组合梁中很有可能由于纵向受剪而导致混凝土板开裂，这就需要配置横向钢筋与混凝土一起抵抗纵向剪力。因此，需要验算混凝土板的纵向受剪承载力。

组合梁中混凝土板的有关构造要求如下。

（一）横向钢筋的最小配筋量

横向钢筋的最小配筋量应满足 $f_{st}A_e/u \geq 0.75\ \mathrm{N/mm^2}$ 的条件，对于板肋与钢梁垂直的压型钢板组合梁，在验算横向钢筋的最小配筋量时可以将压型钢板当做横向钢筋，并将其面积计入横向钢筋的面积 A_e 中。若穿过钢梁顶部的压型钢板不连续，则验算横向钢筋的最小配筋率时不应计入压型钢板的作用。

（二）横向钢筋的布置

横向钢筋应沿纵向均匀布置。为保证板托中的连接件可靠地工作并有充分的抗掀起能力，连接件抗掀起端地面高出横向钢筋下部水平段的距离 e_s 不得小于 30 mm，横向钢筋的间距不应大于 $4e_s$ 且不超过 600 mm。

在混凝土板中钢梁上翼缘附近的混凝土由于受连接件的局部承压作用而比较容易劈裂，需要配置钢筋进行加强，为此，在混凝土板中下部横向钢筋应该布置在距钢梁上翼缘 50 mm 的范围内。

为防止由于连接件引起的混凝土板的纵向劈裂，对于混凝土板边缘到最近一排连接件中心的距离 $e \leq 300$ mm 的边梁，横向钢筋应绕过连接件做成 U 形筋（如图 16-5 所示），保证其具有足够的锚固长度，钢筋应布置在连接件跟部周围。当使用栓钉作连接件时，钢筋的直径不应小于 0.5 倍的栓钉直径，并且混凝土板边缘到栓钉中心线的距离应大于 $6d$（见图 16-5）。底部横向钢筋的间距，不应大于连接件伸出钢筋上方长度的 8 倍。另外，上部横向钢筋应满足混凝土板受力钢筋的构造要求。

组合梁混凝土板的厚度，一般以 10 mm 为模数，经常采用的厚度有 100 mm、120 mm、140 mm、160 mm，对于承受荷载特别大的结构的混凝土板的厚度可采用 180 mm、200 mm 甚至 300 mm。

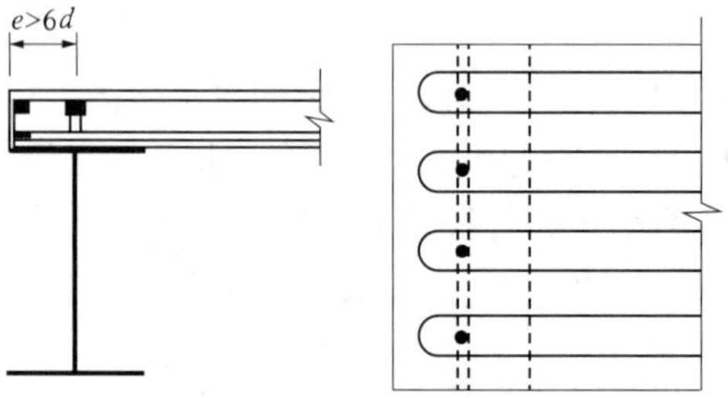

图 16-5　边梁横向钢筋的构造

六、板托的构造

（1）板托顶部的宽度与板托的高度之比应不小于 1.5，且板托的高度不大于 1.5 倍的混凝土板厚度（见图 16-6）。

（2）板托的外形应满足图 16-6 所示的构造要求，即板边缘距连接件的距离不得小于 40 mm，板外形轮廓应在自连接件跟部算起的 45°仰角之外。

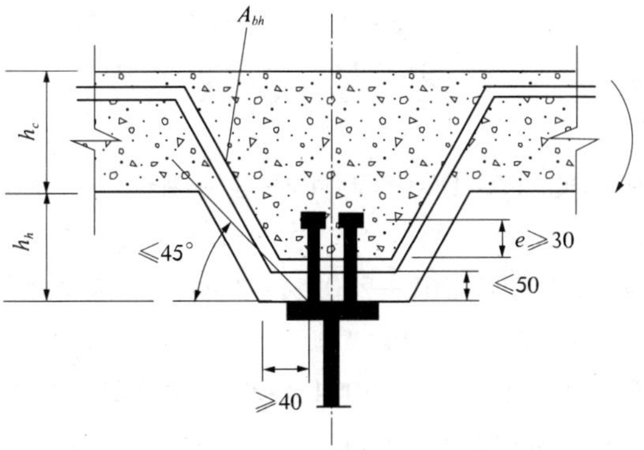

图 16-6　板托的尺寸及构造要求　（单位：mm）

(3)板托中横向钢筋的下部水平段应布置在距钢梁上翼缘 50 mm 的范围内。

(4)为保证板托中的连接件可靠地工作并有充分的抗掀起能力，连接件抗掀起端底面高出横向钢筋下部水平段的距离 e 不得小于 30 mm，横向钢筋的间距要求与混凝土板中相同。

复习思考题

16-1　怎样确定组合梁混凝土板的有效计算宽度？

16-2　钢–混凝土组合梁的特点是什么？

16-3　抗剪连接件的常用种类有哪些？

16-4　组合梁中混凝土板的构造要求是什么？

参 考 文 献

[1] 交通部公路规划设计院. JTG D60—2004 公路桥涵设计通用规范[S]. 北京:人民交通出版社,2004.

[2] 交通部公路规划设计院. JTG D61—2005 公路圬工桥涵设计规范[S]. 北京:人民交通出版社,2005.

[3] 交通部公路规划设计院. JTG D62—2004 公路钢筋混凝土及预应力混凝土桥涵设计规范[S]. 北京:人民交通出版社,2004.

[4] 邵容光. 结构设计原理[M]. 北京:人民交通出版社,1987.

[5] 赵学敏. 钢筋混凝土与砖石结构[M]. 北京:人民交通出版社,1988.

[6] 叶见曙. 结构设计原理[M]. 北京:人民交通出版社,1997.

[7] 胡师康. 桥梁工程[M]. 上册. 北京:人民交通出版社,1997.

[8] 胡兴福. 结构设计原理[M]. 北京:机械工业出版社,2005.

[9] 孙元桃. 结构设计原理[M]. 北京:人民交通出版社,2005.

[10] 中华人民共和国行业标准. JTJ/92—93 无粘结预应力混凝土结构技术规程[S]. 北京:人民交通出版社,1993.

[11] 车惠民,邵厚坤,李宵平. 部分预应力混凝土[M]. 成都:西南交通大学出版社,1992.

[12] 黄平明,毛瑞祥. 结构设计原理[M]. 北京:人民交通出版社,1999.

[13] 赵志蒙. 结构设计原理计算示例[M]. 北京:人民交通出版社,2007.